KB073157

생각의 무기

생각의 무기

초판 1쇄 발행 2019년 11월 21일

지은이 김태형 · 이동필
펴낸이 이기봉
편집 좋은땅 편집팀
펴낸곳 도서출판 좋은땅
주소 서울 마포구 성지길 25 보광빌딩 2층
전화 02)374-8616~7
팩스 02)374-8614
이메일 gworldbook@naver.com
홈페이지 www.g-world.co.kr

ISBN 979-11-6435-877-9 (93390)

이 도서의 국립중앙도서관 출판예정도서목록(CIP)은 서지정보유통지원시스템 홈페이지(http://seoji.nl.go.kr)와 국가자료공동목록시스템(http://www.nl.go.kr/kolisnet)에서 이용하실 수 있습니다. (CIP제어번호 : CIP2019046491)

HINKING AS A WEAPON

냑전술의 본질

생각의 무기

태형 · 이동필

좋은땅

차 례

제6장 작전술의 비전

생각을
무기화(武器化)한다는 것

미군 지휘참모대학(CGSC: Command and General Staff College, 이하 지참대)의 고급 군사연구 과정(SAMS: School of Advanced Military Studies, 이하 샘스) 수업 첫 시간, 모두가 간단히 자기소개를 마친 후 교수님이 학생들에게 질문하셨다. "여러분들은 이곳에 작전술을 연구하기 위해 모였습니다. 그런데, 작전술이 무엇이죠? 자신만의 정의를 내려보세요." 주어진 시간은 5분, 나를 제외한 15명의 미군 학우들은 열심히 화이트보드에 글을 쓰고 그림을 그리기 시작했다. 한참을 망설이던 나는 화이트보드로 다가가 적었다. "작전적 수준의 지휘관 및 참모들이 군사전략 목표를 달성하기 위해 전역 또는 주요작전을 구상하고 군사력을 조직하여 운용하기 위해 자신들의 숙련된 능력, 지식, 경험을 창의적으로 적용하는 것." 이는 나의 창의성에서 나온 것이 아닌, 대전의 합동군사대학교에서 지상작전 수업 때 외운 작전술의 정의를 기억나는 대로 적은 것이었다. 또한, 미 합동 교범 JP 5-0「합동작전(Joint Operations)」에서 제시하고 있는 작전술의 정의와도 상당히 유사하다. 그렇기에 이 정의가 틀린 것은 아니다. 하지만, 교수님께서는 분명 '자신만의 정의'를 요구하셨다. 그런 점에서 나의 정의는 틀렸다.

5분 경과한 뒤, 교수님께서는 학생들에게 천천히 교실을 돌며 다른 학우들의 작전술 정의를 살펴보라고 하셨다. 놀라운 일이었다. 나머지 15개의 정의들이 모두 타당할 뿐 아니라, 작전술에 대해 조금 더 깊게 생각해 볼 수 있도록 영감을 주는 그런 정의들이었다. 작전술의 정의에 대한 활동을 마무리 지으시며, 교수님은 우리에게 이번 시간에 모두가 공유했던 정의들을 잘 간직하고 언제든지 꺼내 보면서, 샘스 과정이 종료될 시점에는 더욱 발전된 자신만의 정의를 완성하길 바란다고 말씀하셨다. 이것이 작전술을 아무렇게 해석하라는 것이 아님은 자명하다. 세상에는 '상황변화 속에도 지속되는 것(continuity)'과 '상황에 따라 변하는 것(contingency)'이 공존하듯이, 이 말이 진정으로 의미하는 바는 훌륭한 작전술가(operational artist)가 되기 위해서 지속되는 것과 변하는 것을 잘 구분하고 파악해서 어떠한 상황에서도 적용 가능한 자신만의 작전술을 익히라는 것이다.

샘스는 작전술을 크게 역사(History), 이론(Theory), 교리(Doctrine) 이렇게 세 가지 측면에서 연구한다. 이 세 가지 분야는 독립적이거나 혹은 일방적으로 영향을 주기보다는, 시간의 흐름 속에서 끊임없이 상호작용하면서 서로를 변화 및 발전시켜 왔다. 이에 따라 작전술의 의미와 해석, 그 적용 또한 지속적으로 변화해 왔던 것이다. 이 책은 이러한 샘스 교육과정 속에서 저자들이 보고, 듣고, 배운 내용들을 바탕으로 독자들이 작전술을 이해하는 데 조금이나마 보탬이 되고자 저술한 책이다. 따라서 작전술을 고정된 한 가지 개념으로 정의하지 않는다. 다만 작전술과 역사, 이론, 교리의 상호작용을 설명함으로써 독자들이 자신만의 작전술을 만들어 나가도록 도울 뿐이다. 이 책은 작전술에 관한 책이지만 군사학 만을 다루지는 않는다. 독자들은 이 책을 읽는 동안 각종 사회과학 및 자연과학 이론들을 접하게 될 것이며, 역사 또한 전쟁사의 이면에 있는 정치, 사회, 경제 등 전략적 맥락까지도 이해하게 될 것이다. 이러한 내용들이 군사 교리적 접근법과 융합되어 더욱 발전된 개념들을 생성하게 될 것이다.

다시 한 번 말하지만, 이 책은 독자들에게 작전술을 가르치기 위한 책이 아니라, 독자들이 이 책의 이해를 바탕으로 우리 군의 작전술을 더욱 발전시킬 수 있도록 기본적인 능력을 길러 주고 연구하는 방법을 일깨워 주며 앞으로 나아가야 할 방향을 제시하는 데 그 목적을 두고 있음을 밝힌다. 이제 더 이상 교육기관에서 교범을 통째로 외우고, 전쟁사의 단편적인 원인과 결과, 교훈을 줄줄이 꿰고 있으면 훌륭하다고 인정받는 분위기는 사라져야 한다. 이 책을 통해 독자들이 작전술에 대한 이해의 지평을 조금이나마 넓히고, 향후 우리 군 작전술의 발전에 기여할 수 있는 진정한 인재로 성장하기를 바란다.

뉴욕에서 2018년 3월 30일 김태형(좌), 이동필(우)

제1장

작전술: 생각의 무기

작전술은 생각을 무기화하는 것이다.

생각의 무기인 작전술을 본격적으로 논하기 전 먼저
이 책의 목적과 구성, 그리고 한계에 대하여 살펴본다.

제1장

작전술: 생각의 무기

▶ 작전술의 중요성

'작전술'이라는 용어는 1927년 발간된 『전략(Strategy)』이라는 책에서 러시아의 스베친(Aleksandr A. Svechin)이 최초로 공식 사용하였다. 그러나 이미 스베친은 1924년 러시아 군사대학에서 전략학 교수로서 강의를 하며 작전술이라는 용어를 사용하기 시작했다. 그는 지극히 예외적인 경우를 제외하고 한 번의 전투를 통해 궁극적인 전략 목표를 달성하기 어렵다는 점을 간파하고, 작전술이라는 개념의 필요성을 주창하였다[1]. 또한 제1차 세계대전 당시 독일군이 러시아를 침공하여 많은 전투를 승리로 이끌었음에도 불구하고 그 성과들을 체계적으로 연결하지 못하여 러시아 전역은 물론 제1차 세계대전 자체를 패배로 마무리하게 되었다는 점을 예로 들며, 군사력을 운용함에 있어서 개별적인 작전의 승리가 궁극적인 목적이 되어서는 안 된다는 점을 강조하였다[2]. 즉, 스베친은 군사력을 운용함에 있어서 개별적인 전술적 승리도 중요하지만, 이러한 승리들을 잘 연결하여 전략적 승리를 달성하는 것이 더욱 중요하다는 점을 간파하였던 것이다[3].

물론, 스베친 이전에 작전술이라는 용어가 존재하지 않았다고 하여 그 개념 자체가 존재하지 않았다고 보기는 힘들다. 예컨대, 프로이센의 유명한 전쟁 이론가 클라우제비츠(Carl von Clausewitz)는 그의 저서 『전쟁론(On War)』에서 전략을 "전쟁 목적 달성을 위해 교전을 활용하는 것"이라 정의하고, 따라서 전략가는 "전쟁에 있어 작전 분야의 명확한 목표를 설정해야 한다"고 말하였다[4]. 한편, 미 육군 교범 ADP 3-0 「지상작전(Unified Land Operations)」은 작전술을 "전략의 목표를 전체 혹은 부분적으로 달성하기 위하여 전술적 행동을 시간, 공간, 그리고 목적에 맞게 배열하는 것"이라고 정의하고 있다[5]. 이렇듯, 미군 교범이 제시하고 있는 작전술의 정의들을 고려할 때 클라우제비츠가 말한 '전략'은 우리가 현재 사용하고 있는 '작전술'과 그 의미가 통한다고 볼 수 있다.

또한, 많은 전쟁 사례에서 작전술 개념의 중요성이 드러나는 경우를 찾아볼 수 있다. 기원전 4세기 마케도니아의 알렉산더 대왕이나 12세기 몽고의 징기스 칸, 19세기 초 프랑스의 나폴레옹 등은 비록 스스로가 군주였으나, 직접 대군을 지휘하는 지휘관으로서 국가의 목표 달성을 위해 전술적 행동들을 준비하고 조직함으로써 역사적으로 대업을 이룬 인물들이다. 하물며, 민주주의가 발달함에 따라 국가 통치자와 군 지도자가 명확히 구분되고, 군사가 국력의 제 요소 중 한 축을 담당하는 것임이 명백해진 현대 사회에 이러한 작전술의 중요성이 더욱 대두되는 것은 자연스러운 현상이다.

이러한 점에서 스베친의 이론은, 기존에도 존재하였었지만 인식하지 못했던 작전술에 대해 각 국의 연구가 활발해지는 계기가 되었으며, 지금도 많은 군사학자들이 현재까지 이루어진 작전술 연구결과에 만족하지 않고 연구를 지속해 나가고 있다. 특히, 미군은 베트남 전쟁에서의 전략적 패배 이후 '수많은 전투에서 승리하였는데 왜 우리는 전쟁에서 패배하였는가?'라고 스스로 반문하면서 이러한 작전술의 중요성을 깨닫기 시작하였다. 미군은 1982년도에 FM 100-5「작전」에서 전략적 수준, 작전적 수준, 전술적 수준이라는 용병술체계를 정립하고, 1986년에 이르러서 '작전술'이라는 용어를 FM 100-5「작전」 교범에 처음 수록하였다[6]. 여기서 유념할 것은 작전술은 작전적 수준과 구별된다는 점이다. 작전술은 전술적 수준, 작전적 수준, 전략적 수준에 모두 적용할 수 있는 것이다[7]. 이와 동시에, 이 책의 내용 구성에 큰 영향을 끼친 미 지참대의 샘스 과정은 미군이 전쟁을 수행함에 있어 정치적, 전략적 목적을 달성하기 위해서는 반드시 작전술이 필요하다는 인식에서 1981년에 창설된 군사 교육기관이며, 연 120여 명의 미군과 10여 명의 외국군 장교들이 1년 동안 작전술을 연구한다. 미군이 수행하는 주요 전쟁에서 대부분의 작전기획 및 계획수립은 샘스를 졸업한 장교들이 수행하고 있다. 1991년 걸프전을 포함한 이라크 및 아프가니스탄 전쟁에서의 작전계획들이 그 대표적인 예이다.

▶ 문제 인식

한국군은 미군의 교리를 기반으로 전략과 전술 분야에서 우리만의 눈부신 발전을 거듭하여 왔다. 하지만, 작전술은 다른 분야와 달리 일부 부족한 부분이 존재하였고, 이것이 이 책을 쓰게 된 동기가 되었다. 즉, 6.25 전쟁과 더불어 미군교리를 토대로 우리만의 교리를 발전시켜 온 한국군은 작전술 또한 미군의 교리를 토대로 연구를 진행하였다. 하지만, 그러한 과정 속에서 다음의 세 가지 미흡점이 식별되었다. 첫째, 우리 군은 작전술 연구에 영향을 미칠 수 있는 제반 이론과 역사적 사례들을 작전술에 통합하려는 노력이 미흡하다. 둘째, 작전술의 개념을 교리적 틀 안에서 단 하나의 정의로 표현하고자 함으로써 그 창의성을 제한하고 있다. 셋째, 작전술을 '작전적 수준'에 한정함으로써 작전술을 적용하는 대상 또한 작전적 수준의 지휘관 및 참모들로 제한하고 있다.

먼저, 한국군의 작전술 연구는 오직 군사적 방향에서만 접근하고 있다. 이러한 문제는 한국 합동군사대학교와 동급인 미 지참대(CGSC: Command and General Staff College, 미 지휘참모대학)도 유사한 실정이다. 미 지참대에서는 약 3주 정도의 이론 및 실습으로 작전술 교육을 갈음하고 있다. 그래서 미군은 정예 고급장교를 선발하여 샘스(SAMS: School of Advanced Military Studies)에서 다시 1년간 작전술을 집중 교육하는 것이다. 한국에서 작전술에 영향을 미칠 수 있는 각종 사회과학 및 자연과학, 전쟁사 이면에 내포된 정치적, 전략적 맥락 등을 논한 논문이나 서적들을 찾아보기 힘들다는 점은 우리 군과 사회가 얼마나 작전술에 대한 중요성을 간과하고 있는지를, 혹은 현재의 연구에 만족하고 있는지를 단적으로 보여 주는 예라고 할 수 있다. 세계화, 정보화 시대를 지나 인공지능, 사물인터넷, 클라우드 컴퓨팅, 양자 컴퓨팅, 5G 등 제4차 산업혁명 시대로 명명되는 현 시점에 그리고 국가행위자에 못지않게 비국가행위자들이 국제정세를 좌지우지하는 혼돈의 시대 속에서, 미래 우리 군의 작전환경은 더욱더 복잡해질 것이 자명하다. 이러한 점을 고려할 때 작전술의 연구는 단순히 '교리' 자체를 뛰어넘어야 한다. 그리고 나아가 한국군도 작전술을 전문적으로 연구하는 군사교육기관을 설립해야 한다고 생각한다.

다음으로, 우리 군은 작전술을 한 문장으로 정의한다. 우리는 '명확함'

을 선호하기에, 너무 복잡하고 손에 잡히지 않는 것들은 피하고 싶어 한다. 혹자들은 작전술의 정의 속에 있는 단어 하나하나를 다시 정의하고 완전히 해부함으로써 작전술을 정확히 이해했다고 말한다. 그러나 작전술은 교리적 정의로서 이해할 수 있는 단순한 것이 아니며, 심도 깊은 연구가 필요한 분야이다. 미군의 경우, 합동교리와 육군교리가 작전술을 다르게 정의하고 있다. 하지만 그 정의들은 상충되지 않으며, 오히려 서로를 보완한다. 교범에 작전술을 모두 표현할 수 없다는 것을 알기에 미군은 별도의 교육기관인 샘스를 통해 작전술을 더욱 심도 있게 연구하고 국가이익에 기여할 수 있는 작전술의 전문가를 양성하고자 하는 것이다. 우리는 현재 우리가 지니고 있는 작전술에 대한 통념이나 교범이 정의하고 있는 작전술의 틀에서 벗어나 작전술을 연구해야 할 것이다.

마지막으로, 작전술의 '작전'과 전쟁의 수준의 하나인 작전적 수준에서의 '작전'을 동일 개념으로 인식하여 작전술을 작전적 수준으로 제한하고 있다. 미 합동 교범 JP 3-0「합동작전(Joint Operations)」의 작전술 정의에서 보듯이 작전술은 작전적 수준에 한정되는 개념이 아니다. 미군에서도 최초 1982년에는 작전술이 작전적 수준에 한정된다고 교리적 해석을 하였다가 현재는 모든 수준에 적용할 수 있다고 받아들인다[8]. 하지만 우리 군의 현실은, 대다수가 전술제대에서 근무하는 초급장교들은 작전술 자체에 관심이 별로 없는 경우가 많으며, 소령이 된 후 합동군사대학교에 와서야 처음 작전술에 대해 고민하게 되는 경우가 많다. 다시 강조하자면, 작전술은 작전적 수준에 한정된 개념이 아니며, 전쟁의 수준이나 용병의 체계를 초월하여 적용 가능한 개념이다. 또한, 작전술 연구는 계급 고하를 막론하고 모든 장교들이 반드시 관심 가져야 할 영역이다.

▶ 연구목적 / 주제

위에서 제시한 세 가지의 문제점에 대해 일부 독자들은 아직 공감하지 못할 수 있다. 그러나 이 책을 읽어 나가면서 차츰 그 깨달음을 얻어갈 것이며, 이 책을 거의 다 읽어갈 즈음에는 필자들의 고민을 이해하게 될 것이다. 큰 틀에서 이러한 세 가지 미흡점은 우리 군이 작전술을 연구해 나아가는 데 큰 걸림돌이 될 것이기에 이 책에서 문제의 해결을 위한 기본 바탕을 제시하고자 한다.

따라서, 이 책의 목적은 작전술에 대한 국내 연구를 활성화시켜 더욱 복잡해지는 미래의 작전환경에서 우리 군이 변화하는 환경에 따라 작전술을 더욱 잘 적용할 수 있도록 하기 위한 것이다. 이를 위해, 미군이 샘스 과정을 통해 발전시킨 작전술 개념을 토대로 작전술을 역사, 이론, 교리적 측면에서 포괄적으로 되짚어 보고자 한다.

더욱 복잡해지는 미래의 작전환경에서 우리 한국군이 국가 및 군사 전략 목표를 달성하기 위해서는 작전술의 올바른 적용이 필수적이다. 그리고 작전술을 올바로 이해 및 적용하기 위해서는 관련 이론, 역사, 교리의 종합적인 이해와 그에 대한 창의적이고 비판적인 분석이 병행되어야 한다.

▶ 책의 구성

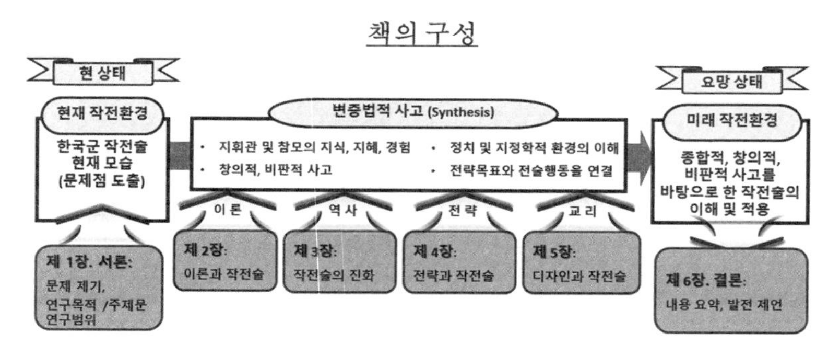

그림 1. 책의 구성. 저자 작성

이 책은 총 6개 장으로 구성되어 있다. 먼저 지금까지 살펴본 바와 같이 제1장에서는 작전술의 역사적 태동과 미군의 수용과정에 대해 소개함으로써 독자들의 주의를 환기시키고자 하였다. 여기서 간략히 언급된 작전술의 역사적 배경과 발전과정은 향후 이어지는 챕터에서 심도 깊게 다루어질 것이다. 이와 더불어, 한국군의 작전술 연구에 관한 문제점 세 가지를 제시하였으며, 이를 해결하기 위해서는 생각의 전환이 필요함을 강조하면서 이 책의 목적이 그러한 생각의 전환에 필요한 기초적인 자극제를 제공하는 것임을 밝혔다. 이어서, 이 책의 전체적인 주제문을 명확히 제시하고, 이를 효과적으로 전달하기 위하여 책을 어떻게 구성하였는지, 각 장별 주요 내용이 무엇인지를 간략히 정리하였다.

제2장 '이론과 작전술'에서는 작전술에 영향을 미치는 각종 이론들을 소개하는데, 단지 군사학 이론에만 한정하지 않고 작전술에 대한 포괄적인 안목을 기르기 위해 인문학, 사회과학, 자연과학 이론들로 그 지평을 넓혀 알아보겠다. 클라우제비츠는 이론이 행동을 규정짓는 교리나 교범이 아님을 지적했다[9]. 따라서, 이론 연구는 어떠한 문제에 대한 명확한 해결책

을 찾기 위해 가장 타당한 이론을 적용하고자 하기 위한 연구가 되기보다는, 개인 또는 집단의 생각의 폭을 넓혀 복잡한 문제에 대해 종합적으로 생각함으로써 상대적으로 더 좋은 해결책을 찾기 위한 연구가 되어야 한다. 즉, 한 가지 이론에 너무 얽매이기보다는 다양한 이론들을 섭렵해야 한다는 것이다. 이에, 제2장을 크게 세 부분으로 나누어, 첫 번째 단락에서 전반적인 인간의 현상, 사회적 상호작용, 조직 이론, 역사를 바라보는 관점, 그리고 이러한 이론들이 전쟁과 작전술에 미치는 영향 등을 알아볼 것이다. 두 번째, 세 번째 단락에서는 본격적으로 군사적 관점으로 작전술 이론을 다루면서 관련된 타 분야의 이론들과 연관지어 더욱 심층적으로 분석하겠다. 두 번째 단락에서 18세기부터 제2차 세계대전 기간 동안 형성되어 온 군사학 이론들을 연구하여 이들이 작전술의 발전에 미치는 함의를 도출할 것이며, 세 번째 단락에서는 제2차 세계대전 이후의 새로운 전쟁 양상에 대한 군사학 이론들을 다루면서도 이를 동양의 철학 및 군사 사상과 연결시켜 작전술의 또 다른 면모를 살펴볼 것이다.

다음으로 제3장 '전략과 작전술'에서는 더 넓은 의미에서의 정치적, 전략적 맥락 속에서 작전술이 어떻게 작용하는지를 알아보고자 한다. 특히, 본 장에서는 국내정치와 국제관계 이론들을 살펴보게 될 것이다. 대한민국 헌법 제5조 제2항에는 국군의 정치적 중립에 관한 사항을 명시하고 있다. 이는 '군인들은 정치에 절대로 관심조차 가져서는 안 된다'라는 오해를 불러일으킨다. 하지만, 군사력의 운용을 통해 정치적 목적을 달성해야 하는 군인이 정치에 대해 이해하지 못한다면 이는 어불성설일 것이다. 일찍이 클라우제비츠는 '전쟁은 다른 수단에 의한 정치의 연속'이라고 하였으며[10], 리델 하트(Bassil H. Liddell Hart)는 '정치적 목표와 군사적 목표는 명확히 구분되며 서로 다른 것이지만, 그 둘을 결코 분리할 수 없다'라고 밝힌 바 있다[11]. 결과적으로 국가안보전략지침, 국방기본정책서, 합동군사전략서 등의 전략문서들에 제시된 표현들을 이해하는 것만으로는 진정으로 국가이익과 국가전략 목표를 이해하는 것은 제한된다. 왜냐하면 국내 및 국제적 정치상황은 수시로 변하기 때문이다. 추가적으로, 수시로 변동할 수 있는 정치적 목적을 고려하여 이에 기여하는 군사작전 계획을 수립하고 시행하는 것은 제한적일 수 있다. 이에 따라 제3장은 특정 전쟁이나 전역을 대상으로 전략적 맥락을 분석하기보다는 전반적인 국내 정치 및 국제관계 이론들을 알아봄으로써 작전술에 필요한 전략적 맥락에 대한 분야에 대한 관심을 제고하고자 한다.

제3장 '전략과 작전술'이 작전술을 사회과학 및 자연과학, 국제관계 및 국내정치 등의 이론적 관점에서 바라보았다면, 제4장 '작전술의 진화'에서는 앞서 살펴본 이론들을 바탕으로 하여 작전술을 역사적 관점에서 바라볼 것이다. 개디스(John Lewis Gaddis)는 그의 저서『역사의 풍경』에서 연구의 범위를 넓게 시작하여 점차 좁혀 나가는 방식(shifting scale from the macroscopic to the microscopic)을 소개하고 있는데[12], 이에 따라 본 장에서는 19세기부터 현재에 이르기까지 필자들이 선택한 전쟁사 속의 전역 및 주요 작전들을 통해 역사적 사건 속에서 어떻게 작전술이 발달되었는지, 그리고 제2장 및 3장에서 살펴본 이론들이 어떻게 실증적으로 작전술에 연결될 수 있는지를 살펴볼 것이다. 이를 위해, 본 장은 미국의 독립전쟁, 멕시코 전쟁, 남북전쟁, 유럽의 나폴레옹 전쟁부터 제1, 2차 세계대전에 이르기까지 작전술 연구에 필요한 전역 및 주요작전을 분석할 것이다. 여기서 중요한 점은 본 장이 여타의 전쟁사 서적들처럼 일반적인

교훈을 도출하기 위함이 아니라는 것이다. 오히려, 본 장의 목적은 독자들이 어떠한 역사적 사건에 대해 좀 더 넓게, 깊게, 비판적으로, 그리고 장기적으로 생각할 수 있도록 그 예시를 제시해 주고자 함이다. 그렇게 함으로써 독자들이 어떠한 역사적 사건도 당시의 주요 행위자들에게는 예측하기 힘들었던 불확실성과 복잡성의 연속일 수밖에 없었음을 인지하고, 향후 더욱 복잡해지는 작전환경 속에서도 유연성을 가지고 창의적으로 작전술을 적용할 수 있도록 하기 위한 것이다.

제5장 '디자인과 작전술'에서는 개념적 계획수립(conceptual planning)의 유용한 도구인 디자인의 개념에 대해서 알아볼 것이다. 제2장 '이론과 작전술', 제3장 '전략과 작전술', 제4장 '작전술의 진화'에서 살펴본 작전술의 이론적 측면과 역사적 측면을 바탕으로, 작전술이 어떻게 디자인 교리를 통해 실천적으로 적용되는지에 대해 중점을 둘 것이다. 특히, 미 육군이 제시하는 디자인 교리인 '육군 디자인 방법론(Army Design Methodology)'을 중심으로 관련 이론들을 살펴봄으로써, 디자인 개념이 왜 작전술에 꼭 필요한지를 고찰할 것이다. 이를 위해 먼저, 디자인의 본질적 의미를 살펴보고 미 육군의 디자인 방법론에 대해 소개할 것이다. 그런 다음 디자인 교리의 주요 활동인 '작전환경 이해', '문제점 이해', '작전적 접근방법 발전' 등에 대해 세부적으로 살펴볼 것이다. 이 과정에서 집단 활동으로써의 디자인을 이해하기 위해 조직이론을 살펴보고, 디자인 활동의 결과를 다른 이들에게 효과적으로 전달하기 위한 서사(narrative)에 대해 심층적으로 알아볼 것이다. 또한, 디자인에 꼭 필요한 사고방식인 시스템적 사고(system thinking)와 디자인적 사고(design thinking)에 대해서도 소개할 것이다. 우리 군은 미군이 사용하는

'operational design'이라는 용어를 '작전구상'이라 번역하여 한국군 실정에 맞게 사용하고 있다. 하지만, '작전구상'이라는 용어는 디자인이 내포하고 있는 본질적인 의미를 모두 표현할 수 없기 때문에 본 장에서는 '작전구상' 대신 '디자인'이라는 용어를 사용할 것이다.

제6장에서는 책의 전반적인 내용들을 다시 한 번 요약함으로써 독자들이 이 책의 내용과 자신만의 생각을 잘 정리할 수 있도록 할 것이며, 작전술 함양을 위해 역사, 이론, 교리 연구를 바탕으로 한 끊임없는 사색과 현실에서의 적용을 강조할 것이다. 마지막 에필로그에서는 제1장에서 언급한 세 가지 문제점을 해결하고 작전술을 발전시키기 위하여 한국군이 나아가야 할 방향을 제시할 것이다. 우리 군은 작전술 교리 및 관련 이론에 대한 연구가 부족하고, 작전술의 개념을 제한적으로 사용하고 있으며, 작전술을 '작전적 수준'이라 한정함으로써 실제 야전부대에서는 거의 적용되지 못하고 있다. 따라서, 본 장은 이러한 사고의 틀을 깨고 작전술 연구를 더욱 활성화시킴으로써 궁극적으로 야전부대가 이를 잘 적용할 수 있도록 하기 위한 '의식화(affective stage)-제도화(institutionalization stage)-행동화(behavioral stage)'의 3단계 모델을 제시할 것이다.

먼저, 의식화 단계에서는 존 카터(John P. Kotter)의 '변화 모델(change model)'을 활용하여, 작전술 연구의 활성화를 도모하는 안내자 집단(guiding coalition)을 형성해야 함을 강조할 것이다. 그 다음 제도화 단계에서는 피터 버거(Peter L. Berger)의 '실제의 사회적 구성(social construction of reality) 이론'을 토대로, 안내자 집단을 주축으로 작전술의 교리 발전을 도모하고, 각종 교리 연구기관 및 교육기관에서 발전된 교리를 수용하여 교육과정에 반영하는 과정을 제시할 것이다. 마지막 행동화 단계에서는 도널드 숀(Donald A. Schon)의 '반성적 실천가(reflective practitioner) 이론'을 바탕으로, 교리 발전과 장교 교육을 통한 의식화 및 제도화가 실제 야전부대에서의 행동화로 이어질 수 있도록 하기 위한 방향을 제시할 것이다. 이러한 모든 과정에는 반드시 문화적 변화가 수반되어야 한다. 따라서 본 장에서는 마지막으로 한국군 작전술의 발전을 위한 문화적 변화의 방향을 제시할 것이다.

▶ **한계**

책의 본론으로 들어가기 전 말해 두고자 하는 것은 이 책 또한 두 명의 필자가 작성한 주관적인 견해라는 점이다. 우리 모두는 각자의 지식, 경험, 주변 환경 등에 따라 각기 다른 편견과 선입견을 지니고 있음은 부정할 수 없는 사실이며, 이 책에도 분명 두 필자의 그러한 편견과 선입견이 들어가 있을 것이다. 이 책에 포함된 각종 이론, 전쟁사 등은 결국 샘스 교육을 받은 두 필자에 의해 선정된 것이며, 그렇기 때문에 이것들이 작전술 연구의 전부라고 할 수 없다. 작전술에 적용할 수 있는 학문분야와 관련 서적들은 더욱 무궁무진하며, 아마 한 개인이 그 모든 것들을 섭렵하는 것은 가히 불가능한 일일 것이다. 따라서, 이 책은 작전술 연구에 대한 독자들의 생각의 전환을 돕기 위한 것임을 다시 한 번 상기하기 바란다. 주요 참고문헌은 공개된 문서로 한정하여 작성하였으며, 보안 목적상 한국군 교리는 배제하였다.

제2장

이론과 작전술

작전술은 군사학 이론에만 국한되지 않는다.

작전술을 이해하기 위해서는 다양한 이론을 연구하고,
분석적 사고를 통해 이를 현실에 적용할 수 있어야 한다.

제2장

이론과 작전술

작전술을 연구하는 데 있어 이를 다양한 각도에서 바라볼 수 있는 렌즈(lens)는 중요하다. 여러 분야의 이론들이 작전술을 관찰할 수 있는 돋보기 혹은 다양한 색깔의 렌즈가 되는 것이다. 다양한 종류의 렌즈로 한 개의 사물을 바라보고, 더 이상 해석이 되지 않을 때는 또 다른 색깔의 렌즈를 이용하여 관찰해야 한다. 이러한 이론들은 프리즘으로도 비유될 수 있다. 마치 빛을 프리즘에 통과시킴으로써, 빛이 다양한 색깔들로 구성되어 있다는 것을 인지할 수 있듯이, 우리는 다양한 이론(프리즘)을 통해 작전술(빛)에 대한 이해를 더욱 높일 수 있다. 골프선수는 골프를 치러 갈 때 한 자루의 골프채만 가지고 가지 않는다. 작전술가 또한 작전술을 적용하기 위해서는 이러한 다양한 이론들이 필요하다. 작전술을 적용하면서 더 이상 교범을 통한 해석이 적용되지 않는 순간이 있을 수 있다. 그럴 때는 다시 이론으로 돌아가서 현상을 분석하고 이런 현상에서 어떤 현상 이론과 행동이론이 연관되어 있는지 되새겨 보아야 한다. 따라서, 본 장에서는 크게 세 부분으로 나누어, 작전술을 깊이 이해하고 이를 현실에 적용할 수 있도록 도와주는 이론적 렌즈를 제공하고자 한다.

먼저, 작전술의 주체에 대해 연구할 것이다. 이론은 어떻게 구분되는지,

인간은 어떠한 인지적 사고의 문제점이 있는지, 인간이 상호관계를 맺는 사회는 어떻게 구성된 것인지, 사회를 통하여 형성된 국가는 어떤 이론을 기반으로 이해할 수 있는지에 대하여 알아보고자 한다. 이를 통하여 작전술의 주체라고 볼 수 있는 인간과 그들이 속한 사회 및 국가에 대한 기본 지식을 형성할 것이다. 전쟁이란 인간이 수행하는 것이고, 인간의 사고과정이 개입된다. 또한 인간은 혼자가 아니라 사회를 구성하여 집단을 형성하며, 이러한 집단은 보다 큰 조직인 국가로 형성되기 때문에 각자의 주체가 되는 대상에 대한 이해가 필요하다.

다음으로, 총력전(total war) 사상이 세계 각국의 전쟁에 대한 주요 사상으로 자리매김했던 18세기 말부터 1945년까지 기간의 군사이론을 알아볼 것이다. 먼저, 프랑스 혁명과 나폴레옹 전쟁을 겪으면서 발전한 클라우제비츠와 조미니의 이론을 살펴보고, 독일 통일을 위해 국가의 총력을 전쟁 수행에 활용했던 몰트케의 이론을 알아볼 것이다. 그런 다음 제1, 2차 세계대전을 통해 발전한 독일의 전격전, 소련의 종심 전투, 해공군의 주요 이론 등을 알아봄으로써 총력전 사상이 어떻게 실전에 적용되었고, 작전술의 발전에 영향을 미쳤는지를 살펴볼 것이다.

마지막으로, 제2차 세계대전 이후 현재에 이르기까지 주요 전쟁은 주로 제한된 정치적 목표를 달성하기 위한 목적으로 시행되고 있는데, 이와 관련된 이론을 살펴보도록 할 것이다. 이는 제한전쟁 개념으로써, 앞서 언급한 총력전과 대비되는 모습이다. 특히, 국내외적으로 비국가 행위자의 영향력이 확대됨에 따라 그 중요성이 증대되고 있는 비정규전 이론에 대해 논하고, 국가는 이에 대해 어떻게 대응하는지에 관한 이론들 또한 살펴볼 것이다. 이 과정에서 정의로운 전쟁, 사회적 혁명, 폭력과 언어의 활용 등의 개념들을 알아볼 것이다. 또한, 모택동의 비정규전 이론을 이해하기 위하여 그가 어떻게 손자와 레닌의 이론을 활용하여 자신의 이론을 구축하였는지에 대해서도 논할 것이다.

1. 작전술과 사회과학 이론

▶ '인간의 생각'에 대한 생각

전쟁은 인간의 지적, 감정적 사고가 개입된다. 그렇기 때문에 작전술을 살펴볼 때 가장 염두에 두어야 하는 것은 인간 자체이다. 특정 행동을 위한 상황판단과 결심과정은 결과적으로 생각의 산물이기 때문이다. 인간은 이성적 동물이라고 말하지만 실제로 인간은 감정의 동물이기도 하다. 이러한 이유로, 의사결정은 신중하고도 이성적으로 내려야 한다고 말하지만 현실은 감정적 판단을 하는 경우가 많다. 또한 인간은 지적으로 게으른 특성을 지닌다. 현상의 문제를 발견하고 해결하며 적절한 판단을 내리는 데 인상을 쓰며 지적인 노력을 기울이려고 하기보다는 영감에 의하여 혹은 당시에 떠오르는 생각으로 즉각 의사결정을 내리려고 한다. 이런 인간의 특성은 의사결정에 있어서 문제점으로 대두된다.

대니얼 카너먼(Daniel Kahneman)은 『생각에 관한 생각(Thinking, fast and slow)』이라는 책에서 두 가지 생각의 방식을 소개한다[13]. 직감적 판단인 빠른 생각은 시스템 1으로 영감과 즉각 대응(intuition and impulse)이 작용하는 생각이다. 이는 인간의 생존에 반드시 필요한 사고체계로 별다른 생각의 노력없이 즉각적인 판단에 의한 것이다. 예를 들어, 산속에서

길을 걷는데 호랑이가 나타나 자신을 위협한다면 즉각 도망가야 한다고 판단하는 것과 같다. 만약 여기서 '호랑이가 나에게 오는데, 어떻게 해야 생존할 것인가?' 하면서 1분 넘게 생각한다면 그는 순식간에 호랑이 먹이가 될 것이다.

반면에 심사숙고하는 느린 생각은 시스템 II로서 노력과 스스로 통제가 필요(effort and self-control)한 생각이다[14]. 시스템 II는 우리가 외국인과 대화하거나, 아주 어려운 수학문제를 풀거나 할 때 개입한다. 그렇기 때문에 인상을 쓰면서 스스로를 통제하고 노력하지 않으면 쓸 수 없는 것이 시스템 II로, 인지적인 편안함과는 거리가 있고, 그렇기 때문에 인간은 시스템 I을 통하여 고민없이 편안하게 지내려고 하는 것이다[15].

우리는 편견(biases)이라는 또 다른 인지적 특성을 지닌다[16]. 인간은 스스로를 이성적인 존재라고 여기지만 편견을 지니고 있음을 부정할 수 없다. 자신에게 묻은 겨가 스스로 잘 보이지 않는 것과 같이, 논리적 오류를 범하고도 스스로 인지하지 못하는 것이다. 외국사람이 '어서와 한국은 처음이지?'와 같은 우리나라 TV 프로그램에 출연하여 우리의 문화를 각기 다양한 관점으로 해석하는 것을 볼 수 있다. 이것은 편견이 작용하기 때문이며, 이는 인간으로서 1차 및 2차 사회화를 거치면서 자연스럽게 습득되는 것이다. 따라서, '인간은 이성적 동물이다'라는 명제가 항상 옳은지 의심할 필요성이 생긴다. 우리는 매일 토의를 하면서 의사결정을 내리는데 과연 합리적으로 내렸는가? 아니면 시간의 제약으로 당장 떠오른 생각을 가지고 일을 추진하였는가? 시간을 많이 들였고, 전문가에게 의뢰하였다고 해서 이성적인 판단을 내렸다고 할 수 있는가? 이와 같은 질문들을 자기 자신에게 던지고, 스스로의 사고체계가 과연 어느 쪽에 속하는지 생각해 볼 필요가 있다는 것이다. 이러한 점에서 볼 때, 우리는 군에서 작전 계획을 수립하거나 혹은 회사에서 사업을 추진하는 기획안을 작성하면서 자신의 생각에 오류가 있는지 끊임없이 되돌아보고 다른 시각에서 어떻게 해석을 할 수 있는지 생각해 보아야 한다.

이러한 인간의 특성으로 인하여 다른 사람과의 협력이 필요하다. 우리가 인간이 가지는 특성인 인지적 오류를 모두 제거할 수는 없다. 게다가 감정이 존재하기 때문에 항상 이성적인 판단을 내린다는 것은 불가능하다. 이것은 물을 정수하는 것과 유사하다(잠시 정수기는 잊어버리고 보다 원시적인 방법을 생각해 보자). 아주 더럽고 탁하며 다양한 이물질이 혼합되어 있는 물이 있다고 가정하자. 물을 정수하기 위해 자갈을 이용하여 먼저 나뭇가지를 걸러낼 수 있다(시스템 I의 역할). 이것은 특정 문제에 바로 대응할 수 있는 생각체계와 노력을 기울여야 하는 생각체계를 구분하는 단계라 할 수 있다. 이후에 헝겊과 숯을 이용해서 보다 순수한 물을 얻을 수 있다(시스템 II의 역할). 이것은 추가적인 노력을 기울여서 문제점을 파악하고 이를 해결하기 위한 방안을 도출하는 과정이라 할 수 있다. 하지만 그 결과물에는 여전히 세균과 박테리아가 존재한다. 즉, 논리적인 오류와 편견이 존재한다는 것이다. 누구나 그렇다. 그래서 다른 사람들과 건전한 토의를 거쳐서 논리적 오류를 제거해 나가고 편견을 줄여 나가야 하는 것이다.

겉으로 보기에는 깨끗해 보이더라도 물에는 편견과 같은 세균이 있어서 마신다면 배탈이 날 수 있다. 따라서 비판적이고 열띤 토론을 통해 100도 이상으로 물을 끓여 오류와 편견이라는 세균을 줄여 가는 것이다. 물론, 인간의 생각은 아무런 세균도 들어 있지 않은 증류수처럼 완전해질 수 없을 것이다. 다만 우리는 개인의 노력과 타인과의 협력을 통해 오류와 편견을 최소화함으로써 증류수에 최대한 가까운 사고를 추구할 수 있다. 이러한 관점에서 『생각에 관한 생각』은 스스로 결점을 파악하고 줄여나갈 수 있도록 독자들의 인식을 전환시켜 줄 것이다.

작전술을 적용할 때도 동일하다. 아무리 뛰어난 군사적 천재라고 하더라도 스스로 생각의 한계점이 존재한다. 따라서 참모들 및 해당 분야의 전문가와 문제를 토의하고 증류수를 만드는 것과 같은 노력을 통하여 현재 당면한 문제점을 도출하고 지휘관이 가장 적절한 의사결정을 할 수 있도록 대안을 제시하면서 도와 나가야 한다. 군에서 교리가 제시하는 작전수행과정 또한 시스템 II의 관점에서 매우 체계화된 합리적 의사결정모델에 바탕을 두고 있다. 하지만 여기에 시스템 I이라는 인간의 사고가 같이 개입된다는 것을 염두에 두자.

그렇다고 해서 시스템 I의 사고체계가 항상 인간의 합리적인 사고를 방해하는 것은 아니다. 본 장의 서두에서 밝혔듯이, 사람은 순간적인 위기에 봉착했을 때 아주 짧은 사고를 거쳐 그에 대한 조건 반사적인 행동을 하게 된다. 즉, 시스템 I을 작동시키는 것이다. 이를 군의 작전환경에 적용하여 보면 시스템 I의 중요성은 더욱 커지게 된다. 군의 지휘관 및 참모들은 끊임없이 변화하는 작전환경 속에서 순간적인 판단을 해야 할 순간들이 많다. 클라우제비츠가 『전쟁론』에서 밝혔듯이 군의 작전환경은 자유의지를 가진 적과의 대립 속에서 각종 불확실성과 마찰에 노출되어 있으며, 우리에게 모든 조건과 대안들을 검토할 충분한 시간을 허락하지 않을 것이다. 이러한 경우에 시스템 II의 사고만을 강조하여 혹시 오류와 편견이 개입되지 않았는지 시간만 끌고 있을 수 있겠는가? 이럴 때는 분명 시스템 I을 작동시켜 문제를 해결해야 할 것이다. 다만 앞서 말했듯, 시스템 I에 의한 의사결정은 개인이 가진 오류와 편견으로부터 많은 영향을 받기 때문에, 충분한 역량을 갖추지 못한 사람이 적용할 경우 바람직한 결과를 도출하기 어려울 것이다. 상황을 본능적으로 판단하고 재빠르게 적절한 대안을 제시하는 시스템 I의 사고능력은 결코 저절로 만들어지지 않는다. 따라서, 우리는 군인으로서 시스템 II의 사고 구현하기 위해 항상 노력함과 동시에 시스템 I의 사고체계 또한 발전시키기 위해 평소부터 끊임없이 전사와 교리를 연구하고 이를 체득해야 할 것이다. 클라우제비츠가 본질을 꿰뚫어 보는 통찰력(Coup d'oeil)과 종합적 사고를 통해 발휘되는 결단력(determination), 즉 시스템 1과 시스템 II의 사고체계를 고루 겸비한 '군사적 천재'를 강조한 것도 바로 이러한 이유라고 짐작해 본다.

여기서 시스템 I과 시스템 II를 말하였지만, 실제로 이러한 사고과정이 정확하게 구분될 수 없다. 하지만 이론으로서 인간의 이러한 사고체계를 이해한다면 작전술을 적용함에 있어 통찰력, 영감, 그리고 즉각적인 반응을 통하여 사태를 파악하는 시스템 I의 능력과, 전략 수립과 같이 정교한 노력과 자기 통제가 필요한 시스템 II의 능력을 함께 발휘할 수 있을 것이다.

▶ 현상이론과 행동이론

노만 맥클린(Norman Maclean)은 『Young Men and Fire』이라는 책을 통하여 미국 몬타나 주(Montana)에 위치한 맨굴치(Mann Gulch) 산불이 어떻게 13명의 젊은 소방관들의 생명을 앗아 갔는지 대한 연구 내용을 기록하였다(이 책은 아직 한국어로 번역되지 않았다). 비극의 시작은 '산불'이라는 '현상'에서 시작한다[17]. 생명을 잃은 이들은 초동조치를 책임지는 산악 소방대원으로서, 산불이 발생하면 신속히 초기에 낙하산으로 산불 발생 인근지역에 투입되어 불이 다른 지역으로 확산되지 않도록 방지하는 임무를 담당하고 있었다. 여기서 산불 이야기를 다루는 이유는 불과 싸우는 것이 전쟁과 유사하거나 혹은 불을 관리하는 것이 전쟁과 같이 사전에 예방하는 것이 더 중요하다는 것을 말하고자 하는 것이 아니다. 다만, 맥클린의 책에서 우리는 '현상이론(theory of phenomenon)'의 연구를 기반으로 하여 '행동이론(theory of action)'을 이해함으로써 전쟁과 작전술을 더 잘 이해할 수 있기 때문이다.

산불이 발생한 이후, 산불 진화에 투입된 모든 이가 희생된 것은 아니었다. 투입된 부대의 리더인 다지(Dodge)와 함께, 그의 부하 중 럼지(Rumsey)와 샐리(Sallee)는 살아남을 수 있었다. 투입된 부대는 투입 초기 산불을 진압하려고 하다가 계곡풍으로 인하여 갑자기 커진 불길을 도저히 막을 길이 없어서 도피하기로 결정하고 산 정상으로 이동 중에 있었다. 종대 대형으로 모두가 이동하던 도중에 다시 한 번 거세진 불길을 피해야 하는 상황에 맞닿게 되었다. 여기서 경험이 없는 대원들은 산 정상으로 계속 도주하였던 반면에, 다지는 오랜 경험을 바탕으로 도피불(escape fire)을 놓아서 자신의 인근에 있는 탈 수 있는 재료를 먼저 태움으로써 화염에 휩싸이는 것을 피할 수 있었다. 다른 13명의 대원들은 자신들이 가지고 있던 상식 수준에서 도피불 안으로 들어오라는 다지 팀장의 지시를 신뢰하지 못하였고, 결과적으로 죽음을 맞이하였다. 한편, 럼지와 샐리는 정상으로 도주 중에 다행스럽게도 우연히 불을 피할 수 있는 바위 틈을 찾아서 생명을 구했다[18].

이후 소방학계에서는 왜 이런 상황이 발생하였는지에 대한 탐구가 시작된다. “과연 도피불을 놓은 것은 올바른 행동이었는가?” 혹은 “이것을 설명할 수 있는 이론이 있는가?”에 대한 물음이었다. 이에 대한 응답으로, 현상과 관련된 이론들이 연구되었다. 책에서 소개된 첫 번째 이론은 바람이 장애물을 맞이하게 되면 회전이 발생하게 되고 여기에 불이 합세한다면 불길도 회전을 하게 되어 이런 현상이 발생했다고 주장한다[19]. 또 다른 이론은 바람의 방향이 계곡을 따라 이동하면서 온도 차이가 발생하는데, 이로 인해 시간대별로 바람의 방향이 달라지고 결과적으로 방향이나 크기를 예측하기 힘든 급작스러운 불길이 형성되었다고 분석한다[20]. 현상의 필연적인 결과를 설명하는 이 두 가지 귀결 이론은 모두 산불의 특성 혹은 본성 자체를 이해하는 데 도움을 주었으나, 당시 소방대원들의 행동을 설명하기에는 부족한 이론이었다[21]. 즉, 이러한 이론들은 ‘현상이론’에 그쳤던 것이다. 따라서 맥클린은 소방대원들이 현지에서 어떻게 행동을 했고, 또 왜 그렇게 하였는지에 대한 탐구를 위해 현장으로 이동하였다[22].

맥클린은 생존자인 럼지와 샐리를 현장에 대동하고 위에서 설명한 귀결이론에 따라 그 현상이 어떻게 실제지형에서 발생하였는지를 검증하기로 하였다[23]. 그 결과, 산불이 유발하는 엄청난 열에 더하여 산불이 산소를 연소시켜 대원들은 도주를 하던 중간에 산소가 부족하였을 것이라는 점이 파악되었다[24]. 또한, 실제 지형의 특성상 아주 더운 날씨에도 서늘함을 간직하는 지점이 있음을 알게 되었다[25]. 이 서늘한 지점이 바로 럼지와 샐리가 도피하여 생존한 곳이다. 정리하자면, 산불이 지형 및 시간의 특성으로 인하여 회오리가 치는 이상 변동이 발생하였고(현상이론), 이에 따라 당시 소방대원들은 이상변동의 불길에서 도피하고자 산 정상으로 이동하였으나 산소 부족으로 인하여 정상적인 판단이 어려웠을 것이며 이에 따라 다른 대원들은 죽음을 맞이하였다. 하지만 럼지와 샐리는 행운으로 온도가 낮은 장소로 도피할 수 있어 생존(행동이론) 할 수 있었다. 이렇게 맥클린은 '현상이론'을 기초로 한 현장 검증을 통하여 소방대원들의 행동이 왜 그렇게 할 수밖에 없었는지에 대하여 실마리를 찾아 가는 동시에 이를 '행동이론'으로 정립할 수 있었던 것이다. 영국의 정치학자 제임스 로즈나우(James Rosenau)가 말했듯이, 우리가 항상 이론적으로 생각할 수는 없지만, 다양한 이론들을 잣대로 활용하여 주위에서 발생하는 일들을 이론적으로 생각해 보는 것은 시도할 만한 가치가 있다[26]. 이러한 현상에 대한 연구가 인간의 행동에 대한 보다 심도 깊은 이해를 이끌어 내며, 또한 작전술을 연구하는 우리에게 있어 보다 폭 넓은 생각을 할 수 있는 습관이 될 수 있기 때문이다.

맥클린은 현상이론과 행동이론을 구분하고 이에 대한 이해가 중요함을 강조하였다. 작전술에 있어서도 현상이론과 행동이론이 있다. 클라우제비츠는 마찰, 안개, 그리고 정치의 연속이라는 주장을 통하여 전쟁이 가지는 현상이론을 설명하였으며, 방어의 유리성, 전투력 집중을 통한 중심의 파괴 등과 같은 행동이론을 설명하였다. 자세한 내용은 이후에 더 알아볼 테지만, 중요한 것은 이후에 연구하게 될 이론들을 이와 같이 현상 및 행동이론으로 분석하고 실제 일상에 접목하여 탐구하는 습관을 가져야 한다는 것이다.

▶ 사회, 기관, 그리고 변화(I)

우리가 알고 있는 모든 사회적 개념이 누군가 만들어 낸 것이라면 믿겠는가? 예를 들어, 우리 앞에 오만 원권이 있다고 생각해 보자. 이것이 정말로 오만 원의 가치를 가진 종이일까 아니면, 어떤 개인 또는 집단이 '이렇게 생긴 모양의 종이는 오만 원의 가치가 있다'고 지식을 만들어 낸 것이고 이를 사회적으로 공유 함으로써 우리에게 그 사실이 당연하게 받아들여지는 것일까? 답은 후자로서 사회가 만들어 낸 것이다. 우리가 속한 사회와 기관도 마찬가지이다. 고대의 부족국가에서부터 현대의 주권국가들에 이르기까지 모든 국가, 사회, 기관은 결국 인간이 만들어 냈다. 유발 하라리(Yuval Noah Harari)는 그의 책『사피엔스(Sipiens: A Brief History of Humankind)』에서 이를 조금 더 극단적으로 표현한다. 우리가 가치있게 여기는 국가, 종교, 문화, 화폐 등은 모두 거짓이라는 것이다. 이렇듯, 이 세상의 모든 사회와 기관은 사회적으로 구성된 것이며, 이러한 속성으로 인해 누군가가 새로 만들어 내는 진실이 기존의 사회와 기관들을 끊임없이 변화시킨다.

피터 버거와 토마스 루크만(Peter Berger and Thomas Luckmann)은 『실재의 사회적 구성(The Social Construction of Reality: A Treatise in the Sociology of Knowledge)』이라는 책에서 우리가 인식하는 현실은 '절대 진리'가 아니라 사회적으로 구성되는 것이며, 따라서 '사회적 지식'을 분석할 때에는 반드시 그것이 사회적으로 구성되는 과정에 주목해야 한다고 주장한다. 사실 이 문제는 철학 분야에서 많은 토의가 이루어져 왔으며 그 만큼 여러가지 이론이 존재하지만, 버거와 루크만은 사회적 실제가 구성되는 과정을 '외재화(externalization) - 객관화(objectivation) - 내재화(internalization)'의 세 단계로 크게 구분하여 설명한다.

첫 번째, 우리가 인식하는 현실은 사회적으로 구성된 지식이며, 그 출발점이 바로 외재화(externalization)이다[27]. 상식이라는 것은 처음부터 많은 사람들이 인정하는 현실이 아니다. 특정 경험에서 시작된 작은 현실이 일상생활에서 다른 사람과 대화를 통해 공유되면서 많은 사람이 인정하게 될 때 상식이 된다[28]. 상식이 되기 위한 과정에서 인간은 '언어'라는 매개체를 통해 지식과 경험을 축적해 갈 뿐만 아니라 시공간을 초월하여 다음 세대까지 전수한다[29]. 개인의 지식들이 하나, 둘 축적되고, 이것이 언어를 통하여 다른 사람과 교류하면서 사회적으로 객관화가 되어 가는 것이다. 다시 말해, 최초에 인간들은 서로가 힘든 경험 혹은 목숨을 담보로 하면서 어떤 동물과 식물이 위험하다는 것을 인지하고 자신의 생존을 위하여 이를 기억하려고 노력했을 것이다. 그리고 자신의 가족을 안전하게 지키고 자손을 양육하기 위하여 자신이 어렵게 얻은 지식을 가족을 포함한 다른 사람에게 알려 주고자 노력했을 것이다. 그리고 이런 노력은 소리를 통한 언어, 또는 글을 통한 언어로 전달되었다. 외재화는 단순히 원시시대에 국한된 것이 아니라 현대 사회에서도 지속적으로 진행되고 있다. 자신이 얻은 중요한 정보를 소중한 사람에게 전달하고, 전달된 정보는 입소문 혹은 인터넷, 서적 등을 통하여 지속적으로 축적 및 전파되고 있기 때문이다.

첫 번째 단계인 외재화를 통해 개개인의 지식이 서로에게 전파되고 나면, 이 중 많은 사람들이 필요하다고 인정하는 지식들이 생겨나게 되는데, 이를 규합하는 것이 바로 두 번째 단계인 객관화이다. 이 객관화는 한 번에 일어나는 것이 아니라, 기관화(institutionalization), 법제화(legitimation)를 통해서 이루어진다. 즉, 각각의 기관들이 외재화가 이루어진 지식들 중 해당 기관에 필요한 일부 지식들을 받아들여 이를 구성원들에게 습관화(habitualization) 시킴으로써 지식의 기관화를 이룬다. 하지만 기관화만으로는 이 지식들을 유지시키기 어렵기 때문에, 이를 정당화시키기 위하여 법제화를 추진한다. 인간은 단순히 생물학적으로 만들어진 존재에 그치는 것이 아니라 사회적으로 다른 사람과 지속적으로 교류하면서 만들어지는 존재이다[30]. 다시 말해서, 인간은 사회적 동물이다[31]. 평판, 왕따, 대인관계, 인사고과 등의 단어들이 공통으로 표현하는 것은 사람과 사람 간의 관계인데, 이러한 단어들이 중요한 것은 인간은 사회와 분리되어 생각할 수 없는 존재이기 때문이다[32]. 사람들이 모여서 사회를 구성하는데, 여기서 사회라고 하는 집단은 특정 명칭을 지닌 기관이 된다. 정부나 기업의 이름들은 기관이라고 명할 수 있는 대표적인 집단의 명칭이다. 예를 들어, 대한민국 국민 누구나 국방의 의무를 지닌다. 군에 입대한 장병은 입대 후 군인복무규율을 교육받고, 이에 따라 행동하도록 되어 있다. 군이라는 기관은 임무수행을 위해 요구되는 특정양식을 정립하고, 이에 따라 행동하도록 사람을 교육하는 것이다. 군은 각개 병사들이 사전에 결정된 행동방식대로 행동하기를 기대하고 교육한다[33]. 여기서 군을 예로 들었지만, 이러한 기관화는 정부의 다른 부처 혹은 일반 기업에서도 동일하다. 기업에서는 각자 사원들이 기업의 이윤을 최대로 하기 위한 행동을 각자의 사원들에게 요구하고 이를 강요한다. 만일 반대되는 언행을 한다면 해당 직원은 기업에서 승진 및 임금인상을 포함한 이득보다는 반대의 결과를 기관으로부터 받을 것이라는 것은 당연하다[34]. 군대의 군인복무규율과 유사하게 기업도 내규를 만들어서 특정 행동양식을 규정하고 있는데 이것을 법제화라고 말한다. 기관을 종속시키고 기관의 특성을 유지하기 위하여 일정 행동양식을 법으로 만든 것이다. 법제화라는 것은 기관이 가지는 특성을 지켜 나가기 위하여 행동양식을 자세하게 설명한 것이다. 쉽게 말하자면 인간은 자신의 소유물을 지키고 싶어한다. 자신의 물건을 다른 사람이 훔쳐가는 것을 방지하기 위하여 절도죄(竊盜罪)라는 법을 만들었다. 그중에서 타인의 생명을 앗아 갈 수 있는 중요한 물건인 총포, 도검, 화약류에 대하여서는 단속법을 추가하여 관련된 물건을 잃어버렸을 때는 즉각 경찰관에게 신고하도록 되어 있다[35]. 유발 하라리의 주장과 유사하게, 버거는 인간들이 구성한 이와 같은 경찰, 군대, 일반 기업들을 인간이 의미를 투사하여 만들어 낸 상징적 우주(symbolic universe)라 설명한다[36].

세 번째, 인간은 외재화 및 객관화를 통하여 얻은 지식을 내재화시켜 지속적인 번영을 도모한다[37]. 우리에게 익숙한 '사회화'가 바로 이러한 내재화의 도구로 사용된다. 쉽게 말해서 우리는 가정에서 식사예절 및 언어예절을 포함한 기본적인 행동양식을 배우며 자라나게 되는데, 이것이 1차 사회화에 해당된다. 가정은 내재화를 시키는 가장 기본적인 단위가 되는 것이다. 이후에 직장 혹은 다른 사회적 기관에 속하면서 2차 사회화가 시작된다. 군인이라면 모두가 신병훈련이나 기초군사훈련을 잊지 못할 것이다. 민간인에서 군인으로 거듭나기 위해 받았던 이런 훈련들이 2차 사회화 과정의 좋은 예라고 할 수 있다. 물론, 환경, 배우는 속도, 성격, 관심도 등에 따라 개인마다 내재화의 정도의 차이는 다르다. 하지만, 내재화를 통하여 새로 태어난 사회구성원들이 지금까지 인간이 만들어 낸 사회에 잘 적응할 수 있도록 교육하고, 동시에 사회의 전통과 행동양식을 지속시킨다. 외재화-객관화-내재화는 어려운 이론으로 받아들일 수 있지만, 용어 자체에 고착되지 않고 각각이 의미하는 바를 잘 생각해 본다면 현실에 쉽게 적용해 볼 수 있는 이론이다.

버거와 루크만의 이론은 우리가 객관적이라고 믿고 있는 사회의 실체와, 그 속에서 개인이 소속되는 기관 자체의 역할 및 본질에 대하여, 외재화-객관화-내재화의 세 단계를 통해 설명하고 있다. 이러한 인간의 사회적 구성원으로 특성을 이해하는 것은 작전술을 운용함에 있어서도 중요하다. 왜냐하면 아무리 최첨단 기술과 기계를 활용한다 하더라도 결국 전쟁의 주체는 인간이기 때문이다. 핵 미사일 버튼을 누르는 것을 결정하는 것도 인간이고, 전장에서 칼을 휘두르는 것도 인간이다. 다양한 환경 속에 놓여 있는 서로 다른 특성의 인간들이 어떻게 세상을 인식하는지에 대한 기본적인 이해가 바탕이 될 때 우리는 전쟁에서도 아군뿐만 아니라 적군이 인식하는 '사회적으로 구성된 그들만의 주관적인 실재'를 조금이나마 더욱 잘 이해할 수 있을 것이다. 손자병법에서 '나를 알고 적을 알면 백번의 전투에서 위태로운 상황에 처하지 않을 수 있다: 지피지기 백전불태(知彼知己 百戰不殆)'라는 금언에 버거와 루크만의 이론을 적용한다면 그 승수효과는 더욱 커질 것이다. 예컨대, 작전계획을 수립할 때 피아의 '주관적 실재'를 고려하고, 특정 전술행동을 하였을 때 그 행동이 피아에 각각 해석되는 의미들을 조금이라도 더 잘 이해한다면 우리는 작전술가로서 더욱 용이하게 전술행동들을 전략목표에 기여하도록 연결시킬 수 있을 것이다.

이것은 단지 군에서만 한정되는 것이 아니라 국력의 제 요소인 외교, 정보, 군사, 경제(DIME: Diplomacy, Information, Military, Economy)를 운용하는 모든 정부기관에게도 해당될 것이다. 예를 들어, 우리 외교부는 독일과 중국에 대해 교섭을 진행할 때 독일과 중국이 각각 별도의 '사회적으로 구성된 실재'를 보유하고 있다고 인정한다. 그렇기 때문에 해당 국가를 연구하고 전문가를 양성하며 나라별로 대응하는 방법과 행동양식 및 전략을 달리 한다. 기업도 마찬가지로 국가별로 동일한 물건을 파는 것이 아니라 해당 국가의 문화와 받아들이는 방식을 이해하고 이름을 달리하거나 일부 디자인, 스팩 등을 변경하는 방식으로 판매해야 매출을 올릴 수 있는 것이다.

요약하자면, 인간은 경험을 통하여 지식을 축적하고, 축적된 지식을 언어를 통하여 다른 인간에게 전파를 하며, 전파된 지식은 사회적으로 축적이 되고, 상식이 된다. 이런 상식은 기관화를 통하여 법제화가 되며, 기관들은 일정한 행동양식을 사회 구성원에게 강요하고 이를 통하여 질서 및 지식의 전파를 도모한다. 이후에 다시 1차 및 2차 사회화를 통하여 다음 세대에게 해당 양식을 전파한다. 인간이 전쟁사 및 역사 공부를 통하여 현재 모습과 미래를 이해하는 것 또한 이러한 실재의 사회적 구성 과정에 대한 이해를 기본으로 한 것이다.

▶ 사회, 기관, 그리고 변화(II)

토마스 쿤(Thomas Kuhn)의 패러다임(paradigm)이라는 용어는 고대 희랍어에 기원을 두는데, '나란히 보여 줌' 또는 '비교해서 보여 줌'의 의미를 담고 있다. 쿤은 이러한 패러다임의 원어적 의미를 바탕으로 '어떤 한 시대 사람들의 견해나 사고를 지배하고 있는 이론적 틀이나 개념의 집합체'로 정의했다. 쿤은 과학이 점진적으로 발전하는 것이 아니라 이전 시대와 뚜렷한 차이를 만들어 내는 혁명적 발전을 통해 새로운 패러다임이 형성된다고 말하고 있다. 즉, 이러한 혁명적인 생각이 기존의 패러다임을 대체하여 사회에서 새로운 패러다임을 형성하고, 이것이 결과적으로 기존 과학자들에 의해 정상적인 것으로 여겨졌던 이른바 '정상 과학(normal science)'을 대체한다는 것이다. 이렇듯 패러다임 이론은 과학의 발전이 지식의 축적에 의하여 이루어지는 것이 아니라, 현존하는 이론이 설명하지 못하는 각종 이상현상(anomaly)이 관찰됨에 따라 기존의 생각이 불완전함을 인식하고, 이를 해결하기 위해 새로운 생각의 패러다임을 제시함으로써 이루어진다고 설명한다. 이러한 패러다임 이론의 가장 대표적인 예는 지동설과 천동설로 말할 수 있다. 인류는 해가 뜨고 지는 동일한 자연현상에 대해 패러다임이 변화함에 따라 기존과는 다른 새로운 방식으로 이를 바라볼 수 있게 되었다. '지구가 세상의 중심이고 태양이 지구를 돈다'는 것에서 반대로 '태양이 중심'이라고 생각의 패러다임을 변경함으로써 기존에 설명하지 못하였던 각종 이상현상을 설명할 수 있었다[38].

쿤의 생각은 기존의 여러 군사이론에 대해 가지고 있던 우리의 사고방식을 변경시킬 필요성을 제기한다. 단순히 암기를 통한 지식의 축적으로 군사적 천재와 같은 사고를 가질 수는 없다. 새로운 패러다임을 제시할 수 있는 여러 이론가들의 생각을 기반으로 하여, 급변하는 상황으로 인해 이해되지 않았던 이상현상을 해결하기 위해 노력하는 것이 진정한 군사적 천재의 자세이다. 일례로, 미국은 베트남 전쟁의 전략적 수준의 패배에 대하여 조미니 등 기존의 군사사상가 이론으로서는 설명이 되지 않음을 깨우치게 된다. 그리고 클라우제비츠가 말한 삼위일체, 적의 중심(center of gravity), 마찰(friction) 및 불확실성(fog)의 개념으로 실패의 원인을 분석하고 차후 전쟁을 준비했다. 그 결과 걸프전에서는 눈부신 승리를 얻는 데 큰 도움이 되었다. 코페르니쿠스, 뉴튼, 아인슈타인이 새로운 패러다임을 제시하여 과학의 발전을 도모하였던 것과 같이 군에서도 새로운 사상가 혹은 이론이 필요하다. 한국군은 손자병법의 사상을 많이 이해하려고 노력하며 이를 실제 적용하려고 한다. 그러나 한 개의 사상에만 의존해서는 안 된다. 모든 생각에는 논리적 오류가 존재하기 때문이다. 생각에 관한 생각을 서두에 제시한 것도 작전술이라는 것이 지적 사고력을 키우기 위한 것이고, 특정이론가들이 항상 옳다고 맹목적으로 추종하거나 암기를 통하여 받아들이는 것이 중요한 것이 아니며 스스로의 비판적 사고가 무엇보다 중요하다는 것을 말하고자 하는 것이다. 또한 개인의 사고방식 역시 다른 사람의 검증을 거치면서 잠재되어 있는 오류를 인식하고 고쳐 나가는 노력이 필요하다. 그렇게 하기 위하여 토의를 하는 것이고, 이 과정이 패러다임을 전환하기 위해 반드시 필요한 과정이다.

다른 한편으로, 다음 장 '작전술의 진화' 부분에서 살펴볼 여러 전쟁 사례들을 쿤의 패러다임 전환의 시각으로 분석할 수 있으나, 이는 신중을 기해야 한다. 쿤이 제시한 패러다임의 전환은 기존의 정상과학이 존재하고, 이상현상의 발견으로 패러다임이 바뀌어 결과적으로 새로운 패러다임이 다시 정상과학으로 받아들여 지는 과정이 있어야 하는데, 전쟁사에서 이러한 현상을 찾는 것은 제한적이기 때문이다. 과거에 나타났던 전쟁양상의 변화가 항상 패러다임의 전환이었는지 여부에 대하여서는 논란의 여지가 있을 수 있다. 예를 들어, 비정규전 전쟁양상이 정규전에 대비하여 새로운 이상현상이라 주장한다면 이러한 관점이 과연 타당한가를 다시 한 번 살펴보아야 한다. 나폴레옹이 스페인을 침공한 이후에 스페인에서는 비정규전이 발생하여 난관을 겪었으며, 마오쩌둥은 비정규전 방식으로 점차 세력을 증대시켰다. 손자병법에도 '비대칭과 대칭: 기정(奇正)'

이 제시되었듯이 비정규전이라는 것은 사실 고대 전쟁사에서부터 있어 왔기 때문에 이것이 과연 새로운 패러다임인지에 대하여서는 재고해 볼 필요가 있다[39]. 이론과 이론 사이의 단절현상이 존재한다고 말한 쿤의 주장과 달리 정규전과 비정규전은 양립할 수 있기 때문이다.

패러다임은 세계 전체가 아닌 일부 국가 및 단체에 국한될 수 있다. 쿤이 말한 지식의 축적(accumulation)과 패러다임의 전환(paradigm shift)의 차이는 군사학으로 말하면 '여러 가지 교훈들을 집대성했느냐'와 '이러한 교훈들을 나의 작전환경에 적용하다 보니 급격한 변화의 필요성을 느꼈느냐, 즉 깨달음(ah-ha moment)을 얻었느냐'이다. 그렇기 때문에 패러다임의 전환을 위해서는 지식의 축적(accumulation) 역시 필수요소이다. 패러다임의 전환을 주도할 수 있는 능력을 갖추는 것은 작전술의 한 부분일 수 있으며, 우리가 많은 분야의 학문을 공부하는 한 가지 이유가 될 수 있다. 따라서, 비정규전도 과거에서부터 있어 왔지만, 어느 한 국가 또는 단체가 이것의 중요성을 이제서야 인식하고 급격하게 이를 체득화하였다면, 이를 패러다임의 전환으로 봐도 무방할 것이다. 이러한 관점에서 본다면, 나폴레옹 전쟁당시 스페인의 비정규전, 마오쩌둥의 운동전과 비정규전 등은 각각의 실정에 맞는 패러다임의 전환이었다고 볼 수도 있다. 오히려 당시 나폴레옹은 스페인의 비정규전에 대해서 프랑스군의 패러다임을 전환하지 못했기 때문에 그에 적절히 대응하지 못했다. 여기서 중요한 것은 어떠한 과거의 주요한 변화가 패러다임의 전환인지 혹은 전환이 아닌지를 따지는 것이 아니라, 패러다임의 전환이라는 렌즈(lens)를 통해 특정 역사적 사건들을 보다 더 명확하게 이해하고 바라보는 것이다. 더 나아가, 자신이 속한 사회와 기관이 추구하는 목표를 달성하기 위해 올바르게 패러다임의 전환을 주도할 수 있는 능력을 갖추는 것이 무엇보다도 중요하다고 볼 수 있다.

작전술도 마찬가지이다. 아무리 교리를 통달한 장교라 할지라도 기존의 교리에 고착되어 문제의 본질과 그 해결책을 제대로 보지 못한다면 그는 국가의 전략적 목표 달성에 기여할 수 없을 것이다. 오히려 항상 창의적, 비판적 사고를 견지하여 당면한 문제의 본질을 꿰뚫고 이를 해결할 수 있는 새로운 방법들을 착안할 수 있는 사람이 진정한 작전술가라 불릴 수 있을 것이다. 본 장이 여러가지 이론가들의 지식과 이론을 다루는 이유는 바로 우리가 한 가지의 이론에 고착되지 않고, 빛을 세분화하는 프리즘과 같이 복잡한 작전환경의 본질을 꿰뚫을 수 있는 능력을 갖추도록 하기 위함이다.

▶ 역사 이론과 적용

그렇다면 프리즘과 같은 능력으로 역사를 연구하기 위해서는 어떻게 해야 할까? 저명한 역사학자 개디스(John Lewis Gaddis)의 이론은 이에 대한 통찰을 제공한다. 역사는 해석적 기법과 분석방식이 과학적 기법과 유사하면서도 다른 점을 가지고 있는데, 개디스가 제시한 역사를 이해하는 틀은 역사적 사건들에 대한 평가 및 연구를 도와주는 유용한 도구가 된다.

대부분의 역사가들은 자신이 직접 경험하지 않은 역사를 서술한다. 지질학자는 지구의 표면을 실제로 구멍을 내어 들어가 본 적이 없다. 고생물학자는 실제 공룡을 본적이 없다. 천문학자는 지구의 궤도 이상을 벗어나서 살아 본 적이 없다. 현대의 역사가 역시 실제로 나폴레옹 전투의 포성소리를 듣거나 포연의 연기를 맡아 본 적이 없다. 역사가들은 과학자와 달리 직접 경험한 것 이상으로 시간과 공간을 조작할 수 있다. 마치 영화 제작자, 소설가, 시인들이 그러하듯, 역사가들은 자신의 임의대로 역사적 사실의 시간과 공간을 압축하거나 늘릴 수 있는 것이다[40]. 역사가는 선택적으로 역사를 적용할 수 있고, 서로 다른 시간과 공간에 속해 있는 역사적 사실들을 동시에 비교할 수 있으며, 연구의 범위 또한 현미경을 보듯이 작은 부분을 자세히 기술하거나 망원경을 통해 보듯이 크게 기술할 수 있는 것이다[41]. 역사는 그만큼 상대적이다. 역사가에게 강원도 해안선의 길이가 얼마인지 물어본다면 상황에 따라 다르다고 기술할 수 있다. 측정하는 단위가 센티미터인지, 밀리미터인지, 혹은 마일 단위로 측정하는지에 따라서 값이 달라지기 때문에 정답이 존재하지 않는다[42].

개디스는 역사가의 역할이 지도를 만드는 일과 유사하다고 설명한다. 대축척 지도와 소축척 지도가 있다면 각 지도별 역할이 다르다. 그렇기 때문에 어떤 지도가 더 좋은 지도라고 할 수는 없다. 목적에 따라서 자세히 보거나 크게 보는 것인데, 현실은 변화하지 않지만 역사가의 기술 목적에 따라서 시간과 공간을 비교, 조작, 확대, 그리고 압축이 가능한 것이다. 다만 축척에 따라 정확한 단위를 사용하여 현실을 반영하였는지가 바른 지도인지 여부를 나타내듯이, 동일한 기준을 가지고 실제 일어난 사건을 기술하였는지가 역사가가 바르게 역사를 기술하였는지를 나타낸다고 하겠다. 지도를 제작하는 과정에서 서울 지역은 킬로미터를 사용하고 경기도 지역은 마일을 사용하여 제작하였다면 현실을 왜곡시킨 모양의 지도가 만들어질 것이다. 다시 말해, 지도의 정확성은 동일한 단위의 척도를 사용하였는지에 달려 있다. 역사도 마찬가지이다. 역사가 정확히 기록

되었다고 말하는 것은 어떤 관점에서 작성되었든지 동일한 척도를 사용하여 기록하였는지에 달려 있는 것이다. 관점이 대축척 지도 혹은 소축척 지도라고 한다면, 사실대로 기록하는 것은 처음부터 끝까지 킬로미터라는 단위를 계속 유지하며 역사를 기록하는 것이라 할 수 있다.

앞서 말한 대로, 역사가는 직접 경험하지 못한 역사적 사실을 자신만의 상상과 논리를 사용하여 기술한다. 쿠바 미사일 위기 당시 미국은 항공정찰을 통하여 쿠바에 존재하고 있는 잠재적인 미사일의 위치를 파악하였다. 항공사진은 구름과 안개로 인하여 정확하게 판독할 수 있는 것은 아니지만 상상력과 논리를 이용하여 잠재적인 미사일의 위치를 추정하고 상황을 이해한 것이다. 역사가 역시 마찬가지이다. 상황이 가상의 안개와 구름으로 인하여 정확하게 인지되는 것은 아니지만 상상력과 논리를 이용하여 과거의 상황을 추정하고 현실을 대표하고자 노력하는 것이다. 역사를 기록하는 사람에 따라서 상상력과 논리는 달라질 수 있다. 그러나 잘 기록된 역사라는 것은 해당 논리를 처음부터 끝까지 동일하게 적용하여 기록하였는가에 달려 있다[43].

또 다른 특징으로써 역사는 복잡하고 혼란한 현실적 상황에서 단순함을 도출해야 한다[44]. 단순한 것은 쉽게 이해된다[45]. 하지만 단순함은 자칫하면 환원주의(reductionism)에 빠질 수 있기 때문에 주의해야 한다. 차량을 이용하여 서울에서 부산까지 이동 시, 거리만을 고려했을 때 약 다섯 시간이 소요된다고 가정하자. 아주 이상적인 상황에서 이것은 가능하지만 현실은 그렇지 않다. 차량정체가 있을 수 있고, 중간에 차량의 결함이 발생하거나, 같이 동승하고 있던 아이가 구토를 하여 휴게소에서 생각 이상으로 더 휴식을 취해야 하는 상황이 발생할 수 있는 것이다. 역사가는 복잡한 상황에서 환원주의에 빠지지 않도록 주의하면서 단순함을 도출해야 하고, 이러한 단순함에서 다시 연역적 혹은 귀납적 방식을 적용해 복잡한 현실을 재현해야 한다. 추가적으로, 인간이 이성적 동물이라고 생각하여 '특정 사건이 개인의 이성적인 판단에 의해 일어난 결과'라는 인식의 오류가 더해진다면 역사는 더욱 복잡해질 것이다. 우리는 나폴레옹이 워털루 전투에서 개인적인 복통과 설사로 인해 정상적인 판단을 내리지 못하여 전투에서 패배를 한 것인지, 혹은 아무런 문제가 없었는데 그가 이성적 판단을 잘못 내린 것인지 단언할 수 없다. 현상의 원인과 결과가 항상 단순하고 이해가 쉬운 것에 귀인하지 않을 수 있다는 것이다.

역사라는 것은 흔히 우리가 고무줄을 늘리거나 줄이는 것과 같이 기록하는 사람에 따라 다르게 기술될 수 있다. 한국전쟁사를 기록할 때 1950년 6월 25일의 00시부터 24시까지의 한국군의 대처에 대하여 300페이지가 넘는 분량으로 현미경을 쓰고 보듯이 자세하고 세밀하게 기록할 수 있다. 반면에 망원경을 보듯이 1950년 6월 25일의 국제 정세에 대해 북한, 한국, 중국, 러시아, 미국, 일본, 유럽, 아프리카 등 큰 그림에서 개략적인 내용을 기술할 수 있는 것이다. 그렇지만 소축척 지도와 대축척 지도와 같이, 어떤 역사가 더 잘 기술되었고, 어떤 역사가 더 가치가 있다고 단언할 수 없다. 왜냐하면 지도와 같이 쓰여지는 목적이 다르기 때문이다. 두 가지 역사의 기술방법이 모두 가치 있는 것이다. 따라서, 우리는 역사를 볼 때 역사가의 특성을 고려해야 할 것이다. 전쟁사를 연구할 때도 마찬가지이다. 전쟁사를 기술하는 역사가들은 각각의 특성에 따라 시간과 공간을 넘나들면서 과거의 특정 상황을 자세히 혹은 개략적으로 기술한다는 것을 이해하고, 또한 어떠한 상황을 야기한 복잡한 많은 원인들을 각각의 관점에 따라 단순화시켜서 일관성 혹은 개연성을 도출하고 기술함을 이해해야 한다.

이에 더하여, 클라우제비츠의 역사적 사례에 대한 관점은 우리로 하여금 역사에 대한 더 깊은 이해를 할 수 있도록 돕는다. 클라우제비츠는 이론가들이 자신들의 주장을 뒷받침하기 위해 역사적 사례를 사용할 때 주의 깊게 접근해야 함을 강조하였다[46]. 역사적 사례는 실증적 과학 및 전쟁술에서 매우 명확한 증거를 제시해 주지만, 실제 많은 이론가들에 의해 사용하는 역사적 사례들은 오히려 독자들의 이해를 방해하는 경우가 많다. 즉, 역사적 사례는 단순히 생각을 설명하거나, 생각의 적용을 보여주거나, 자신의 주장을 지지하기 위하여 사용되는 경우가 있다[47]. 문제점은 이러한 역사적 증거가 잘못 인용되고 적용되기 쉽다는 점이다[48]. 역사적 사례는 명백한 증거로 받아들여지는 경우가 상당히 제한적이다[49]. 앞서 개디스가 말한 역사가의 특성과 같이 클라우제비츠 역시 역사라는 것은 목적에 따라 기술이 달라질 수 있기 때문에, 역사적 사례를 들어서 자신의 이론 및 주장을 뒷받침하는 것은 그럴 듯하게 보일 수는 있으나 현실적으로는 그것이 역사적 사례의 잘못된 적용일 수 있다는 점을 경고하고 있다. 역사적 사건 자체는 객관적인 사실이지만, 실제 우리가 접하고 있는 그에 관한 역사적 서술은 다양한 역사가들에 의해 생산된 것으로써, 각각의 역사가들이 바라보는 '역사적 풍경(landscape of history)'에 따라 달라지는 주관적인 역사라는 점을 염두에 두어 비판적 사고를 통해 받아들여야 할 것이다.

▶ 국가와 전쟁

세계에는 많은 국가가 있다. 특히, 유럽과 아프리카 대륙에는 많은 국가가 있다. 그렇다면 유럽과 아프리카의 국가들은 어떠한 과정을 통해 형성되었을까? 또 그들은 어떻게 균형과 안정을 이룰까? 본 단락에서는 크게 찰스 틸리(Charles Tilly), 제프리 이라 허브스트(Jeffrey Ira Herbst), 존 아이켄베리(G. John Ikenberry)의 이론을 중심으로 지역별, 시대별 국가의 형성과 국가간 균형이 어떻게 다른지 살펴보겠다.

먼저, 유럽국가들의 형성과정에 있어서 틸리는 유럽의 국경선이 전쟁의 결과로서 형성되었다고 말한다. 허브스트는 아프리카 내에서의 국가 형성과정을 설명하는데, 유럽과는 대조적으로 식민지로 다스려진 아프리카의 국경선은 지배국가인 유럽국가들의 식민지배활동에 의하여 형성되었다고 주장한다. 즉, 아프리카의 국경선이 전쟁 없이 형성되어 유럽의 모델과는 차이가 있다는 것이다. 아이켄베리는 신성불가침의 현대적 국경선의 특성으로 1648년의 30년 전쟁 이후의 정착과정에 대하여 이야기한다. 국경선을 침범하지 않은 것은 국가의 기반이자 발전이고, 사회적으로 형성된 기관의 독자성이며, 단일화된 권위의 개념인 것이다. 비록 국가가 그 국경선을 완전히 통제하지 못한다고 하더라도 개념은 동일하다고 주장한다.

틸리는 도시화를 기반으로 유럽을 대표하는 국가의 형태가 만들어졌다고 주장한다. 여기서 자본(capital), 강제력(coercion), 그리고 전쟁을 일으킬 수 있는 능력이 유럽의 국가 발전을 도모하였다고 말한다. 세 가지 요소의 상호관계를 살펴보면, 전쟁을 준비하기 위하여 인간과 물적 자원의 동원이 필요하고 동시에 야전군을 유지하기 위하여 자본주의를 바탕으로 한 경제력이 필요하다. 역으로, 이러한 국민의 경제력을 동원하여 군과 국가를 유지하고 필요 시 전쟁을 수행하기 위해서는 강제력이 필요하다. 이렇게 형성된 강제력을 통해 유럽국가들은 주변국가들과 전쟁을 일으켜 영토를 확장하고자 하였으며, 그 이후에는 확장된 영토에서 더 많은 자본을 축적하여 더 광활해진 영토의 치안을 유지하기 위한 강제력을 증진시켰다.

이러한 일련의 과정들을 통해 국가는 기존에 가지고 있던 자본 및 강제력의 정도와 수준에 대한 변화를 가져오게 되기 때문에, 궁극적으로 국가의 체계는 전쟁을 겪으면서 변화한다고 본다. 여기서 유의할 점은 바로 자본과 강제력의 균형이 중요하다는 점이다. 전쟁 준비를 위하여 강제력 혹은 경제력을 지나치게 사용하면 국민의 반발이 있을 수 있기 때문에 두 가지를 적절하게 혼용하여 사용하는 것이 필요하다[50]. 이러한 점은 현대 국가들의 경우에도 적용 가능한데, 만일 한 개의 요소가 부족하거나 지나치게 강하다면 문제가 발생할 것이다. 예를 들어, 북한과 같이 경제력은 하위권 수준인데 강제적으로 국민을 착취하려고 한다면 그 국가는 번영을 이루기 어려울 것이다. 국민들은 밥을 먹지 못하여 굶어 죽는 상태에서 강력한 통제와 통치력을 이용하여 전쟁준비를 계속한다면 비록 미사일 등 첨단 무기를 보유하고 있더라도 그 국가는 정상적인 국가로 볼 수 없다. 반대로, 경제력이 세계에서 10위권을 넘나드는 부유한 국가임에도 불구하고 강제력의 부족으로 전쟁준비를 제대로 하지 못한다면 국가의 안전을 이웃국가로부터 위협받을 수 있다. 결과적으로 국가체계를 제대로 지켜 나갈 수 없는 상태가 되는 것이다. 따라서 경제력과 강제력이 서로 보완을 통하여 균형적으로 이루어질 때 비로소 국가는 안정적이고 지속적인 번영을 이룰 수 있다.

틸리가 유럽의 국가형성에 대하여 언급한 반면, 허브스트는 아프리카의 국가형성에 대하여 설명한다. 그는 아프리카는 국민들의 거주밀도가 높지 않아서 국가가 통치력을 발휘하는 비용이 상당히 높고, 추가적으로 국가 역시 통치력을 발휘하려는 노력이 부재하였다고 설명한다. 이러한 특성은 유럽의 국가와 대비된다. 유럽은 강제력에 의한 국가간 전쟁으로 국경선이 정해진 반면, 넓은 영토에 비해 인구가 적은 아프리카에서는 전통적으로 어떠한 부족이 다른 부족의 생활터전을 침범할 경우 두 부족이 전투를 벌이기보다는 두 부족 중 한 부족이 다른 지역으로 이동하면 그만이었다. 더욱이, 아프리카는 국경선이 지리적인 특징으로 명확히 구분되는 것도 아니고, 광활한 토지에 비해 인구가 많지 않아, 인구가 적은 먼 지역에 대하여 경찰력을 파견하는 방식으로 강제력을 적용하는 것은 비용대비 효과면에서 비효율적이었다[51]. 이후 유럽인들이 들어와 식민지 정책을 통해 인구밀도를 증대시켰으나, 식민지 시대를 탈피한 후 아프리카 정치지도자들은 집중되어 있던 인구밀도 지역을 그대로 활용하여 국가를 세웠다. 그러다 보니 기본적인 팔과 다리가 약한 머리만 큰 형태의 기형적인 국가를 만들어 내게 된다[52]. 지방세력은 고려하지 않고 도시지역만을 기반으로 국가를 형성하게 된 것이다. 즉, 인구 밀도가 낮은 지방에 대한 고려없이 국가가 형성되어 물리적으로 통제가 어렵게 되었다. 예를 들면, 짐바브웨의 경우 도로 상태가 좋지 않아 수도권과 지방의 연결이 어려웠는데, 열악한 도로 사정으로 인해 5%의 차량만이 운용 가능한 상태이다. 이에 따라 70%의 군대가 차량에 의한 신속한 기동이 거의 불가능한 상태로 남아 있다[53]. 그렇기 때문에 지방에 대한 통제의 비용이 상당히 비싸지고, 중앙정부는 지방의 통제 없이도 일부 수도권에 대한 인구통제만으로 국가를 운영하는 데 만족하게 되는 것이다.

또한 아프리카의 권력은 사회에 대한 것이지 토지영역에 대한 것이 아니다[54]. 그렇기에 아프리카 국가는 존재하되 국가의 모습을 나타내는 지도가 없는 상태가 될 수 있다[55]. 지도가 없이 국가체계는 외교력이 제한되고 복잡한 현실에서 제대로 역할을 할 수 없게 된다[56]. 따라서 아프리카에 유럽의 경제제도와 국경선을 포함한 다양한 국가 제도를 적용하였을 때 이것이 제대로 이식되지 않는다는 것이다[57]. 앞서 살펴본 틸리의 유럽국가 형성에 관한 주장을 아프리카에 그대로 적용할 수 없음을 알 수 있다. 유럽의 조밀한 인구밀도와 달리, 인구밀도가 적은 아프리카는 유럽국가들이 식민지 점령간 선택한 지역에 도시가 인위적으로 형성되고 이를 기반으로 국가가 발전했기 때문이다. 아프리카에서는 경제력과 강제력이 유럽과 달리 제한적이고, 효과도 다르게 나타날 수밖에 없었으며, 따라서 국가의 형성과 통치 또한 다른 형태로 나타났던 것이다.

많은 학자들이 그러하듯이, 아이켄베리는 국제사회의 형태를 세력균형이론, 패권안정이론, 집단안보이론의 세 가지로 구분하여 설명한다. 세력균형이론은 무정부상태를 기본으로 하여 권력의 집중현상에 대한 제한방법으로 반대세력을 이용한 균형에 중점을 둔다. 즉, 세력균형을 통하여 안정화를 가져오며, 이것이 권력의 평형상태라 간주한다. 패권안정이론은 지배계층을 기본으로 한 권력의 우세함을 안정의 근원으로 간주한다. 여기서 패권을 장악한 선도 국가는 반드시 안정화를 위하여 권력을 자제해야 한다는 단서를 달고 있다. 마지막으로 집단안보이론은 특정 조약 및 기구에 국가들이 종속됨에 따라 안정을 찾을 수 있다고 본다. 각각의 형태에 대해 예를 들어 설명하자면, 먼저 세력균형이론은 냉전시대를 설명하는 데 있어 소련과 미국이 서로 권력의 균형상태를 가져올 때 국제사회가 안정을 가져온다고 본다. 반대로, 패권안정이론은 탈냉전시대를 설명하는 데 적합한데, 미국이 세계를 지배할 수 있을 정도의 강력한 권력을 지니고 이를 스스로 통제할 때 안정화를 가져온다는 것이다. 한편, 집단안보이론은 자주권을 가진 국가들이 유엔(UN)과 같은 기관에 종속되어 국제법이 정하는 대로 따를 때 안정이 온다고 보는 것이다[58]. 세 가지 방식들이 국제사회의 안정화 현상을 완벽하게 설명할 수 있는 것은 아니다. 그렇지만, 적어도 국제사회의 규범형태를 분류하여 현실을 이해하는 데 도움을 준다.

요약하자면, 유럽의 국가들은 자본과 강제력의 조화를 통하여 국가를 만들었고, 전쟁을 겪으면서 다시 자본과 강제력의 배합 정도를 찾으며 국가의 형태를 발전시켜 나갔다. 반면, 아프리카는 식민지 국가의 지배활동에 의하여 인구밀집 현상이 특정지역에 발생하였고, 이를 기반으로 국가를 형성하여 유럽과는 다른 특성의 국가체계를 구축하였다. 서로 다른 국가체계 속에서 형성된 국가들이라 할지라도 국제사회의 무대에서 다양한 형태로 안정과 균형을 이룰 수 있다. 여기서는 유럽과 아프리카를 대상으로 국가의 형성과정에 대한 이론을 이해하고, 국제사회에서 국가가 어떻게 안정을 이루는지에 대하여 알아보았다. 국내 및 국제관계의 상호작용과 이론에 대해서는 추후에 3장 '전략과 작전술'에서 보다 더 논의할 것이다.

2. 18세기부터 1945년까지의 군사 이론: 총력전쟁

지금부터는 본격적으로 군사이론들을 살펴보자. 18세기에는 계몽운동(enlightenment)의 영향으로 인하여 인본주의가 성행하면서 전쟁과 전쟁양상에 대한 군사이론이 본격적으로 분석되기 시작하였다. 특히, 나폴레옹은 전투방식에 있어서 기존의 용병제 방식과는 차원이 다른 새로운 방법과 제도를 도입하여 전쟁의 패러다임을 전환시켰다. 혁신적인 전투방식이 등장하자 나폴레옹의 전쟁양상을 분석하여 이해를 도모하려는 군사이론가들이 등장한다. 그리고 이러한 군사이론은 이후 제1차 세계대전의 각국의 승리와 패배에 영향을 미치게 된다. 잠시의 휴식기간을 가진 후 전쟁의 패러다임은 다시금 전환되게 되는데, 무기체계의 기계화로 인한 제병협동기동(combined arms maneuver)의 전투방식이 기존의 패러다임과는 다른 형태로 나타났기 때문이다. 한편으로 18세기 이전까지의 특징으로 나타난 제한전쟁은 군사적으로 일정 부분의 제한된 정치적 목적을 달성하는 형태로 나타났던 반면에, 이후의 특징은 사회적, 물리적, 그리고 기술적인 변화에 영향을 받아 전쟁에 국가의 모든 역량을 동원하는 총력전에 가까운 형태로 변화하게 되었다.

▶ 클라우제비츠(I): 전쟁론 1권, 8권

클라우제비츠의 『전쟁론(On War)』은 군사서적 중에 가장 읽기 어렵고 이해가 잘 가지 않는 책 중 하나로, 사용된 단어나 문장이 매우 난해하다. 이 책은 클라우제비츠 본인이 완성한 것이 아니다. 그가 자신의 생각을 적어서 정리하여 놓은 것을 그가 죽고 난 후에 부인이 지인들의 도움을 받아 책으로 엮어서 편찬하였다. 총 여덟 권의 책 중에 클라우제비츠가 마무리한 것은 제8권밖에 없으며, 이후에 다시 1권으로 돌아가 편집을 하던 중에 숨을 거두고 말았다. 이러한 배경에서, 전쟁론 중에 가장 그의 생각을 잘 담은 것은 1권과 8권이라 할 수 있기 때문에 먼저 언급을 하고자 한다.

미완성 본임에도 불구하고 그의 책이 미군 장교들 사이에 성경과 같은 수준으로 많이 읽혀지고, 토의되고, 또 자주 언급되는 이유는 클라우제비츠가 전쟁의 본질과 특성에 대해 집요하게 파고들어 이를 깊이 있게 설명했기 때문이다. 앞서 사회학을 현상이론과 행동이론으로 구분한 바 있는데, 클라우제비츠는 현상 및 행동 이론에 있어서 현재까지도 널리 통용되는 확고한 이론을 제시하여 주었다. 책 1권에서 가장 주목할 만한 명제는 바로 '전쟁은 단지 정치의 연속'이다[59]. 여기서 정치라는 것은 정치를 하는 집단 혹은 정책으로도 해석될 수 있다[60].

그렇다면 인간이라는 이성적 동물이 왜 전쟁이라는 흉악한 폭력을 행사하는 것일까? 클라우제비츠는 전쟁을 구성하는 역설적 삼위일체(paradoxical trinity)가 폭력성, 우연성 및 개연성, 이성으로 구성된다고 설명한다. 여기서 유념할 것은 삼위일체가 정부-국민-군대로 구성되는 것이 아니라는 점이다. 첫 번째 요소는 열정 또는 폭력성으로, 여기에는 원시적 폭력(primordial violence), 증오(hatred), 그리고 적대감(enmity)이 포함된다. 두 번째는 우연(chance)과 개연성(probability)으로, 창의적인 생각을 하게 만드는 것이다. 세 번째는 이성(reason)으로, 정책의 도구로서 전쟁이 수행되어야 하는 이유를 제시해 준다. 여기서 국민은 열정(passion)을 지니고서 적대감으로 전쟁을 지속할 수 있는 동기를 부여해 주고, 군대는 우연과 개연성이 개입되어 전쟁에서 창의적으로 전쟁을 수행하는 방법을 구상하는 주체가 된다. 정부는 순수한 폭력성을 통제하면서 전쟁을 수행해야 하는 이유를 제시한다[61]. 카너먼의 이론에서 알 수 있듯이, 인간은 이성적이지 않다. 클라우제비츠도 이러한 맥락에서 전쟁은 이성만 가지고 하는 것이 아니며, 폭력, 우연성 및 개연성과 같은 비이성적 요소가 반드시 고려되어야 한다고 주장한 것이다.

폭력성 혹은 국민들의 감정은 직관에 의존하는 시스템 I에 해당된다고 볼 수 있다. 전쟁의 역사를 보면, 전쟁 당사국은 전쟁을 수행하고자 하는 국민들의 강한 적대감과 증오감을 통하여 적국에 대한 승리를 추구하고자 하였고, 여기에는 적국의 국민에 대한 원시적 폭력이 항상 존재하여 왔다. 예를 들어, 제2차 세계대전 중에 영국과 독일은 서로 항공기를 이용하여 수도인 런던과 베를린의 시민들에 대한 폭격을 주고받았다. 두 국가는 국민들의 증오심으로 인해 서로에게 원시적 폭력을 가하였으며, 이는 더 큰 증오심을 유발해 전쟁을 더욱 장기화시켰다.

한편, 베트남 전쟁 당시 미국 국민들은 공산주의인 북 베트남에 대하여 증오심이 높지 않았다. 비록 정부가 공산주의 확산을 방지하기 위한 것이라는 전쟁의 이유를 제공하여 주었고, 당시 미국은 헬기를 비롯한 각종 무기체계가 월등히 높은 수준에 있는 군대를 가지고 있었음에도 불구하고 국민의 전쟁을 수행하려는 의지가 낮아서 전략적 패배의 한 가지 원인을 제공하였다. 미국의 주장대로 대부분의 전술적인 전투행위에서는 승리하였지만, 전쟁을 지지하는 국민의 열정이 낮아 전쟁에서는 패배를 하게 된 것이다.

두 번째 삼위일체의 요소인 개연성과 우연성은 군대가 전쟁을 수행하는 동안 개입하게 된다. 전쟁은 독립된 행동이 아니다[62]. 전쟁은 한 번의 결전으로 종료될 수 없다[63]. 여기서 군대가 승리하기 위해서는 각 개인의 용기와 더불어 우연성과 개연성, 즉, 행운이 따라야 한다[64]. 전장의 마찰, 기상, 지형, 인간적 요소를 포함하는 다양한 요인들이 시간과 장소에 따라 달라지고 인간의 통제를 벗어나게 된다. 따라서 행운이 따라 주어야 승리할 수 있는 것이다. 개연성과 우연성이 개입되기 때문에, 교리가 제시하는 방법대로 싸워서 반드시 이긴다는 보장을 할 수 없다. 따라서 장교들은 창의적으로 생각하고, 비판적으로 따져보며 역사를 연구하는 노력을 해야 한다.

세 번째, 삼위일체의 이성적 요소는 전쟁을 수행해야만 하는 타당한 이유를 제시해 준다[65]. 전쟁 수행의 이유는 주로 정부에 의해 제시되며, 이는 폭력성 및 우연성, 그리고 국민 혹은 군대와는 분리되어 독립적으로 설정되기도 한다[66]. 결과적으로 다시 클라우제비츠의 '전쟁은 정치의 연속'이라는 명제로 돌아간다. 정치적 목적은 군사적 행동을 취해야 하는 이유를 제공해 준다는 것이다.

지금까지 종교적 언어를 군사적 언어로 적용한 삼위일체(폭력성, 우연성 및 개연성, 이성)와 국민, 군대, 정부에 대하여 알아보았다. 여기서 중요한 것은 삼위일체는 전쟁의 행위자가 아닌 전쟁의 구성요소이다. 만일 베트남전쟁에서 미국이 국민적 지지를 상실했던 경우와 같이 삼위일체 중 한 개의 축이 약해진다면 전쟁에서의 승리는 어렵다. 따라서 18세기의 클라우제비츠의 의견은 21세기에도 여전히 유용하며, 시간을 초월하는 가치를 지닌다.

전쟁의 다른 성격으로써, 클라우제비츠는 전쟁을 '절대전쟁(absolute

war)'과 '현실전쟁(real war)'으로 구분하여 설명하고 있다. 절대전쟁은 전쟁에 있어서 내부와 외부로부터 아무런 제약없이 이루어지는 전쟁이다. 이러한 전쟁에서는 두 적대국가가 서로 모든 역량을 집중하여 어느 한 편이 완전히 소멸될 때까지 전쟁을 한다. 이는 모든 역량을 집중한다는 측면에서는 나폴레옹 시대부터 2차 세계대전에 이르기까지 성행했던 '총력전'의 개념과 유사하다. 하지만, 총력전은 전략이라는 틀 안에서 정치적 목표를 설정하고 그 정치적 목표가 달성될 때가지만 모든 수단과 방법을 집중한다는 점에서, 상대방이 완전히 파괴될 때까지 전쟁을 지속하는 절대전쟁과는 차이가 있다. 클라우제비츠는 이러한 절대전쟁이 현실에서는 불가능하다고 말한다. 그것은 바로 전쟁 자체에 내재되어 있는 특성, 즉, 공포(fear), 육체적 피로(fatigue), 불확실성(fog), 마찰(friction) 때문이다. 이러한 전쟁의 특성이 반영된 전쟁이 바로 현실전쟁이며, 클라우제비츠는 절대전쟁과 현실전쟁의 관계를 헤겔의 변증법을 통하여 설명한다. 즉, "절대전쟁(正)은 전쟁의 고유 특성(反)으로 인하여, 현실전쟁(合)이 된다"라고 정리할 수 있다[67].

전장에서 안개(fog)는 진실을 가릴 수 있다. 전쟁은 혼란스럽기 때문에 인간은 현실을 왜곡시켜서 인식하기 쉽고, 하부에서 보고된 내용이 모두 믿을 수 있는 첩보가 아니라는 입장에서 클라우제비츠는 정보를 맹신할 수 없다고 한다. 서로 상반되는 내용도 있을 수 있고 두려움으로 인하여 상황인식이 잘못될 수 있다는 것이다[68]. 손자병법에서 정보의 중요성을 언급한 것과 상반되는 모습이다. 클라우제비츠가 말하는 안개는 인간의 본성과 연결된다. 인간은 공포감에 휩싸이거나 감정에 휘말릴 때 현실을 과장하거나 축소하여 인식한다. 예를 들어, 이제 군에 입대한 지 한 달을 막 넘긴 신병이 전쟁이 발발하여 전선에 투입되었다고 하자. 그는 오늘 한 끼도 먹지 못해 굶주린 상태이며, 2일째 잠도 제대로 자지 못 한 채 칠흑 같은 어둠속에서 참호에 의지하여 적이 다가오는 것을 감시하고 있는 상황이다. 순간, 바로 옆에 있던 자신의 선임병은 적의 저격수로부터 날아온 총탄에 머리를 관통 당하여 죽고, 분대가 점령하고 있는 진지에는 포탄이 마구 쏟아지고 있다. 하지만 이 신병은 아직 방탄복을 지급받지 못했기 때문에, 옆구리에 철파편이 스쳐 지나가 피를 흘리고 있다. 포격이 멈추자 적 1개 소대 규모인 약 30명 정도가 새벽 3시에 소리를 지르며 해당 신병 앞으로 돌격을 감행하고 있다. 해당 신병은 클라우제비츠가 말한 전쟁의 안개에 갇혀 소대장에게 약 100명 정도의 적이 집중 돌격하고 있다고 과장되게 보고할 수 있다.

신병에게는 난생 처음 엄청난 굉음의 포탄소리와 함께 옆에서 전우가 신음하면서 죽어가는 상황을 경험했을 것이다. 부상으로 인하여 본인도 죽을지도 모른다는 두려움도 컸을 것이다. 이런 상황에서 공황이 발생하여 현실을 제대로 인식하지 못할 수 있는 것이다. 그리고 이러한 보고내용은 상부로 올라가면서 왜곡되어 전달될 가능성도 있다. 예전에 한 예능 프로그램 중에, 연예인 다섯 명이 일렬로 서서 큰 음악소리가 나는 헤드폰을 쓴 채 첫 번째 사람부터 마지막 사람까지 특정 단어를 전달하는 게임이 인기를 끌었던 적이 있다. 시청자들은 해당 단어가 한 사람, 한 사람 거치면서 엉뚱하게 변질되어 가는 것을 보며 즐거워했다. 하지만, 연예인들은 그 게임에 내재된 안개 속에서 단어를 전달해야만 했기에 어려움이 많았을 것이다. 위에서 소개했던 신병의 사례처럼, 말단에서 시작된 첩보는 안개로 인해 그 자체에 오류가 생기기 쉬울 뿐 아니라, 그것이 전달되고 정보로 처리되는 과정에서 더욱 왜곡될 수 있는 소지가 발생한다. 클라우제비츠는 현실을 있는 그대로 인식하지 못하는 전장의 상황을 안개로 비유한 것이다.

전쟁의 다른 현상으로 마찰(friction)이 있는데, 마찰은 본 책과 같이 종이에 기록되는 전쟁 혹은 전쟁계획과 실제의 전쟁을 구분하게 만드는 유일한 개념이다[69]. 우리가 수영장 혹은 바닷가에 가서 물속에 몸을 담그고 태권도의 지르기 혹은 발차기를 한다고 상상해 보자. 공기 중에서는 쉽게 하던 동작이 물속에서는 마찰이 증가하여 속도와 강도가 낮아지는 것을 경험할 수 있다. 공기의 마찰과 물의 마찰 정도가 다른 것이다. 수영하는 방법을 처음 가르칠 때 수영코치는 보통 물 밖에서 동작을 가르치고 연습을 시킨 후에 교육생을 물속에 넣는다. 물속에서의 마찰 정도가 더 세다는 것을 감안하여 크고 과장된 자세로 물 밖에서 가르친다. 그런 다음 드디어 물 속으로 들어가 실제 수영을 숙달하게 된다. 이렇게 수영장에서 수영을 배우고, 이제 바닷가에 갔다고 상상해 보자. 동해 바다는 수영장과 다르게 바닥이 날카로운 암석으로 구성되어 있고, 매서운 바람과 함께 험난한 파도와 같은 마찰들이 우리를 맞이한다. 수영장에서 하던 수영 방식으로는 바다에서 소금기 가득한 짠물을 먹는 마찰을 경험할 수 있다. 수영 교본을 아무리 많이 읽고 암기를 했다고 하더라도 망망대해에서 수영하여 목적지인 섬에 도착하는 승리를 보장해 주지 못한다. 군사 교리를 외우고 암기하는 방식으로 접근해서는 전쟁에서 승리를 보장할 수 없는 것과 같다. 전쟁에서의 모든 것은 아주 간단하다. 그러나 간단한 것은 어렵다[70]. 바로 마찰 때문이다.

클라우제비츠는 4권에서 소개한 중심(center of gravity)이란 개념을 전쟁 계획에 관한 내용을 다룬 제 8권에서 다시 한 번 심도 깊게 다룬다. 중심은 모든 힘과 운동의 근원지로서 세상에 존재하는 모든 것은 중심이 있다고 보았다. 따라서 적에게 나의 의지를 강요하기 위해서는 모든 힘을 모아 적의 중심을 향하여 공격해야 한다고 주장했다[71]. 손자병법은 부전승을 강조하면서, 첫째로 적의 전략을 공격하고, 둘째로 적을 동맹국으로부터 분리시키고, 셋째로 적의 군대를 공격하되, 최악의 것은 적의 수도를 공격하는 것이라고 말하였다[72]. 하지만, 이러한 손자와 달리 그는 중요하다면 적을 파괴시켜야 한다고 보았고, 이를 위해 적의 수도를 확보하고, 적의 동맹을 무너뜨리는 것이 필요하다고 주장한다[73]. 클라우제비츠의 중심 이론은 미 예비역 대령인 해리 섬머스(Harry G. Summers Jr.)가 미국의 베트남 전쟁 전훈분석자료에 중심의 개념을 분석 도구로 활용하면서 주목을 끌었다[74].

이후, 중심을 포함한 클라우제비츠의 개념들은 미 군사연구에 필수요소로 꾸준히 주목을 받아왔다. 그 결과로 현재의 미군 합동, 육군, 해병대 교리는 중심분석을 비중 있게 다루고 있는데, 특히 조셉 스트레인지(Joseph Strange) 박사의 중심분석이론을 교리적으로 채택하고 있다[75]. 즉, 작전계획 수립 시 중심을 전략적, 작전적, 그리고 전술적 수준에서 분석하되, 핵심취약점(critical vulnerability: CV)을 도출하고 해당 취약점을 공격하기 위하여 효과적인 계획을 수립해야 한다는 의견이다. 미군은 걸프전(1991) 당시에 적의 중심을 분석하여 이를 파괴시키고 단시간에 전쟁을 종결하게 된다. 중심의 개념이 현재 미군 교리에 녹아 들어 실제 전장에서 적용되는 모습은 이론(theory), 교리(doctrine), 역사(history)가 어떻게 상호작용하는지를 보여 주는 단적인 예이다. 즉, 클라우제비츠의 중심 이론이 베트남 전쟁이라는 역사적 사건을 분석하는 데 활용되고, 그로부터 도출된 교훈을 바탕으로 중심 이론이 교리에 포함되었으며, 걸프전에서는 실전에 활용됨으로써 다시 또 하나의 역사적 사건에 영향을 미쳤던 것이다. 이론, 교리, 역사가 항상 연계된다고 볼 수는 없지만, 이 세 가지를 통합하여 사고하는 능력을 기르는 것은 작전술가에게 중요하다. 하지만, 중심이라는 개념을 너무 복잡하게 혹은 너무 단순하게 생각하는 것은 지양해야 한다. 중심을 파악하는 이유는 결과적으로 적 중심을 구성하는 핵심취약점(CV)을 파악하여 작전기획을 할 때 전역 혹은 전략에서 승리를 하기 위한 것이기 때문이다[76]. 이론 그 자체도 중요하지만 실제로 군사 작전기획 및 계획을 수립 및 시행하는 단계에서 이것을 어떻게 이용하고 적용할 것인지가 더욱 중요하다고 하겠다.

▶ 클라우제비츠(II): 전쟁양상과 정치적 목적 달성

'각각의 전술적 행동을 시간, 공간, 그리고 목적에 따라 배분하여 전략적 목표를 달성한다'는 작전술의 정의를 클라우제비츠의 이론에 비추어 생각해 보면 작전술을 이해하는 데 더욱 도움이 된다. 또한 작전술 분야에서 왜 클라우제비츠를 계속적으로 언급하는지 이해하게 될 것이다. 정치의 연속으로써 그리고 하나의 도구로써 전쟁을 이해하는 것도 역시 중요하다.

전쟁은 크게 두 가지 특징을 나타내는 행동으로 대비된다. 하나는 양병(preparations for war)으로써 전쟁을 준비하기 위하여 병력을 기르고 무기를 만드는 행동들이며, 다른 하나는 용병(conduct of war)으로써 전쟁에서 병력을 어떻게 적절하게 운용하여 승리를 달성하는가에 대한 것이다. 여기서 양병은 화포의 개발, 요새 축성과 같이 형태가 있는 반면에(tangible), 용병은 어떻게 전쟁을 수행할 것인가 혹은 어떻게 전투력을 사용할 것인가에 대한 것으로 무형적인 것이다(intangible). 따라서 인간의 술(術)적인 측면이 부각되는 것이다. 작전술에 '술(術)'자가 들어 있다고 해서 전적으로 용병에 관한 것이라고 단정지을 수는 없다. 작전술을 올바르게 적용하기 위해서는 양병에 대한 깊은 고뇌가 수반되어야 한다.

클라우제비츠는 사실 작전술이라는 용어를 사용하지 않았다. 클라우제비츠는 전술과 전략의 개념을 설명하였는데, 그가 사용한 전략이라는 용어는 작전술로 이해함이 더 타당하다고 여겨진다. 그 이유는 18세기에는 작전술이라는 개념이 없어 대전략-전략-전술로 구분하여 사용하였는데, 현대에 군사개념으로 재해석하자면 이는 전략-작전술-전술로 이해할 수 있기 때문이다. 실제로, 클라우제비츠가 전략이라는 용어를 사용하면서 설명한 내용들은 오늘날 작전술에 더 근접하다고 볼 수 있다. 클라우제비츠는 용병, 즉 전쟁을 어떻게 운용할 것인가에 초점을 맞추어 그의 이론을 전개해 나간다. 그는 교리라는 것은 도달할 수 없는 것이라고 말하면서, 전쟁의 상황에서는 진퇴양난의 상황을 포함한 다양한 어려움이 존재하기 때문에 교리에 고착되어서는 안되며, 오히려 군사이론을 공부해야 한다고 주장한다. 이론은 빛과 같이 나아갈 방향을 제공해 주고, 판단력을 기를 수 있는 데 도움을 주며, 함정에 피할 수 있게 도움을 준다고 말한다[77]. 이론은 생각의 틀을 형성해 주며, 다른 한편으로는 복잡하고 예측하기 어려운 세상을 이해하는 데 도움을 주는 렌즈(lens)와 같은 역할을 한다. 다시 말해, 교리에 고착되기보다는 이론을 공부하고 현실에 맞추어 판단할 수 있는 생각의 능력을 길러야 한다는 말이다.

클라우제비츠는 목표(ends), 수단(means), 방법(ways)에 대해 다음과 같이 설명한다. 먼저, 목표는 승리를 통한 평화를 가져오는 것이고, 수단은 목표를 달성할 수 있는 요소로서 더 많으면 유리하다. 그리고 방법은 수단을 어떻게 이용하여 목표를 달성할 것인가에 대한 것이다[78]. 미군에서는 전략을 수립할 때 클라우제비츠가 언급한 목표, 수단, 방법에 추가적으로 위험(risk)이라는 요소를 이용한다. 미군들은 목표, 수단, 방법 간에 불균형이 발생할 때, 이를 전략적 위험으로 판단한다. 즉, 수단에 대하여 목표를 달성하기에 충분한 병력, 무기, 군수 물자 등이 있는지 점검하고 만일 부족할 때는 추가적으로 자원을 건의하거나 자원의 충당이 불가시에는 전략의 목표를 조정하게 된다. 그리고 방법 측면에서 해당 자원을 어떻게 운용하여 목표를 달성할 것인가에 대한 접근법을 구상하되, 만약 구상된 특정 접근법이 상황 변화 등 여러 이유로 인해 더 이상 유효하지 않게 되면 목표, 수단, 방법 중 어느 한 가지 이상을 조정하게 된다.

전쟁의 술(art)적인 요소와 과학(science)적인 요소에 대하여 생각해 본 적이 있는가? 과연 무엇이 더 중요한 것일까? 어느 한 가지가 더 중요하다고 말할 수 없으며, 밀접하게 연결되어 서로 영향을 미치는 이 두 요소를 균형되게 적용하는 것이 중요하다. 먼저, 전쟁은 인간의 상호작용이기에 술(art)적인 요소는 매우 중요하다[79]. 인간은 기계처럼 입력된 명령어대로 움직이지 않는다. 감정에 의하여 영향을 받으며 상황에 따라 다르게 반응한다. 과학적 요소 또한 매우 중요하다. 군함을 조종하는 해군 장교가 나침반을 읽을 줄 모르는 극단적인 상황을 가정해 보자. 이러한 상황에서 그 군함이 의도한 방향으로 나아가기 어렵듯이, 전쟁의 과학을 모른다면 효과적, 효율적인 전쟁수행이 불가능하다. 6.25 전쟁 당시 인천상륙

작전에서도 효과적으로 상륙을 성공하고 목표를 달성하기 위한 병력 수, 조수간만의 차와 여명시간, 그에 따라 필요한 함정의 수 등을 면밀히 분석하는 과학적 요소가 여러가지 술적 요소와 조화가 되어 성공할 수 있었다. 분명 이러한 전쟁의 술적 요소와 과학적 요소를 이해할 수 있는 대한민국의 장교를 양성하는 것은 쉬운 일이 아니다. 장시간에 걸쳐서 시행착오를 겪고 부단히 훈련과 연습을 반복함으로써 비로소 창의적, 비판적 사고를 할 수 있는 능력이 길러지고, 더 나아가 전쟁의 술과 과학을 균형 있게 적용할 수 있는 능력이 길러질 것이다. 따라서 훌륭한 장교단의 규모를 줄이는 것은 쉬워도 다시 증강시키는 것은 어려우며, 군대를 단기간에 대규모 강군으로 육성시킬 수 있다는 것은 그릇된 생각이다. 병력은 동원을 통하여 늘릴 수 있지만, 고급장교 양성은 어렵기 때문이다.

▶ 조미니의 전쟁술

나폴레옹은 '내 사전에 불가능은 없다'는 말로 유명하다. 불가능을 모를 만큼 그가 전장에서 잘 싸우고 승리를 가져왔다는 의미도 된다. 그렇다면 나폴레옹 시대의 프랑스군은 어떻게 싸운 것인가? 나폴레옹이 이끄는 프랑스의 전쟁방식(French way of warfare)은 경보병과 중보병의 차이를 제거하고, 보다 빠른 기동을 통하여 대형을 형성하는 것이었다. 빠른 기동을 위하여 하급제대가 스스로 판단하고 이끌어 나가는 것이 필요하였기에, 지휘관들에게 전반적인 기동개념을 설명해 주었다[80]. 이러한 개념이 가능했던 이유는 국민으로 이루어진 병사들이 스스로 동기부여가 되어서 전투에 임했기 때문이다. 기존에는 용병이 돈을 받고 군주를 위하여 복무하였기 때문에 돈이라는 매개체가 없으면 동기부여가 제한되었던 반면, 프랑스는 계몽운동을 통하여 애국주의를 내세움으로써 병사들의 의지를 북돋을 수 있었다. 용병은 애국심이 없기 때문에 상황이 불리해지면 도망을 가거나 목숨을 구걸하기 위하여 항복하였다. 따라서 18세기 이전의 전쟁은 현대의 전쟁과는 다르게, 군주들이 자신의 용병부대를 밀집 운용하여 용병들의 이탈을 방지하려 하였고, 전투를 진행하다가 어느 쪽이던 피해가 커지면 용병 비용을 아끼기 위해 전투를 멈추었다. 하지만 프랑스의 전쟁방식은 더 이상 용병이 아닌 국민 개병제를 도입하여 전쟁의 패러다임을 전환시켰다. 프랑스의 전쟁방식은 1814-1848년간에 미국에 전해진다. 이때, 미국 육군 내부에서는 영국군의 전술을 받아들이자는 연방주의자들과 프랑스군 전술을 받아들이자는 민주주의자들로 나뉘어져 지적인 내부토론을 거치게 된다. 그러던 와중에 미 육군사관학교(West Point)가 프랑스 방식을 채택하면서 나폴레옹 군대를 분석하여 전쟁의 원칙을 제시한 바론 조미니(Baron Jomini)의 이론이 관심을 받게 된다[81].

조미니는 원래 은행원으로 일을 하면서 어떻게 하면 금전적인 부를 축적할 것인가를 고민하던 사람이었다. 이러한 관점에서, 당시 계속적으로 승전보를 울리고 있던 나폴레옹이 어떻게 싸워서 계속 승리를 거두는 것인지 분석해 책을 쓴다면 돈을 벌 수 있을 것이라 생각하였다. 그는 나폴레옹의 싸우는 방법과 승리하는 법에 대하여 이해하기 쉽게 글을 작성하였고 이 글이 많은 군인 및 군사 이론가들이 연구하고 있는 『전쟁술(The Art of War)』로 탄생하게 되었다[82]. 조미니는 나폴레옹의 기동방식을 잘 이해하였다. 그는 책에서 적의 결정적 지점(decisive point)를 파악하고 내선 혹은 외선의 작전선(line of operations)을 이용하여 전투력을 집중(mass)하면 승리할 수 있다는 일종의 군사작전에 있어서의 공식을 제시하였다[83]. 세계 여러 나라 사람들에게 관심을 받게 된 조미니의 전쟁술은 다양한 버전으로 그리고 다양한 언어로 발간되었다. 특히, 미국에 전해진 전쟁술은 장교들에게 성경과 같이 전장에서 들고 다니는 책으로 여겨지게 되었다. 미국의 남북전쟁 당시 남부와 북부군의 장군들은 모두 다 나폴레옹처럼 싸우기 위해 전쟁술을 기반으로 하여 작전계획을 수립하고 실시간 상황판단을 하였다고 한다.

클라우제비츠와 함께 조미니가 현대에도 여전히 회자되는 이유는 현대전에서도 여전히 유용하기 때문이다. 조미니가 제시한 결정적 지점, 작전선, 대량의 군사력 투입은 여전히 적용된다. 군사력을 투입해야 할 지점들은 상당히 많이 존재하지만, 군사력은 항상 제한된다. 이는 마치 수능시험을 준비하는 고등학교 3학년 학생이 공부해야 할 책은 산더미 같은데, 역량과 시간이 부족해서 다 할 수 없는 상황과 흡사하다. 따라서 이 학생은 시험에 나올 것 같은 내용들만 신중히 선별하여 공부할 수밖에 없다.

이와 마찬가지로, 군사작전도 항상 제한된 시간, 공간, 전투력을 가지고 임무를 달성해야 하기 때문에, 적의 전쟁수행능력에 결정적 타격을 가할 수 있는 결정적 지점을 파악하거나, 만약 적절한 결정적 지점이 파악되지 않았다면 아군에게 유리하도록 이를 조성해서라도 공격함으로써, 제한된 군사력으로 효과를 달성해야 하는 것이다. 작전선 또한 여전히 유용하다. 내선작전의 경우 6.25 전쟁 당시 낙동강 방어작전과 같이, 여러 방향에서 공격하는 적에 대해 아군의 기동예비 부대를 신속히 투입하거나 보급로를 단축하여 방어의 이점을 최대로 발휘할 수 있다. 반대로, 외선작전의 경우 인천상륙작전과 같이, 적이 집중되어 있는 전선을 우회하여 측후방으로 기동 및 타격을 가할 수도 있는 것이다. 피아의 전투력은 한정되어 있는 만큼, 어느 쪽이 결정적 지점에서 상대적 전투력의 우위를 달성하느냐가 관건이기 때문에 결정적 지점에 대한 전투력 집중은 매우 중요하다. 권투선수가 적의 옆구리가 약점으로 판단될 때 이를 집중해서 공격하는 것은 어찌보면 당연한 이치이다. 약점을 공격하지 않고서 얼굴, 복부, 옆구리에 두루 공격을 한다면 승리를 달성하는 데 노력과 시간이 낭비될 수 있기 때문이다.

조미니의 이론이 칭송 받는 또 다른 이유는 바로 그가 당시까지의 다른 군사 이론가들과는 달리 군수분야를 강조했기 때문이다[84]. 손자가 2천여 년 전에 이미 전쟁에 많은 군수물자가 필요하다고 하면서 군수의 중요성을 강조한 바가 있는데, 조미니는 이를 보다 상세하게 설명하였다[85]. 특히, 그는 군대의 이동을 위하여 군수물자를 준비하고, 명령, 지시를 하는 것은 전구작전(theater operations)의 준비를 위해 필수적이라고 하였다. 또한, 지휘관으로서 참모들과 토의를 통하여 공병, 포병 등 병과별로 필요한 군수물자를 창고에 준비하는 것은 원활한 전쟁수행을 위해 꼭 필요한 조치라고 강조하였다[86]. 군대를 기동 및 이동시키기 위하여 군수활동의 계산이 필요하다. 조미니는 특히 기도비닉을 유지한 상태에서 적지역으로 행군대형을 유지하기 위해서는 철저하게 계산된 군수활동이 요망된다고 하였다[87].

조미니 이론을 실제에 비추어 생각한다면, 미군은 전쟁이 발발할 가능성이 있는 세계의 주요국가에 사전전개물자를 이미 배치시켜 유사시 이용할 수 있도록 준비하고 있다. 전쟁에 있어서 군수의 중요성은 아무리 강조해도 지나침이 없다. 수많은 전투기와 전차가 있다고 하더라도 연료나 포탄이 없다고 가정해 보자. 해당 전투기와 전차는 고철에 불과할 것이다. 군사작전계획은 군수의 제한사항을 항상 염두에 두어야 한다. 상륙작전 간 소해전력의 확보는 매우 중요하다. 또한, 해군 선박이 실어 나를 수 있는 장갑차의 수는 제한된다. 만일 상륙할 수 있는 군사력을 1개 사단으로 계획했다고 하자. 그렇지만 소해전력, 군수물자 및 상륙시킬 수 있는 선박의 숫자 및 능력, 필요한 유류의 양 등 제반 군수분야를 제대로 계산하지 않았다면, 이 계획은 실천 불가능한 종이에 불과하다. 이는 가정생활에서도 마찬가지다. 오랜만에 2박 3일간 제주도의 우도로 가족 캠핑을 간다고 가정해 보자. 도착하게 될 해변은 인근에 슈퍼마켓이 없어서 3일간 먹어야 할 음식을 사전에 준비해야 한다. 만일 항구에서 차량에 연료를 충분히 채우지 않거나, 음식을 한 끼분만 준비해 갔다면 즐거워야 할 오랜만의 가족여행은 고난의 시간이 될 수도 있을 것이다. 성공적인 가족여행을 위하여 군수분야 준비가 중요한 만큼 군사작전에서도 최종상태를 성공적으로 달성하기 위해서는 필요한 만큼의 군수물자를 잘 계산하여 준비하고 수송하는 활동이 필수적이라 하겠다. 결론적으로, 조미니의 전쟁술은 클라우제비츠의 전쟁론과 마찬가지로 오래된 과거의 이론이 아니라 현대의 전쟁, 심지어는 우리의 일상에서도 여전히 유용한 지혜를 주는 이론이라 하겠다.

한편, 조미니와 클라우제비츠의 이론은 모두 나폴레옹 전쟁의 분석에 기초를 두고 있다. 그럼에도 불구하고 조미니의 이론은 클라우제비츠의 이론과 비교해서 여러가지 차이를 보인다. 그중에서도 여기서 강조할 부분은 역사, 절대 원칙 등에 대한 두 이론가의 상이한 관점이다. 클라우제비츠는 역사를 상대적으로 보면서, 절대적인 틀 혹은 기준과 가치를 거부하였다. 그는 역사를 상호 역동적인 변화를 통하여 이루어지는 것이기 때문에 개인 혹은 집단의 사고방식으로서는 이해가 불가하다는 입장을 보였다. 그는 전쟁이라는 것은 정치의 연속으로 다른 수단과 복합적으로 연결되어 이루어지는 것인데, 정치적 본질의 변화와 더불어 사회적 특성의 영향을 받기 때문에 다양한 형태로 구성된다는 것이다. 결과적으로 복잡한 전쟁을 이해하기 어렵다는 것이 기본적인 입장이다. 반면에, 조미니는 전쟁의 원리 원칙을 이해한다면 전쟁의 승리를 달성할 수 있다고 주장함으로써 전쟁을 단순하고 과학적인 것으로 본다. 또한, 드라마와 같이 영웅 혹은 군사적인 천재가 재능을 기반으로 하여 승리를 달성해 낼 수 있다고 보았다. 그는 변하지 않는 전쟁의 승리 공식이 있다고 보았고 이를 나폴레옹의 전쟁을 통하여 도출하였다[88].

태풍에 비유하자면, 클라우제비츠는 태풍을 구성하는 다양한 요소들인 바람, 습도, 먼지, 온도차이 등이 혼잡 되어 있기 때문에 인간의 지식으로는 복잡하고 역동적으로 움직이는 태풍을 이해하는 것이 어렵다고 보았다. 반면에, 조미니의 입장에서는 태풍의 단면을 과학적 분석에 기초하여 태풍의 눈을 중심으로 하강하는 건조한 공기와 상승하는 습윤한 공기의 상호작용으로 이해할 수 있다. 즉, 클라우제비츠는 뉴스 기자가 태풍에서 나오는 비바람을 맞으며 직접 날씨를 시청자들에게 전달하는 모습과 같이 전쟁을 직접 경험하는 입장에서 전쟁의 마찰과 안개를 기술하였고, 조미니는 여러 종류의 태풍을 다각적으로 사진 촬영한 후 책상에서 분석하는 것처럼 전쟁을 단순 이론화하였다.

이 두 이론가의 관점을 비교한 것은 우열을 가리기 위함이 아니라, 두 가지 이론 중에 하나에 집중하기보다는 두 가지를 모두 고려하여 이해하는 것이 필요하다는 점을 강조하기 위함이다. 결론적으로 두 가지 이론은 교리에 모두 녹아 있다. 교리가 더 이상 현실에서 행동해야 할 방향을 제시하지 못하거나, 현실과 맞지 않을 때에는 자신이 공부한 이론으로 돌아가서 과연 최적의 판단이 어떤 것인지 생각해 보아야 할 것이다.

▶ 몰트케의 전쟁술

우리에게 '몰트케'라는 이름으로 잘 알려진 대표적 인물은 대(大) 몰트케(Helmuth Karl Bernhard von Moltke)와 그의 조카 소(小) 몰트케(Helmuth Johann Ludwig von Moltke)이다. 전자는 19세기 독일 통일 이전 프로이센의 장교로서『전쟁술(The Art of War)』의 저자이며, 후자는 독일 통일 이후 제1차 세계대전 당시 슐리펜 계획을 실행했던 사람이다. 본 절에서는 대 몰트케를 줄여서 몰트케라 하겠다.

몰트케는 평화를 유지하고 정치가가 요구하는 정치적 목적을 달성하기 위하여 강한 군대가 절대적으로 필요하다고 주장하였다[89]. 이러한 몰트케 주장을 임진왜란에 대입하여 생각해 보자. 1592년 조선은 일본의 침략을 받아 많은 피해를 입었다. 임진왜란이라는 비극을 맞이하게 된 것은 일본의 침략을 억제하고, 유사시 승리할 수 있는 강한 군대가 없었기 때문이다. 다시 말해, 한반도의 평화를 스스로 지키지 못한 이유는 조선의 군대에서 찾아야 한다. 침략의 야욕을 드러낸 일본도 비난받아야 하지만, 무엇보다 스스로의 군대가 강하지 않았음에도 불구하고 강군을 양성하고 군을 운용하는 작전술을 연구하지 않았던 스스로의 빈약함에서 비극의 원인을 살펴야 한다고 생각된다. 우리의 신체도 평소 강인한 운동과 건강한 음식, 충분한 수면을 통하여 면역력을 길러야 외부의 바이러스 및 세

균으로부터 자신을 지켜 낼 수 있다.

국가도 이와 유사하다. 국가는 국력의 네 가지 제 요소(DIME)를 통해 국제사회에서 생존과 번영을 추구한다. 평시 타국과 협상할 수 있는 외교력을 가지고, 국가 이익을 위해 각종 정보를 수집, 처리, 전달, 활용할 수 있는 정보력, 자금의 조달, 재화 및 용역을 위한 생산 및 유통 능력 등을 통해 타국에 영향력을 행사할 수 있는 경제력을 가져야 한다. 그리고 무엇보다 이러한 국가 활동을 뒷받침 할 수 있는 강한 군사력이 필요하다. 아무리 돈이 많은 부자 혹은 높은 수준의 학력을 가지고 있어도 건강을 잃어버린다면 아무런 소용이 없듯이, 강한 군사력이 없이는 아무리 번영을 이룬 국가라도 한순간에 강탈 당할 수 있다. 더 나아가, 강력한 군사력은 국가 지도자가 목표로 하는 정치적 목적을 달성하기 위해 반드시 필요한 국력의 제 요소이다. 이러한 몰트케의 주장과 같은 맥락에서, 엘리엇 코헨(Eliot A. Cohen)은 미국이 국가 이익을 추구하는 데 있어 여전히 군사력이 가장 효과적이라고 하였다[90]. 그만큼 군사력은 국가이익 달성에 필수적이라는 것이다. 물론, 군사력에만 지나치게 치중하는 것은 적절치 않다. 조지프 나이(Joseph S. Nye Jr.)가 주장한 바와 같이, 국가의 영향력은 연성 권력(soft power)과 경성 권력(hard power)이 적절하게 조화되어 스마트파워(smart power)로 발휘될 때 그 효과를 극대화할 수 있음을 망각해서는 안 될 것이다[91]. 그럼에도 불구하고 코헨의 주장을 소개하는 것은 그만큼 강력한 군사력이 필수적이기 때문이다.

몰트케는 클라우제비츠와 달리 전쟁을 정치의 연속이라는 의견에 동의하지 않았다. "군사 전략은 정치의 목적을 달성하기 위하여 존재하지만, 전략은 정치와 완전히 독립되어 있다"[92]고 말하면서 정치의 연속이 아니라 정치와 군사는 독립된 것으로 보았다. 몰트케는 정치는 전쟁을 시작하기 전에 목표를 정하고 이후로 전쟁이 진행되는 중간에는 간섭하지 않을 것이며, 전쟁이 끝나면 다시 개입하는 것이 올바른 것이라고 보았다. 마치 손자병법에서 군주가 장군에게 권한을 위임하면 정치로부터 따르지 말아야 할 명령이 있다고, 군명유소불수(君命有所不受)라 말한 것과 같은 맥락이라 하겠다[93]. 몰트케는 당시의 정치지도자인 비스마르크(Otto Eduard Leopold Fürst von Bismarck-Schönhausen)와 전쟁 수행 중에 갈등을 겪었는데, 이를 일부 반영한 것이라 추측 된다. 정치적 목표라는 것은 정치가의 의도에 따라 변경될 수 있으며, 국내외의 정치적 상황에 따라 변경이 가능하다. 하지만 전쟁에 있어 정치가들의 과도한 간섭을 받을 경우 군사지도자 입장에서는 전장 실상과 동떨어진 방향으로 전쟁을 수행해야 하는 경우가 발생한다. 몰트케는 이러한 이유로 클라우제비츠와 상반되는 의견을 제시한 것이라 생각된다. 하지만, 복잡하고 급변하는 현재의 세계정세 속에서 몰트케의 이러한 주장을 그대로 받아들이는 것은 상당히 위험하다. 추후에 제3장 '전략과 작전술'에서 다루겠지만, 이러한 경우에는 전쟁을 계획하고 시행하는 군사지도자가 정치지도자와의 지속적인 대화를 통해 정치적 목표와 전쟁의 현실적 상황에 대해 적극적으로 의견을 조율하여야 할 것이다.

몰트케는 전략적인 공격을 전술적인 방어와 연결해야 한다고 말한다[94]. 이것은 전술적으로는 방어가 더욱 강력한 전술적 행동이라고 말한 클라우제비츠와 유사한 생각이다. 다만 몰트케는 전략적으로는 공격을 취하여 보다 공세적으로 나아가야 한다고 강조한다. 즉, 전략적으로는 우회기동(turning movement)을 통하여 적의 약점으로 기동을 하되, 전술적으로는 적은 병력으로 더욱 강력한 전투행동인 방어를 채택하는 것이 군사작전을 성공적으로 할 수 있다고 주장한다. 전술적인 방어는 매우 강력한 형태이지만, 전략적인 공격은 더 효과적인 형태이며 이를 통하여 목표를 달성할 수 있다는 것이다[95]. 손자가 지형의 중요성을 강조한 것과 같이 몰트케도 지형에 대하여 언급하였는데, 그에 따르면 방자는 방어전투에 유리한 전방이 개방된 지형(open terrain)을 원하고, 공자는 전투지형으로 기동이 노출되지 않는 지형(broken terrain)을 추구한다[96]. 그러나 이러한 지형은 어디서나 찾을 수 없고 지형에 따라 전투를 계획하는 것은 제한적이다. 따라서 전쟁에서 가장 성공 가능성을 높이는 것은 적의 방어선에 대하여 우회기동을 통하여 측면을 공격하되, 동시에 공격하는 적의 정면을 방어하는 것이라고 말한다[97]. 결국, 전략적인 기동의 성공은 전술적 행동의 승리에 기반하기 때문에 전술적인 행동의 승리를 보장하기 위해서는 방어를 선택해야 한다는 것이다. 이러한 전략적 우회기동과 전술적 방어의 조합은 고대 알렉산더 대왕의 망치와 모루 전술로부터 리델하트의 간접접근전략, 풀러의 마비이론, 린드의 기동전 이론에 이르기까지 그 맥이 이어져 오고 있다고 볼 수 있으며, 칸네 전투, 인천상륙작전, 슐리펜 계획, 1차 걸프전 등 많은 전쟁사에서 군사지도자들이 적용하였던 방법임을 알 수 있다.

몰트케의 전략적 우회기동은 당시 철도, 전신 등의 기술 발전과 연계된다[98]. 당시 몰트케는 군사적인 목적으로 철도사업의 확장이 필요하다고 주장하였다[99]. (물론, 철도 관련 사업에 대한 주식을 보유하는 등 개인적인 이익도 맞물려 있긴 하였다.) 프로이센의 위치에서 우회 기동을 통하여 프랑스군의 측방을 공격하기 위해서는 병력을 대량으로 수송해야 하는데, 당시의 철도관련 기술력과 제한된 도로사정을 비교할 때, 철로를 이용하여 수송하는 것이 가장 현실적이었을 것이다. 몰트케는 전신 기술의 발달도 군사작전을 계획하는 데 적극 활용하였다. 전략적 우회기동의 핵심 중 한 가지는 바로 신속한 기동이다. 군대가 신속히 기동하면 그만큼 지휘부와 기동부대의 간격, 각각의 작전선을 따라 다른 방향으로 진격하는 부대 간의 간격은 더욱 멀어질 수밖에 없다. 따라서 몰트케는 전신을 지휘통제에 활용하고자 하였다. 당시의 전신은 모르스 부호에 의해 전달되었으며 짧은 메시지를 보내는 데에도 많은 시간이 걸렸다. 그러다 보니, 그는 멀리 떨어져 있는 부대에게 전신을 이용하여 명령을 하달하기 위해서는 명령자체가 간명해야 한다고 판단하였다[100]. 예를 들어, 가상으로 '프랑스 수도 파리 공격, 3월 1일'이라는 명령을 400킬로미터 떨어져 있는 부대에게 전달한다고 하자. 간단한 몇 개의 단어라고 하더라도 이를 암호화하여 전달하기 위해서는 많은 숫자와 문자가 동원되며, 그만큼 시간도 많이 소요되고 정확성도 떨어질 수 있다. 이러한 배경으로 부각된 개념이 현재 미군 및 한국군을 포함한 많은 군대에서 활용되고 있는 '임무형 지휘(mission command)'개념이다[101]. 간단하게 제시된 명령으로 예하 지휘관의 임무를 제시해 주고 이후에 임무를 달성하는 방법은 예하지휘관의 재량에 맡기는 것이다.

미군들이 흔히 말하는 표현 중 '계획과 싸우지 말고 적과 싸워라(fight the enemy, not the plan)'이란 말이 있다. 전투가 개시되면 지금까지 전투를 위하여 세웠던 계획은 상황에 더 이상 맞지 않는다. 왜냐하면 클라우제비츠가 이야기한 대로 공포심, 육체적 피로, 우연, 불확실성, 마찰로 인하여 전쟁은 예상했던 각본대로 움직이지 않게 되기 때문이다. 이러한 변화 무쌍한 전쟁상황에서 예하지휘관을 믿고 임무를 간단하게 부여한 이후, 행동의 자유를 보장해 주는 것은 한편으로 상당히 타당하다. 그러나, 임무형 지휘는 선택적으로 적용되어야 한다. 다시 말해서 예하지휘관의 특성과 능력에 따라 다르게 적용되어야 하는 것이다. 상급지휘관과 오랜 시간을 함께 임무 수행하여 그 의도를 명찰하고 있는 숙달된 지휘관이 있을 수 있고, 지휘관의 사망으로 인하여 급하게 대체되어 상급지휘관의 의도를 제대로 파악하지 못하는 지휘관이 있을 수 있으며, 개인의 임무수행능력 자체에도 저마다 차이가 있기 때문이다. 현대전에서(C4I: Command, Control, Communications, Computers, and Intelligence)의 발달로 인하여 기술적 측면에서 지휘체계의 방법이 변화하였다고 하더라도 몰트케의 임무형 지휘 개념은 여전히 유용하다. 예를 들어, 야전에서 휴대용 컴퓨터의 배터리가 다 되어 사용을 할 수 없거나 사이버 공격과 같은 예기치 못한 마찰이 발생할 수 있다. 이로 인해 상급지휘관이 예하지휘관들에게 적시에 명령과 지침을 하달할 수 없다면, 이때 임무형 지휘로 숙달된 예하지휘관들은 평상시부터 상급지휘관과 지속적인 상호작용을 통해 공동의 전술관을 공유해 왔기에 상급지휘관의 의도에 부합되는 방향으로 작전을 수행할 수 있을 것이다.

몰트케는 임무형 지휘에 대한 이론을 제시하면서 작전술의 발전에 큰 기여를 하게 된다. 그리고 임무형 지휘는 몰트케 이후 현대에 이르기까지 지속적으로 적용되고 있다. 클라우제비츠가 언급한 '전쟁은 정치의 연속'이라는 명제를 다른 각도로 생각해 볼 수 있는 이론적인 렌즈를 제공해 준다. 다른 한편으로는, 정치와 군사의 관계가 충분한 상호의견 조율을 통하지 않는 경우 발생할 수 있는 문제점에 대하여 생각할 수 있는 여지을 제공한다. 무엇보다, 몰트케의 이론은 강력한 군사력이 전쟁 억제를 통해 평화를 가져올 수 있다는 점에서 현대의 한반도 전쟁 위기 상황에도 적용 가능한 여전히 유용한 이론이다.

▶ 작전술 이론으로서 소련의 종심 전투와 독일의 전격전

앞서 언급한 바와 같이 소련은 최초로 작전술이라는 개념을 정립하였고, 미국은 1982년 작전술 개념을 도입할 때 소련의 작전술 교리를 기본으로 하여 작성하였다. 작전술(operational art)이라는 용어를 가장 먼저 사용한 것도 소련의 군사 이론가 스베친이었다[102]. 그는 정치지도자와 군사지도자가 모두 전략에 능통해야 한다고 주장하는데, 이는 국가 목표를 달성하기 위한 전략과 이 전략을 달성하기 위한 작전술이 서로 밀접한 관계가 있기 때문이다. 그런 차원에서 정치지도자는 정치, 군사를 포함한 국가적 제반 요소를 잘 통합하여 전략을 수립해야 하며, 군사지도자는 군사적 활동과 국가의 제반 활동들이 어떻게 연계되어 국가 목표를 달성할 수 있는지를 잘 이해해야 한다[103]. 그런데, 여기서 문제는 군사지도자가 단 한번의 군사작전만으로는 상위 군사지도자나 정치지도자가 고심해서 세운 전략 목표를 달성하기 매우 어렵다는 점이다. 여기서 작전이라는 것은 계획의 작성, 작전지속지원 준비, 전투력의 집결, 장애물 설치, 행군, 적을 포위하기 위한 교전, 퇴각하는 적에 대한 추격 및 섬멸 등 무수히 많은 다양하고도 다른 성격의 전술행동들을 종합적으로 시행하는 것이다. 그래서 스베친이 생각한 작전술은 여러 다른 성격의 작전들을 총체적으로 배열하는 것이며, 작전에 필요한 작전지속지원과 시공간적으로 통합하여 결과적으로 전략목표 달성에 기여하기 위한 것이었다[104].

이런 스베친의 작전술 개념을 기초로 소련은 이후 소련 내전, 폴란드와의 전쟁을 거치면서 체계적인 전략과 작전적 교리를 발전시키게 되고, 그 결과로서 종심 전투(deep battle) 교리를 정립하게 된다[105]. 여기서 종심 전투란 적의 섬멸을 주 목적으로 하며, 자원과 공간을 주로 이용하는 전투이다. 여기서 속도는 자원과 공간에 비하여 상대적으로 중요하게 고려하지 않는다. 소련은 이후 야전규정을 새로 발간하면서 적 후방에 있는 포병부대에 대한 돌파를 목적으로 전차를 독립 운용하되, 적 전차에 대해서는 보전협동공격을 해야 한다는 내용으로 종심 전투에 대한 교리를 정립한다[106]. 이는 1930년대를 기점으로, 항공기의 공중 지원을 포함하여 기갑부대와 다른 병과 간의 협력을 기본으로 하는 제병협동 및 공지합동 개념으로 발전된다[107]. 하지만, 작전술의 개념을 기반으로 한 종심 전투에도 약점이 존재하였는데, 이 교리를 적용하기 위해서는 각각의 기갑부대에게 상이한 임무가 부여되어야 하고, 임무의 상이성에 따라 부대별 다른 형태의 전차가 필요하다는 점이었다. 이 때문에, 장거리 돌파를 위한 전차와 단거리 보병 지원임무를 받은 전차의 형태가 달랐다. 제2차 세계대전 간 소련은 이러한 문제점을 극복하기 위하여 중대형 전차를 주요 전차로 지정하여 모든 임무에 적용하는 것으로 보완한다.

이때, 독일도 소련의 종심 전투의 단점을 파악하고 이를 보완하여 독일만의 전법을 연구하게 된다. 그 결과, 속도를 강조한 전격전(German war of movement: 독일어 Bewegungskrieg)을 창안하게 된다. 이는 적 후방으로 빠르게 진격하여 적의 심리적 마비에 중점을 두는 것이다. 전격전은 대규모 전차를 결정적 지점에 집중적으로 운용하는 개념이다. 여기에 다른 제병협동부대는 전차의 기동에 맞추어 결정적 작전을 지원하도록 하였다[108]. 추가적으로 적 후방의 노출된 보급소 및 지휘소는 루트와프(Luftwaffe) 항공기가 공격하는 것을 병행하였다. 이러한 것이 가능했던 것은 라디오의 발명이 임무형 지휘를 뒷받침할 수 있었기 때문이다[109]. 전격전은 폴란드 전역에서 빛을 발한다[110]. 폴란드가 예상한 것보다 훨씬 빠른 속도로 진격하여 독일군은 주도권을 잡고 전쟁에서 승리할 수 있었던 것이다. 하지만 이런 전격전도 1942년 스탈린 그라드 전투와 1943년 쿠르스크 전투에서 만난 소련에 의하여 패배를 맛보게 된다[111]. 이러한 패배에는 독일이 주요 무기체계인 기갑부대에 대하여 제대로 인식을 하지 못한 점이 큰 원인으로 작용하였다. 보병이 후속하면서 전장의 승리를 마무리하는 데 시간이 필요하고, 빠른 기갑부대를 지원하기 위한 보급수송이 있어야 하는데, 기갑부대와 다른 부대들 간 거리가 지나치게 벌어져 상호 지원이 불가능 했던 것이다[112]. 이것은 일부 부대만을 기계화시킨 결과로써 당시 팬저 사단은 동물을 이용하여 보급품을 나르고 있었기 때문이다.

정리해 보면, 소련의 종심 전투는 많은 수의 전투 부대들을 시간, 공간, 목적에 따라 어떻게 배열할 것인지에 대한 실전적 적용 이론이다. 다시 말해, 소련의 광활한 영토에서 전쟁 수행 시 적의 후방에 위치한 포병 부대를 돌파 및 섬멸하기 위한 목적으로 기동성이 있는 기갑부대를 이용한 것이 종심 전투이다. 반면에 독일은 적의 심리적 마비에 중점을 두고 기갑과 항공전력을 이용하여 빠른 속도로 적 후방의 지휘소를 공격하는 전격전 이론을 발전시킨 것이다. 이 두 이론은 기동전 이론의 일종이라는 점에서 공통점이 있으나, 종심전투는 기동에 의한 섬멸(annihilation)을 강조한 반면, 전격전은 마비(paralysis)를 달성하는 데 그 목적이 있다는 점에서 차이가 있다. 소련의 종심 전투와 독일의 전격전 이론은 각각의 국가가 전략 목표를 달성하기 위해 작전술 개념을 자신들이 처한 작전환경을 고려하여 고유의 실천적 이론으로 발전시킨 사례로서, 우리는 이 사례를 통해 작전술의 본질을 이해하고 작전술을 어떻게 작전환경에 맞게 응용할 수 있는지에 대한 감각을 키울 수 있을 것이다.

▶ 공군, 해군의 작전 이론

제2차 세계대전에 들어서면서부터 합동작전(joint operations)의 개념이 발전하기 시작하였다. 대표적 예로써, 4장에서 살펴보게 될 과다카날 전역의 경우, 육군, 해군, 공군이 같이 합동작전을 시행하였다. 최근에는 미 육군이 다영역작전(MDO: Multi-Domain Operations) 개념을 도입하여 공중, 지상, 해상, 우주, 사이버 등 다영역에서의 작전요소 통합을 강조하고 있다. 따라서, 작전술가에게 단순히 소련의 종심 전투 이론, 독일의 전격전 같은 육군 이론뿐만 아니라 해군과 공군에서 주로 사용되는 이론에 대한 이해가 필요하다.

공군 운용에 대해서는 줄리오 두헤(Giulio Douhet)와 빌리 미첼(Billy Mitchell)의 이론이 대표적이며, 해군과 관련하여서는 줄리안 콜벳(Julian S. Corbett)과 알프레드 마한(Alfred T. Mahan)이 주된 이론이다. 먼저 공군 운용 이론을 알아보자. 미군은 북한이 도발할 때마다 전략폭격기를 전개시키는 등 전력 과시를 통해 억제 효과를 달성한다. 이렇듯 현재에도 여전히 적용되는 전략폭격의 개념은 두헤의 이론으로부터 시작되었다. 두헤는 다음과 같이 논리를 전개하였다. (1) 현대의 전쟁양상은 전투원과 비전투원을 구분하기 어렵다. (2) 지상 전력을 이용한 성공적인 공격작전은 더 이상 달성하기 어렵다. (3) 속도와 고도를 이용한 3차원의 공중전력을 이용, 공세적인 항공전략을 통하여 적을 효과적으로 공격할 수 있다. (4) 그러므로, 국가는 시민들이 모여 있는 수도, 정부, 산업시설을 대량 폭격하여 적국의 시민들의 사기를 부수어, 적 정부가 평화 협상 이외에는 다른 수단을 생각할 수 없도록 강요해야 한다. (5) 이를 위하여 독립적인 공군이 장거리 폭격기를 보유/유지하는 것이 가장 주요한 수단이다[113]. 이러한 두헤의 이론은 적국의 비전투원인 시민들을 공격대상으로 한다는 점에서 윤리 및 도덕적인 측면에서 바람직하지 않아 많은 비판을 받는다. 하지만 이런 단점에도 불구하고, 그의 이론은 실제 2차 세계대전 중 독일이 영국의 런던 수도를 폭격하고, 반대로 영국이 베를린 수도를 상호 폭격하는 등 실전에 적용되었다. 장거리 폭격에 대한 개념은 정밀 유도기술이 확보된 현대전에서 더욱 유용해졌으며 미국은 이를 기반으로 상당량의 핵탄두까지 운용할 수 있는 장거리 폭격기를 보유 및 운용하고 있다.

한편, 미첼은 두헤의 의견에 대해 중요한 것은 전략적 폭격이 아니라, 독립적인 공군 지휘부를 갖는 것이라 말하면서 육군으로부터 공군의 독립을 주장하였다[114]. 당시에는 항공기가 모두 육군에 속해 있어 육군을 지원하는 것이 항공기의 우선적인 임무였기 때문이다. 조직 체계의 특성으로 인하여 항공기의 장점을 십분 발휘할 수 있는 방향으로 항공전력을 사용하기보다는 육군의 날아다니는 포병 개념으로 운용하였던 것이다. 과다카날 전역에서, 일본 육군 병력들이 섬에 상륙하기 전에 상륙지역에 있는 적의 장애물과 병력들을 제거 및 제압하는 수단으로만 항공전력이 운용되었던 것이 예가 될 수 있다[115]. 또한 독일군도 앞서 언급한 루트와프 항공기를 전격전에서 육군의 기갑전력을 지원하는 수단으로 사용하였다. 루트와프 항공기의 임무는 항공 우세 유지, 지상군 지원, 해군에 대한 공중임무 지원, 전선에서 적의 보급선 공격이었다[116]. 이후, 미군은 두헤의 이론에 기초하여 전략폭격기를 운용하고, 미첼의 이론에 기초하여 공군을 육군에서 독립시키게 되는데, 이것은 항공기를 육군 지원용으로 제시했던 1940년의 미군 교리에서 한층 발전된 모습이라 하겠다[117].

해군 운용에 있어서, 마한은 해양이론 분야의 조미니로, 콜벳은 클라우제비츠로 불리고 있다[118]. 먼저, 마한은 대양 해군의 건설과 적 함대와의 결전을 중요시 하였다. 바다에서의 함대간 결전을 통해 제해권을 장악해야 해양 우세를 달성할 수 있고, 이를 통해 상권을 보호하며, 결과적으로 국가 발전 및 국가 영향력 증대를 가져올 수 있다고 본 것이다. 특히, 마한은 전통적으로 해양 우세를 달성하는 것이 국가 발전 및 번영에 중요하다고 보았으며, 대표적인 예로서 영국의 번영을 들었다. 영국이 세계적으로 크게 성장하는 데 영국 해군의 역할이 크게 작용하였다는 것이다. 그는 영국이 해양 우세를 통해서 무역, 산업, 그리고 식민지를 운용하였다고 해석했다[119]. 이러한 이유로 마한은 공세적 해군력 운용이 국가의 사활에 영향을 미칠 것이라고 하며, 제해권(command of the sea)의 중요성을 강조했다[120].

반면에 마한과 달리 콜벳은 해양력의 역할이 적의 자유로운 해양사용을 거부하는 것(sea denial)으로 충분하다고 보았다. 인간은 육지에서 살지 바다에서 살지 않는다. 그렇기 때문에 육군과 해군은 상호 지원해야 하며, 해전에서의 승리만으로 전략 목표를 달성하기 어렵다고 보았다. 이러한 점은 현대적 합동작전의 관점에서 본다면 상당히 합리적인 이론이다. 그는 해군이 육군과 협력을 잘해야 하며, 이를 통하여 해군 함대의 의미를 더욱 명확히 할 수 있다고 보았다. 추가적으로 항공모함을 이용한 공군 작전과 해군과 육군의 협력을 통한 상륙작전을 강조하여, 해군의 단독 작전보다는 합동성 측면에서의 해군의 역할을 보다 잘 정립한 이론이라 할 수 있다[121].

현대전 및 미래전은 육군 단독으로만 작전을 수행할 수 없기 때문에, 다양한 영역의 전력 운용에 대한 이해가 매우 중요하다. 특히, 미래의 작전환경을 고려하여 사이버전과 우주전을 포함한 다영역작전에 관한 주요 이론들을 이해하는 것도 필요하다. 다영역작전은 미 육군이 미군 합동개념인 JAM-GC(Joint concept for Access and Maneuver in the Global Commons)과 연계하여 발전 중인 개념이다. 미군은 중국의 도련선 전략(미군은 A2AD로 명명)과 일대일로 정책 등에 대응하기 위해 2009년부터 공식적으로 공해전투(Air-Sea Battle) 개념을 도입하였으나 합동군의 균형발전 저해, 상대국 자극 등을 이유로 2016년 새로이 JAM-GC 개념을 도입하였다. 미 육군은 이와 연계하여 JAM-GC 합동개념 속에서 육군의 역할과 능력을 정립하기 위해 다영역작전을 발전시켰다. 2018년에 들어서는 FM 3-0「작전(Operations)」교범에서 중국과 러시아를 재부상하는 위협으로 규정하고 다영역작전과 함께 대규모 전투작전(LSCO: Large Scale Combat Operations) 개념을 제시하였다. 우리 한국군도 이러한 다영역에 대한 다양한 이론들을 연구함으로써 작전술가는 다양한 성격의 전투를 시간, 공간, 목적에 맞게 배열하여 전투력의 승수효과를 극대화할 수 있다.

3. 1945년부터 현재까지의 군사 이론: 제한전쟁

지금까지 작전술과 관련된 사회과학 이론들, 18세기부터 1945년까지의 군사이론들에 대해 살펴보았다. 여기서는 1945년 이후의 현대적 관점에서 등장한 이론들을 알아보도록 하겠다. 특히 1945년 이후의 전쟁은 미국의 관점에서 정치적 목표가 제한된 전쟁이었다. 즉, 국가적으로 총력을 다하여 산업시설을 가동시키고 동원령을 선포하는 형태로 이루어진 것이 아니라는 의미이다. 또한 베트남 전쟁에서부터 부각되기 시작한 게릴라전을 알아보면서 동양의 관점에서 바라본 이론도 일부 추가하였다.

▶ 게릴라이론(Theory of the Guerilla Warfare)

게릴라란, 적의 배후에서 주요 시설을 파괴하거나 적의 무기나 물자를 탈취하고 인명을 살상하는 비정규군(irregular fighter)이다. 정규군(regular fighter)이 규정된 군복을 입고 무기를 공공연하게 휴대하는 것과 달리, 비정규군은 민간복장을 하거나 혹은 무기를 숨기고 다닌다. 게릴라의 또 다른 특징은 정치적 목적을 가진다는 점이다. 사적인 목적을 위하여 폭력을 행사하는 조직폭력배나 도둑과 구별되는 점이다. 빨치산(partisan)이라는 용어는 러시아어에서 유래한 것으로, 점령군에 대하여 대항하는 세력을 지칭하는 말이다. 반면에, 게릴라(guerrailla)는 스페인어에서 파생되었는데, 전쟁(guerra)이 소규모의 형태로 나타난다는 의미이다. 스페인은 나폴레옹이 침공하였을 당시 상대적으로 강한 프랑스 정규군에 대항하여 독립을 추구하고자 게릴라전을 수행하였다. 또한 유사한 의미로 사용되는 레지스탕스(resistance)는 프랑스어인 저항(la résistance)에서 유래된 말로서 나치 독일군에 대항한 프랑스 시민들의 저항운동을 지칭한다[122]. 저자의 생각으로 게릴라, 빨치산, 레지스탕스라는 용어들은 결과적으로 정치적 목적을 가지고 저항하는 상대적 약자라는 점에서, 유사한 의미를 가진다고 판단된다.

외국의 정규군이 특정국가를 점령하였을 때, 점령군에 대항한 일반 시민들의 독립을 위한 게릴라(빨치산, 레지스탕스) 활동들은 과연 정당한 전쟁이라 할 수 있는가? 이 질문에 답하기 위해서는 먼저 정당한 전쟁(just war)이 무엇인가에 대하여 이해해야 한다. 정당한 전쟁이란 적으로부터 주권을 침해당했을 때 이를 회복시키고 다시 질서를 잡기 위해 수행되는 전쟁이다[123]. 전쟁은 그 이유가 스스로의 생명과 재산을 보호하기 위함 혹은 부당한 방법으로 빼앗긴 재산을 회수하기 위한 목적일 경우 정당화될 수 있다[124]. 다만, 위험에 직면했거나 위험이 확실해졌을 때의 생명을 보호하기 위한 전쟁은 정당한 것으로 인정되지만, 실질적으로 직면하지 않은 위험에 대한 가정만으로 전쟁을 시작하는 것은 정당화될 수 없다[125]. 즉, 위협은 특정 국가 또는 단체가 우리나라를 공격할 의지와 능력을 모두 지니고 있을 때 성립하며, 적이 이를 현시할 때 그에 대한 대응이 비로소 정당한 전쟁으로 인정될 수 있다. 정당한 전쟁은 인간의 정당방위와 유사한 것이라 생각할 수도 있다. 쉽게 말해서 강도가 칼을 들고서 부당한 방법으로 선량한 시민의 생명이나 재산을 빼앗으려 할 때 이를 막기 위한 행위가 정당방위로 인정되는 것과 같은 이치이다. 어떤 사람이 칼을 빼어 선량한 시민의 목을 향하여 돌진할 때는 생명을 보호하기 위해 상대방의 칼에 대응하는 것은 정당방위이나, 단지 칼을 소지한 사람이 옆에 지나간다고 해서 그 자체를 위험이라 가정하고 그 사람을 선제 공격하는 것은 정당하다고 인정할 수 없는 것과 같다.

전쟁의 형태에는 모든 국민들이 총력을 다하여 싸우는 총력전이 있고, 상대적으로 제한된 정치적 목표의 달성에 국한되는 제한전쟁이 있다. 그리고 전쟁의 싸우는 형태는 군복을 입은 군인이 상대 국가의 군복을 입은 군인과 싸우는 정규전과 군복을 입지 않고 시민의 복장으로 게릴라 방식과 유사하게 싸우는 비정규전이 있다. 제한적인 정치적 목표를 가지고 타국을 정복하려는 정규군에 대하여(제한전쟁+정규전), 국민들이 나서서 자비로움도 없고 싸우는 방법을 규정하지도 않는 비정규전 양상으로 싸운다면(총력전+비정규전), 비록 비정규전 부대가 열세라고 하더라도 정규전 부대에게 일정 부분 타격을 입힐 수 있다.

이제 다시 조금 전의 질문으로 돌아가 보자. 게릴라전은 정당한 전쟁 형태인가? 적국으로부터 국민들이 부당하게 자신의 생명과 재산을 위협받아 이를 보호하기 위한 행위는 그것이 어떤 형태이든 정당한 전쟁이라 할 수 있지 않은가? 클라우제비츠의 삼위일체 중 열정(passion)은 원시적 폭력, 증오, 적대감으로 구성되어 있다[126]. 이러한 맥락에서 블라디미르 레닌(Vladimir Lenin)은 오직 혁명적 전쟁만이 절대적 증오(absolute enmity)를 가져올 수 있기 때문에 진정한 전쟁이라고 말했다[127]. 여기서 절대적 증오는 괄호와 같이 한정되는 범위(bracketing)가 존재하지 않는다[128]. 나폴레옹의 프랑스군이 스페인 및 러시아를 침공했을 때, 스페인과 러시아인들은 범위가 한정되는 국가 간의 정규전과는 달리, 유럽의 혁명방식으로 프랑스군에 대항하여 빨치산 활동을 하였다[129]. 이러한 레닌의 사상은 유럽에만 국한된 것이 아니라 차후 모택동에게 전해지고, 모택동은 빨치산 이론을 기반으로 하여, 중국을 침략한 일본군에 대응하여 게릴라전을 펼쳤다[130]. 모택동은 "무기를 들고 있는 국민들이 펼치는 소규모의 빨치산 행동이 항일 운동의 일부를 만들고, 정규군인 홍군(Red Army)이 펼치는 공격이 또다른 항일운동을 만든다. 이는 마치 한 사람이 두개의 무기를 들고 있는 형상이 되어 적은 이러한 것을 두려워하게 된다"고 말했다[131]. 즉, 국민들 스스로가 자신의 생명과 재산을 일본의 군대로부터 빼앗겼기 때문에 이에 대항한 빨치산 행동은 중국민들의 입장에서는 정당한 전쟁이라 할 수 있는 것이다. 우리나라의 항일운동은 어떠한가? 1919년 3.1운동 이후 만주일대를 중심으로 활발히 전개된 우리 독립투사들의 활동은 테러활동이 아니라, 게릴라전 혹은 분란전(insurgency)의 형태를 띤 정당한 독립전쟁 활동이었다.

다른 한편으로 해석하자면, 클라우제비츠, 레닌, 모택동의 이론 및 활동은 국민들의 적대적인 감정을 이용해 전쟁에서의 정치적 목적을 달성하는 데 적용한 사례가 될 것이다. 국가 대 국가가 싸우는 정규전과는 달리 싸우는 방법에 한정이 없으며 절대적인 증오심을 기본으로 하는 게릴라전은 스페인, 소련, 중국의 사례에서 보듯이 효과적인 전쟁 수행 방법이었다. 따라서, 역사적 사례에서 알 수 있듯이 게릴라전은 많은 나라에서 이미 정치적 목적을 달성하기 위한 수단으로 사용되었음을 알 수 있다.

▶ 사회적 혁명에 대한 국가별 대응 및 결과

전시 적국(특정국가를 지칭하는 것은 아니다)으로 우리 군이 작전지역을 확장해 나아간다면 우리 군은 거의 필연적으로 적의 빨치산 세력을 마주하게 될 것이다. 여기서 빨치산은 주로 외부에서 침략한 정규군에 대응한 움직임이다. 한편 어느 국가든지 반정부세력이 있게 마련이다. 적국이 만약 독재국가라면 반정부세력의 규모는 국가 위기상황에서 더욱 커질 수 있다. 이러한 상황은 잘만 활용한다면 우리에게 유리하게 작용할 수 있다. 그런 의미에서 이번에는 시민들이 스스로 국내의 독재정치에 대항하여 나타난 움직임, 즉 사회혁명에 대해 살펴보자. 미사지 파르사(Misagh. Parsa)는 『States, Ideologies, and Social Revolutions』란 책에서 사회 혁명운동은 탄압적 정치를 하는 독재정부일수록 사회 혁명의 발생 가능성이 높다고 주장한다. 특히, 넓은 지지층을 기반으로 한 정부의 이념이 결여되었을 때 더욱 성공 가능성이 높다고 주장한다. 이와 같은 사회 혁명에 대하여 파르사는 세 나라를 선정하여 각각의 정부대응에 대한 연구를 하였다. 각 나라가 처한 상황이 다르기 때문에 많은 차이점이 있지만, 그 속에서 공통점도 도출하였다. 그 세 나라는 이란, 니카라과, 필리핀으로, 사회 혁명에 대하여 각 나라가 어떻게 정부차원의 대응을 했는지 비교해 보자. 도표1은 사회 혁명이 발생한 국가들 간의 도전적 요소에 대한 비교로서, 국가별로 대응 방식과 정도가 다르다는 것을 나타낸다.

도표1. 혁명 발생 국가별 도전적 요소와 결과물에 대한 비교

구분	이란	니카라과	필리핀
국가 권력	절대적/ 중앙집권	절대적/ 중앙집권	절대적/ 중앙집권
반대에 대한 국가의 탄압정도	극도로 높음	높음	중간
국가의 개입	극도로 높음	중간	낮음
대중 반대와 집단 행동	낮음	높음	높음
계층 간 연합	존재	존재	없음

혁명적 도전	약함	약함	강함
사회 계층 간 구조 변화	중간	높음	없음
권력 구조 간 변화	급진적 신정주의	혁명적 사회주의	혁신적 중산층주의
결과적 산물	사회적 혁명	사회적 혁명	정치적 혁명
기간	1950-1970년대	1973-1984년	1970년대-1985년

Sources: Misagh. Parsa, States, Ideologies, and Social Revolutions New York: Cambridge University Press, 2000), 281.

세부적으로 비교해 보면, 이란은 최초 대중의 반대와 집단행동은 낮았으나 국가의 탄압정도와 개입 정도가 극도로 높아 사회 혁명을 가져왔다는 것을 알 수 있다. 반면 니카라과는 혁명적 도전이 약한 것에 대하여 대중반대와 집단행동이 높아 결과적으로 사회 혁명을 겪었다. 필리핀은 탄압정도와 국가의 개입이 낮고, 계층간 연합이 없음에 따라 최초 혁명적 도전은 강했으나 결과적으로 정치적 혁명만을 겪게 된다[132].

위와 같은 차이점에 반하여 공통점도 존재하는데, 첫째로는 모두 국가 권력이 절대적인 중앙집권적 방식으로 운영되었다는 것이다. 또한 혁명적 도전에 대한 정부의 대응이 결과적으로 정치 혹은 사회적인 변화를 이끌어 냈다는 점도 세 국가가 공유하는 또 하나의 공통점이다[133].

요약하자면, 국가 권력이 독재방식과 같이 절대적이고 중앙집권적일 경우 대중들이 사회 혁명을 통하여 변화를 추구한다는 것을 알 수 있다. 또한 국가의 탄압 정도, 개입 정도, 대중의 반대, 집단행동, 계층 간 연합 정도가 사회적 혁명 발생에 복합적으로 영향을 미친다는 점도 알 수 있다. 이 연구 결과는 적국에서 비정규전을 수행하고자 할 때 통치하려는 정치적 집단과 대중 간의 상호작용을 어떻게 군사작전에 이용할 수 있을 것인가에 대한 아이디어를 제공해 준다.

▶ 비정규전에서의 폭력과 언어(메시징)

비정규전은 통상 약자가 취하는 전술이다. 이러한 작전환경에서는 어느 쪽이 현지 주민들의 지지를 얻어 내느냐가 매우 중요하다. 이에 매우 중요한 도구가 바로 '폭력'과 '언어(메시징)'이다. 이들은 폭력을 사용하여 정치적 목적을 달성하려고 하는 동시에 언어(메시징)를 이용하여 폭력의 사용이 어떠한 의미를 지니는지 청중들에게 설명함으로써 폭력의 정당성을 확보하고자 한다. 두 명의 이론가들을 통하여 폭력과 언어가 비정규전에서 어떻게 사용되는지 알아보자.

스타디스 칼리바스(Stathis N. Kalyvas)는 그의 저서 『The Logic of Violence in Civil War』에서 선택적 폭력 이론을 제시하였다. 쉽게 말해, 자주권이 파괴된 상태의 국가에서 정치가들이 국가를 운영할 때는 국민들의 탈당을 방지하기 위하여 선택적 폭력을 반드시 사용해야 한다는 것이다[134]. 해당 정부를 비난(denunciation)하는 대상에 한정하여 선택적으로 폭력을 가해야 대중들의 탈당을 방지할 수 있는데, 만일 무고한 사람이나 혹은 전체를 대상으로 폭력을 가하게 된다면 대중들의 기대를 저버리게 되어 탈당으로 이어지고 결국 정당 세력의 약화가 일어난다. 이러한 관계는 정부에 반대하는 반란군의 입장에서도 동일하다[135].

선택적 폭력, 이탈, 비난은 정부와 반군이 통제하는 범위에 따라 5개의 다른 행동양상으로 구역화할 수 있다. 1구역은 현 정부가 완전 통제하는 구역, 2구역은 현 정부가 부분적으로 통제하는 구역, 3구역은 현정부와 반란군이 동일하게 통치하는 구역, 4구역은 부분적으로 반란군이 통제하는 구역, 5구역은 완전히 반란군이 통치하는 구역이다. 여기서 통제 수준이 높은 1구역과 5구역은 이탈, 비난, 폭력이 없다. 통치집단이 정부이건 반란군이건 간에 완전한 통제를 하기 때문이다. 그러나 2구역과 4구역에서는 패권을 하나의 정치적 행위자가 장악하였으나 불완전한 통제를 하고 있기 때문에 상황에 따라 어느 한쪽을 선택할 수 있는 중립적인 사람들(fence-sitter)들이 존재하며 이로 인해 이탈, 비난, 폭력이 증가한다. 한편 3구역에서는 두 정치 집단이 유사한 영향력을 행사하는데, 폭력을 사용하게 된다면 자신의 정치집단에 대한 대량의 이탈과 비난이 있을 수 있기 때문에 폭력 사용의 기회비용이 너무 높아지게 된다. 그래서 폭력이 좀처럼 등장하기 어렵게 되는 것이다[136]. 칼리바스의 이론은 현실을 정확하게 반영하지는 않지만, 내전이 발생하는 나라에서 정부와 반란군 사이에 벌어지는 비정규전에 대한 이해를 돕는 렌즈가 될 수 있다. 정부와 반란군이 서로 대중들의 지지를 상대보다 더 많이 확보하기 위하여 비난, 이탈, 폭력을 관리한다는 것을 알 수 있고, 결과적으로 이러한 활동은 정치적 승리가 목표인 것이다.

비정규전에 대해 에밀리 심슨(Emile. Simpson)은 그의 저서 『War from the Ground Up』을 통해 아프가니스탄(2007)에서 벌어지는 전쟁의 언어(language of war)와 전쟁의 정치적 속성에 대하여 설명한다. 특히 그는 물리적으로 전장을 지배하는 것도 중요하지만 정치적인 공간에서 승리하는 것도 그만큼 중요하다고 강조한다[137]. 군대는 정치적 목표달성을 위하여 싸우지만, 반드시 군사적 행동의 결과가 정치의 승리를 보장하지는 않는다[138]. 이는 군사적 행동만으로는 정치적 목적을 달성하는 것이 제한된다는 의미이기도 하다. 전쟁은 파괴를 기본으로 하는 물리적 분야임과 동시에, 한쪽이 패배를 인정함으로써 종료되는 정신적인 분야이다. 즉, 정신적 면에서 전쟁은 상호의지의 대결이다. 그래서 전쟁의 승패는 패배한 적군이 전쟁의 결과를 어떠한 의미로 인식하는가에 달려 있다[139]. 다시 말해 전쟁은 재판과정과 유사하다. 피고와 원고 각자의 판단과 주장이 존재하는 것이다[140]. 예를 들어, 정부의 정규군 부대와 반정부 비정규전 부대가 교전한 결과, 소수의 비정규전 부대가 더 많은 피해를 입고 후퇴하였다고 가정하자. 만일 패배한 소수의 비정규전부대가 전투의 패배를 인정하지 않고, 지속적으로 세력을 키워서 저항을 한다면, 이것은 아직 정규군 부대가 승리한 것이라 간주할 수 없다. 아직 상호 의지의 대결이 끝나지 않은 것이다[141].

이러한 정신적인 의지 대결에는 주민들의 협력 및 동조가 필요하다. 주민들이 인식하는 승자가 곧 정치적 공간을 지배한다. 주민들에게는 전투에서 지고 이기는 물리적 승패는 중요하지 않을 수 있다. 왜냐하면 주민들은 각자의 생명과 재산에 관심이 더욱 있기 때문이다[142]. 따라서, 교전의 결과를 정치적으로 해석하고 이러한 결과를 선택적인 청중에게 전달하는 것이 중요하다. 여기서 청중은 반란군, 정부군, 주민이 모두 포함된다. 소셜 미디어의 발달로 인하여 개인들이 정보를 생산하거나 서사(narratives)를 통해 보다 쉽게 상호 영향을 줄 수 있다. 사이버공간에서 전쟁의 언어가 시작되는 것이다. 군사행동을 통한 폭력사용은 언어를 통해 비로소 정치적인 이념의 달성으로 연계된다. 언어는 상대방을 설득시키는 예술이다[143]. 즉, 이미 발생한 교전의 결과에 대하여 현실적인 해석을 부여하고, 전략적 소통(strategic communications)을 통해 이를 의도된 청중들에게 전달함으로써 그들이 의도된 정치 행동을 하도록 만드는 것이다. 이러한 언어는 정규군이나 비정규군이나 동일하게 적용된다. 따라서, 앞서 살펴본 칼리바스의 2구역, 3구역, 4구역에서 정규군과 비정규군은 언어의 전쟁을 통하여 서로 중립적 입장의 주민들(fence-sitter)을 설득하려고 하게 된다. 참고로, 본 장에서 서사(narratives)에 대해 수차례 언급하였는데, 이에 대해서는 이후에 제5장에서 보다 자세히 다룰 것이다.

우리나라가 과거 일제의 침략을 받았을 때 그들이 우리에게 일본어를 쓰도록 강요하고, 일본 이름으로 개명을 강제하던 시절이 있었다. 친일파를 통해 당시 일본의 통치에 반대하거나 한국어를 사용하는 세력을 색출하여 선택적 폭력을 가하는가 하면, 동시에 친일파에게는 경제적 이득을 주어서 일본의 통치력을 높이고자 하였다. 이렇듯, 칼리바스와 심슨의 이론을 통해 일제강점기에서 일제 정규군, 한국 비정규군, 한국 주민들 간의 역학관계, 그 속에서의 선택적 폭력과 언어 전쟁의 중요성 등을 확인할 수 있다. 미래 우리 군은 정규군으로서 비정규군을 상대하는 작전환경에 처할 수도 있으며, 반대로 적국의 정규군을 대상으로 일부 비정규군을 운용하는 상황을 맞이할 수도 있다. 따라서 작전술가는 비정규전의 속성을 이해하고, 비정규전에서의 선택적 폭력과 언어 전쟁의 중요성을 인식해야 할 것이다.

▶ 손자병법과 모택동의 이론

비정규전에 관한 이론이 서양에만 존재하였던 것은 아니다. 동양에도 모택동, 보구 앤 지압과 같은 비정규전 이론가들이 존재하였다. 모택동은 손자병법과 막스-레닌의 이론을 종합하여 자신만의 이론을 정립하고, 이를 국공 내전 및 일본의 침략에 대항하여 사용하였다. 따라서, 여기서는 모택동의 유격전(guerrilla warfare)과 장기전(protracted warfare) 이론에 대해 알아보되, 그 전에 모택동에게 매우 큰 영향을 끼친 손무의 사상에 대해 살펴봄으로써 모택동의 이론을 더 잘 이해할 수 있을 것이다.

먼저, 손자병법은 동서양을 막론하고 군뿐만 아니라 스포츠분야와 기업 경영 등 일반 사회에서 널리 읽혀지고 사용되는 이론이다. 손자병법은 클라우제비츠, 몰트케, 조미니를 포함한 주요 이론가들이 언급한 전쟁의 현상 및 행동 이론들과 유사점들이 있다. 이는 약 18세기경 손자병법이 프랑스어, 영어, 독일어, 체코어 등으로 번역되어 사람들에게 읽혔기 때문일 수 있다[144]. 다른 한편으로, 이들이 전쟁이라는 동일한 분야에 대해 이론을 정립한 사상가들이라는 점에서, 일정 부분 유사한 의견을 가지고 있는 것은 어찌보면 자연스러운 현상일 수 있다.

손자병법의 중심에는 도교사상이 깃들어 있다. 이는 유교사상을 기본으로 한 오자병법과 종종 비교된다. 오자는 기본적으로 강력한 군대를 양성하여 전장에서 우위를 두고 이기는 것에 중점을 두었다. 반면에 손자병법은 도교사상에서 바라보는 음양의 흐름을 바탕으로, 비록 열세라도 음양의 조화로운 원리를 사용하면 싸우지 않고도, 혹은 적은 피해로 승리할 수 있다고도 보았다. 전장에서는 적군과 아군, 지형 및 기상을 포함한 다양한 요소들이 시간에 따라 변화하는데, 이를 상황에 맞게 적용한다면 승리할 수 있는 가능성이 높아진다고 판단한 것이다. 즉, 오자가 강한 적을 이기기 위해서는 더욱 강한 군대를 육성해야 한다고 생각한 반면, 손자는 상황을 자신에게 유리하게 이끌어 감으로써 약한 병력으로도 강한 병력을 이길 수 있다고 생각하였다.

우리 한국군 장교들에게 손자병법은 다른 어떤 군사이론보다도 익숙한 이론이다. 따라서, 본 글에서는 손자병법 전체를 심도 깊게 다루지는 않겠다. 대신, 미군들이 손자병법을 어떻게 그들의 작전술에 적용하고 있는지를 중점으로 다루도록 하겠다. 영어로 번역된 손자병법은 상당히 많은 종류의 서적이 존재한다. 그중에서 주요 번역가로서는 로저 에임스(Roger T. Ames)가 손자병법을 전법술(The Art of Warfare)로 번역하였고[145], 랄프 써위어(Ralph D. Sawyer)는 전쟁술(The Art of War)로 번역을 했다[146]. 제목부터 상이하며, 번역가에 따라서 의미는 유사하지만 다른 용어를 사용하여 의미가 모두 일치하지는 않는다. 흥미로운 점은 지참대의 손자병법 교관들이 대부분 형-세-절 개념에 많은 관심을 가지고 집중 연구하고 있다는 점인데, 따라서 여기서도 총 13장 중 미 지참대 교관들이 관심을 두고 있는 1장부터 6장까지 내용에 한정해서 간략히 살펴보겠다.

1장에서는 전쟁이 국가의 중요한 문제라 언급하는데, 가장 많은 관심을 받는 구절은 전쟁은 속임수(병자 궤도야: 兵者 詭道也)라는 것이다[147]. 책에 따라서 '모든 군사작전은 기만작전을 기본으로 한다.'고 번역되기도 한다. 기만작전은 제2차 세계대전의 노르망디 상륙작전과 1991년 걸프전쟁의 사례에서 보듯이 실제 작전에서 많이 사용되었으며, 미군은 기만작전을 교리로 정립하여 사용하고 있다[148]. 2장에서 손자는 전쟁 시 많은 전쟁 군수물자가 소모되기 때문에 국가의 경제력을 고려하여 단기전으로 끝내야 한다고 말한다. 비록 완전하게 승리하지 않아 미흡하더라도 빨리 끝내는 것이 더욱 낫다(병귀승 불귀구: 兵貴勝 不貴久)는 것이다. 만일 전쟁이 장기화되면 무기는 무디어지고 군대의 사기가 저하되기 때문이다[149].

이를 잘 보여 주는 사례는 1991년 걸프전으로, 약 100시간의 작전을 통해 정치적으로 전쟁을 종결시켰던 것은 콜린 파월이 손자병법을 통하여 얻은 지혜를 실제 적용한 것이라고 밝힌 바 있다[150]. 반면에, 미군은 거의 20년이 다 되어 가도록 아프가니스탄에서 전쟁을 하고 있는데, 전쟁 장기화의 이유는 방산업체들의 이익추구, 미국의 중동 영향력 유지, 테러조직의 근원을 없애지 않으면 안 된다는 정치적 인식 등이 작용하여 나타난 것이라 생각 된다. 이러한 장기화는 미흡하더라도 일찍 전쟁을 종료시키는 것이 유리하다고 밝힌 손자의 주장에 부합되지 않는 것이다. 현재 미국의 많은 학자들이 이를 지적하며 미국이 최대한 빠른 시간 내에 아프가니스탄에서의 전쟁을 종결시킬 방법을 찾아내야 한다고 주장하고 있다.

3장에서는 싸우지 않고 적을 굴복시킨다는 부전승에 관한 내용이 주목을 끌고 있다[151]. 미군은 손자의 부전승사상을 토대로 외교, 정보, 경제력을 이용하여 정치적 목적의 달성을 먼저 추구하되, 이러한 수단들이 정치적 목적 달성을 보장할 수 없을 때 군사력을 사용하는 것으로 해석한다. 왜냐하면 외교, 정보, 경제력 등과 같이 연성 권력(soft power)과 관련이 깊은 국력의 제 요소들은 군사력과 같은 경성 권력(hard power)을 발휘하여 적과 싸우지 않고서도 정치적 목적을 달성할 수 있는 방법이기 때문이다(조지프 나이는 경제력을 경성 권력에 가깝게 분류하였으나, 여기서는 군사력에 비해 상대적으로 연성 권력에 가깝다는 의미로 위와 같이 표현하였다)[152]. 이 대목이 손자와 클라우제비츠 사상의 차이점을 비교할 때 주로 회자되는 부분이다. 클라우제비츠는 적의 중심을 파악하고 이를 직접 공격하는 것이 노력의 낭비를 방지하는 것이라 주장했기 때문이다[153]. 또한, 『Big Stick』의 저자 엘리엇 코헨과 같은 학자들은 궁극적으로 적에게 아군의 의지를 강요하는 가장 효과적인 수단은 강한 회초리(big stick) 즉,

군사력이라고 주장하기도 한다.

4장의 형(形) 편에서 형을 영어로는 전략적 위치(strategic positions)라 번역한다. 형을 구축한다는 것은 상대방보다 전략적 우위에 놓을 수 있도록 군사력을 배열한다는 것으로 인식하기 때문이다. 이때, 세부적인 전술적 배치를 보는 것이 아니라 전략적 관점에서 적군과 아군의 위치를 거시적으로 바라보고 어떻게 적보다 우위에 아군을 배치할 것인지 관심을 갖는 것이다. 바둑에서 개별적인 포석보다는 전체적인 국면에서 적을 포위하는 것이 더욱 중요한 것과 유사한 이치이다. 5장의 세(勢) 편에서 세는 전략적 이점(strategic advantage)이라 번역한다. 힘의 역동성(a dynamic state of power)에 대한 이해를 기반으로 하여, 전략적인 입장에서 전투력은 고정된 것이 아니라 역동적으로 변화하기 때문에 이를 이용하는 것이 중요하다. 6장 허실(Weaknesses and Strengths)에서는 앞서 말한 전략적 위치와 전략적 이점을 조성한 뒤 어떻게 적의 약점에 전투력을 집중할 것인가에 중점을 둔다. 이것이 바로 '절(節)'인 것이다. 활에 비유하면 활 시위를 당긴 모습이 '형'이고 놓아서 화살이 날라가는 모습이 '세'이며, 화살이 적의 약점에 꽂히는 모습이 '절'이라고 볼 수 있다.

손자병법은 오랜 역사에 걸쳐서 내려오는 고전 중 최고의 병법서로 꼽힌다. 작전술가는 단순히 원문 자체를 읽는 것에 그치지 말고, 전쟁의 역사를 보다 잘 이해할 수 있는 렌즈로써 이를 사용할 수 있어야 하며, 또한 해당 내용이 군사 교리와 어떻게 연계되는지 종합적으로 사고할 수 있어야 하겠다. 추가적으로, 다른 이론들과 비교하고 각 이론가들이 어떻게 전쟁을 이해하려 했는지 고민하는 노력을 해야 진정 손자병법의 깊이 있는 지식을 이해할 수 있을 것이라 생각된다.

모택동은 동양의 손자병법과 더불어 서양의 사상인 막스-레닌 이론을 실 전장에 함께 접목시켰다. 맑스-레닌의 혁명 이론을 바탕으로 하되, 손자가 강조한 '병자 궤도야'를 중심으로 자신만의 게릴라전 이론을 발전시킨 것이다. 이를 기반으로 모택동은 3가지 반란전의 단계를 설명했다. 첫 번째는 정치적 활동, 두 번째는 유격전, 세 번째는 운동전이다[154]. 일본에 대한 저항과정에서 모택동의 군대는 소수였다. 따라서 클라우제비츠 및 레닌의 사상을 기반으로 그는 먼저 주민들의 신뢰와 협조를 얻는 정치적 활동을 시작하였다. 정치적 활동을 통하여 자신의 생각에 동조하는 주민들을 규합하고 이후 그는 유격전을 시행하는 두 번째 단계로 전환하였다. 그는 유격전을 통하여 일본의 약점이자 상대적으로 방어가 미약한 보급소 및 지휘소를 타격하였다. 강한 적에 대하여 기습적으로 타격하고 빠져나오는 방식으로 소규모의 전투를 시행한 것이다. 하지만 유격전만으로는 전쟁에서 승리할 수는 없었다. 그렇기 때문에 더욱 세력을 규합하여 다음 단계로 넘어가야 했다. 그래서 마지막 세 번째 단계는 규합된 세력들을 이용하여 정규전을 펼치는 것이다. 정규군을 이용하여 일본군을 격멸한다면 결정적인 승리와 함께 정치적 목적인 독립을 달성할 수 있기 때문이다[155].

모택동은 이와 같은 세 번째 단계는 시간이 소요될 것이라 예상하였기에 더더욱 이러한 전법을 추구하였다. 일본군 입장에서 중국 대륙으로의 장거리 보급이 제한되는 점을 고려 시 장기전이 중공군에게 유리할 것이라고 판단하였기 때문이다. 즉, 소모전을 통하여 일본군을 지치게 만드는 것이었다. 모택동은 일본의 전략적 상황을 간파하고 당시 홍군의 약점을 보완하기 위해 장기전 전략을 택한 것이다(지피지기 백전불태: 知彼知己

百戰不殆). 이렇듯 그의 운동전은 장기전의 형태를 띄며 다시 세 단계로 구분하여 진행되었다. 첫 번째 단계는 적의 전략적 공세에 대하여 전략적 방어를 취하는 것이었다. 이어서 두 번째는 일본군이 전략적인 통합을 할 때, 홍군은 전략적 반격을 하는 것이다. 마지막 단계는 홍군의 전략적 총공세로 일본군이 전략적 후퇴를 하도록 만드는 것이다[156]. 전쟁을 길게 끌면 나라의 경제에 부담을 준다는 손자의 말을 적의 상황을 악화시키는 데 이용하였다.

지금까지 미군이 손자병법을 어떻게 해석하고 적용하는지에 대해 손자병법의 1장부터 6장에 한정하여 간단히 살펴보았다. 그리고 이후 손자병법과 클라우제비츠, 레닌의 이론을 통합하여 모택동이 어떻게 유격전과 장기전에 대한 자신만의 이론을 구축했는가 살펴보았다. 전쟁에 대한 동양과 서양의 이론들은 상당 부분 차이를 보이지만, 다른 한편으로는 공통점도 존재한다. 우리는 작전술가로서 손자병법과 모택동의 이론이 여전히 현대에서도 적용 가능하다는 점을 인지하고 더욱 깊게 연구하는 노력을 해야 하겠다. 하지만 중요한 것은 이를 어떻게 적용하느냐이다. 모택동은 손자, 레닌, 클라우제비츠 등 많은 이론가들의 이론들을 자기화하고 이를 실전에 적용하였다. 손자가 말했듯, 승리는 반복되지 않으며(전승불복: 戰勝不復), 전술적 운용방법은 무궁무진하다(응형무궁: 應形無窮)는 점을 명심해야 한다.

▶ 보이드의 OODA 주기 이론

존 보이드(John Boyd)는 OODA 주기(Observation, Orientation, Decision, Action: OODA)로 불리는 '관찰, 상황판단, 결정, 행동'이라는 네

가지 단계의 의사결정과정을 이론으로 정립하였다. 보이드는 미국이 제한전쟁으로 바라본 한국전쟁의 참전 경험과 이후 제한전쟁에 대한 연구결과를 바탕으로 OODA 주기 이론을 발전시켰다. 즉, 보이드의 OODA 주기 이론은 제한전쟁의 배경속에서 작성된 이론이다. 이를 구체적으로 살펴본다면, 관찰은 정보 수집의 단계로 적을 포함한 주변 정보를 수집하는 것이다. 두 번째는 현 상황을 판단하는 것이다. 여기서 문화적 전통, 유전적 유산, 새로운 정보, 기존의 경험을 기반으로 종합적인 상황판단을 한다. 세 번째는 상황판단을 기본으로 하여 상황에 적합한 행동을 결정하는 것이다. 마지막 단계에서는 결정된 행동을 수행하게 되는데, 이때 수동적이 아닌 적극적 대응 행동을 통해 나의 의도대로 전장을 이끌어 가는 것이다[157]. 그림 2는 보이드의 OODA주기를 그림으로 표현한 것이다.

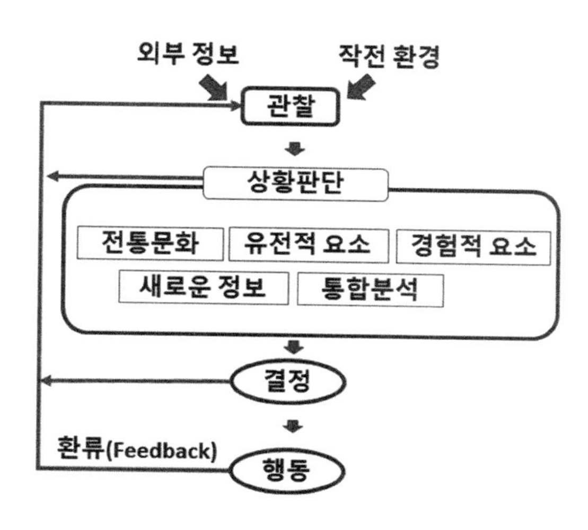

그림 2. 보이드 OODA 주기(OODA Loop)
출처: The Essence of Winning and Losing,
http://pogoarchives.org/m/dni/john_boyd_compendium/essence_of_winning_losing.pdf.

이 이론의 핵심은 적보다 빠르게 OODA 주기를 적용하면 승리할 수 있다는 것이다. 즉, 우군의 의사결정과정(관찰, 상황판단, 결정, 행동)을 적의 의사결정과정보다 빠르게 반복한다면 적은 계속 아군의 행동에 단편적인 대응만을 반복하게 되고, 이것이 누적이 되면 적은 올바른 상황판단 및 결정과정을 거치지 못해 결과적으로 전략적 마비상태가 되어 우군이 승리하게 된다. 미군들은 이를 두고 'stuck in the OO'라고 표현하는데, 아군의 신속한 의사결정 및 행동으로 상황이 계속 변화하기 때문에 적은 계속 관찰(Observation)과 상황판단(Orientation)만 반복할 수밖에 없게 된다는 의미이다.

보이드의 OODA 주기 중에서 상황판단 부분은 특히 관심을 가질 필요성이 있다. 그는 상황판단의 과정에서 정신적인 면을 보아야 한다고 강조하였다. 이전 단계인 관찰이라는 용어 자체가 주는 의미는 눈으로 주변환경을 본다는 것으로 오해하기 쉽다. 그러나 그가 의미한 바는 단순히 물리적 현상 및 환경을 관찰하는 것이 아니라 정신적인 면을 같이 관찰해야 한다. 이후 상황판단 단계는 이러한 정신적, 물리적 현실에 대해 종합적으로 판단하는 과정이다. 작전술가로서 작전계획 수립시 파악 대상의 문화적 요소, 유전적 요소, 기존의 경험적 요소를 세밀히 고려하는 것은 결코 쉬운 일이 아니다. 이러한 것은 눈에 보이지 않고 사람의 마음속에 새겨져 있기 때문이다. 물리적인 면과 정신적인 면을 고려하여 종합적인 상황판단을 한 이후, 결정 및 행동을 해야만 예측 불가능한 현실적인 상황에 적절히 대응할 수 있다[158].

보이드의 이론은 작전술을 적용함에 있어 지휘통제와 의사결정에 대해 고민해 볼 기회를 제공해 준다. 이것은 앞서 설명한 독일의 전격전 및 소련의 종심 전투가 주로 강조했던 기동 및 화력과는 다른 전투수행기능이다. 보이드의 이론은 이후 네트워크 중심전의 기반이 되었고, 또한 걸프전에서의 공군 작전 경험을 바탕으로 현대 공군의 이론적 토대를 마련한 존 와든(John Warden)이 『항공전역(The Air Campaign)』을 집필하는 데도 영향을 주었다[159]. 보이드의 이론은 현대의 합동 및 각군 교리의 개념에 영향을 주었다. 특히 그는 차후에 보다 세부적으로 언급할 혼돈 이론과 복잡성 이론, 시스템 이론 등과 연계되는 이론체계를 제시했다. 그는 상황판단을 할 때 전장의 복잡성을 강조하였으며, 그림 2에서 보는 바와 같이 피드백 과정을 거쳐서 시스템과 같이 환류가 일어나야 함을 강조했다. 보이드의 OODA 주기는 손자병법, 클라우제비츠, 소련의 종심 전투 이론, 독일의 전격전 사례 분석 등 다양한 연구를 바탕으로 만들어진 타당성 있는 모델인 만큼, 의사결정에 있어 군의 특성을 떠나 일반사회에도 적용 가능하다.

중간 정리

본 장에서는 작전술과 관련된 이론을 크게 세 단락으로 구분하여 살펴보았다. 첫째로는 인간, 사회, 국가와 관련된 이론들을 살펴봄으로써 전쟁을 수행하는 주체 및 그들이 처하게 되는 환경에 관한 이해를 증진하고자 하였다. 둘째로, 18세기 말부터 세계 제2차 세계대전에 이르기까지 총력전 사상 속에서 발전해 온 클라우제비츠, 조미니, 몰트케, 독일의 전격전 및 소련의 종심 전투 등에 대해 알아보았다. 세 번째는 제2차 세계대전 이후, 국가 및 비국가 행위자들이 제한된 목표 달성을 위한 전쟁을 추구하면서 발전시킨 각종 이론들, 즉, 비정규전 및 그에 대한 국가들의 대응 방법에 대해 알아보고, 이를 더욱 잘 이해하기 위하여 손자, 레닌, 모택동, 존 보이드의 이론을 살펴보았다.

이러한 작전술과 관련된 이론은 전쟁이라는 복잡한 사회현상에 대한 이해를 촉진할 수 있는 도구로서 활용될 수 있다. 독자들이 유념해 둘 것은 환원주의(reductionism)에 빠지지 않도록 주의해야 한다는 것이다. 여기서 제시된 이론만이 아니라 더욱 다양한 분야의 이론들을 섭렵하고 이를 작전술과 연계시키기 위한 노력을 지속해야 한다. 연구대상의 이론들은 작전술과 직접적인 연관이 없더라도 좋다. 오히려 새로운 분야에 대한 이론을 작전술에 접목하여 보다 새로운 시각으로 전쟁의 현상과 전쟁에서의 행동이론을 넓혀 갈 수도 있다. 어떤 이론가가 무슨 내용의 말을 했다고 단순히 암기하는 것은 전혀 도움이 되지 않는다고 생각된다. 오히려 이론을 읽고 나서 현실에서 일어나고 있는 분쟁이나 전쟁에 대하여 어떻게 적용이 되는지 혼자서 사색해 보는 시간을 가지고, 여건이 된다면 주변 동료들과 토의해 보는 것이 더욱 의미 있는 것이다. 이러한 평소의 노력을 통하여 작전술가는 끊임없이 변화하는 전장에서 전략적 목표 달성에 기여하도록 전투력을 조직 및 운용하는 작전술을 발휘할 수 있을 것이다.

다음 장, '전략과 작전술'에서는 앞서 살펴본 내용들을 바탕으로 '전략'의 관점에서 작전술을 논할 것이다. 이를 통해 정치적이고 전략적인 맥락에서 작전술이 가지는 의미를 보다 넓은 범에서 살펴보도록 하자.

제3장

전략과 작전술

작전술은 전략적 목적 달성을 위해 존재한다.

작전술은 결과적으로 전략을 달성하기 위한 것이다. 전략은 정치적 목적과 연계되며, 국내 및 국외의 전략적 환경에 대한 이해가 바탕이 되어야, 비로소 작전술에 대한 심도 깊은 이해가 가능하다.

제3장

전략과 작전술

본 장에서는 전략적 맥락에서 작전술이 어떠한 역할을 하는지 살펴보고자 한다. 전략적 맥락에서 작전술을 이해해야만 작전술이 이후에 국제 및 국내 사회에 미치는 전략적 효과를 이해할 수 있고 이에 따라 작전술을 조정 운용할 수 있기 때문이다. 따라서 여기서는 '전략' 자체보다는 작전술에 영향을 미치는 '전략적 맥락(strategic context)'에 대해 논할 것이다.

전략적 맥락은 국내 및 국제적 요소를 모두 포함하는 개념이다. 청일 전쟁 시 일본은 국내 정치의 분열을 극복하기 위해 사무라이 세력을 규합하여 관심을 외부로 돌림으로써 국내 정치 세력의 단합을 가져오고자 하였다. 이와 동시에 한반도 및 만주로의 진출을 도모함으로써 아시아의 패권을 차지하고자 하였다. 서방세계를 포함한 국제사회는 청일 전쟁을 기점으로 일본을 강국으로 바라보기 시작하였으며, 상대적으로 광활한 대륙을 보유한 중국에 대해서는 종이 호랑이로 재평가하게 된다. 이는 국내외적 상황이 전쟁수행에, 또 전쟁의 결과가 국내외적 상황변화에 얼마나 큰 영향을 끼치는지 알 수 있는 단적인 예이다. 작전술을 구상하고 시행하는 작전술가(operational artist)는 이와 같이 군사작전이 국내 및 국제 정치에 미치는 영향과, 또 반대로 국내 및 국제 정치적 상황이 작전술의 적용에 미치는 영향을 고려할 수 있어야 한다.

이를 위하여 먼저 전략적 맥락이 의미하는 바를 소개하고, 이후에 국제 정치에 관련된 이론과 사례를 살펴볼 것이다. 그리고 마지막으로 국내 정치와 관련된 이론 및 사례를 통하여 결론적으로 작전술가는 국내 및 국제 정치를 동시에 이해하면서 방책을 발전시켜야 한다는 점을 강조할 것이다. 본 장은 제2장 '이론과 작전술'에서 제시한 각종 이론들에 더하여, 국내 및 국제정치와 관련된 이론들을 추가적으로 살펴봄으로써 작전술에 대한 이해의 지평을 확장시킬 것이다.

1. 전략적 맥락 소개

▶ 전쟁과 정치적 목적

작전술을 적용하는데, 정치적 목적에 대한 이해가 왜 필요한 것일까? 다시 '전쟁은 정치의 연속'이라는 명제로 돌아가 보자[160]. 즉, 군사작전을 하는 이유는 결국 정치지도자가 제시하는 정치적 목적을 달성하기 위함이다. 클라우제비츠가 다른 프로이센 장교들과 주고 받은 필담을 통하여 이를 보다 세부적으로 알아 보도록 하겠다.

클라우제비츠는 '전략에 대한 2통의 편지(two letters on strategy)'에서 적의 작전계획을 예측하고 우군의 방책을 발전시키기 위해서는 피아의 정치적 맥락을 먼저 알아야 한다고 말한다[161]. 편지가 작성된 시기는 1827년으로 거슬러 올라간다. 당시 프로이센군 참모장인 메이저 본 로더

(Major von Roeder)는 클라우제비츠에게 작전적 문제점에 대한 자신의 고민을 편지에 적어 보낸다[162]. 당시 로더가 당면한 문제는 프로이센이 인접국가인 오스트리아와 외교적 관계가 좋지 않아 조만간 침략을 받을 수도 있다는 점이었다. 당시 또다른 인접 국가인 색소니(Saxony)가 오스트리아와 동맹관계여서 두 국가가 손을 잡고 함께 프로이센을 침공할 가능성이 있었다[163]. 따라서, 프로이센군은 오스트리아와 색소니가 단합하여 프로이센을 침공한다면 어떠한 경로를 이용할 것인지에 대한 예측이 필요하였고, 이를 바탕으로 어떻게 군사적 대응을 해야 하는지 결정해야만 했다. 당시 오스트리아와 색소니의 침공 가능한 경로는 세 가지가 있었는데, 어떠한 경로를 이용하여 침공할지에 대해 토의하는 과정에서 의견이 양분되었다.

결국 로더가 판단한 가장 가능성 있는 적 침략 경로는 전술적 수준에서 단시간 내에 프로이센의 수도로 향하는 제한된 접근로였다. 그런데, 클라우제비츠는 답장을 통해 전술적 수준에서의 가용 접근로 판단에 앞서 적국의 정치적인 목적을 먼저 고려해야 한다고 말한다. 즉, 적국인 색소니와 오스트리아의 정치적 목적을 확인하고 이를 통해 군사적 행동을 예측해야 한다는 단순하지만 명쾌한 답변이었다. 클라우제비츠는 당시 행군시간과 행군 가능한 지형만을 고려하여 적의 군사적 행보를 판단하려는 전술적 수준의 생각에 일침을 가한 것이다. 군사는 정치의 연속이므로, 적군의 군사적 행동의 방향은 정치가가 설정하는 목적과 목표에 따라 달라지는 것이기 때문이다[164].

적국의 정치적 목적을 알아야 적 전역계획의 총체적인 흐름을 예측할 수 있다. 비록 각종 전술적인 정보를 세밀하고 정확하게 분석하고, 이를 바탕으로 전술적으로 올바른 판단을 하였다고 하더라도, 전략적 맥락을 정확히 인지하지 못한다면 전술적 수준의 분석은 무의미해질 수 있다. 전략은 정치적 목표를 달성하기 위하여 수립하는 것이고, 이러한 전략을 달성하기 위하여 전술적 행동들을 시간, 공간, 목적에 따라 배열하는 것이 바로 작전술이다. 따라서, 적국의 작전계획을 예측하거나, 혹은 아군의 작전계획을 수립할 때 정치적 목표를 포함한 전략적 맥락을 이해하는 것이 기본이자 필수이다.

만약, 군인이 전쟁계획을 수립하는 데 정치를 고려하지 않는다면, 그 계획은 정치의 연속상에 있다고 보기 어려우며, 따라서 무의미한 계획이 될 것이다. 작전술가는 국내 및 국제 정치적 전략환경이라는 우산 속에 존재한다. 즉, 군사전략 및 전역계획을 수립하고 시행할 때에는 이를 크게 포괄하는 복잡 다양한 국내 및 국제 정치적 전략환경을 반드시 고려해야 한다. 정치는 모든 사회의 전략적 상호작용을 포괄하는 개념이라 말할 수 있다. 여기에는 외교, 정보, 군사, 경제뿐만 아니라 입법, 행정 등 사회적 분야들이 모두 포함되어 있다. 이런 정치적 개념을 이해하기 위해, 역사적 사례를 통하여 국내 및 국제정치의 상호작용이 군사전략의 발전 및 시행에 어떠한 직간접적 영향을 주었는지 살펴보는 것은 매우 중요하다.

1939년 만주 일대의 노몬한이라는 지역에서 일본제국과 소련이 국경선을 마주하고 전투를 시작하였다. 많은 실패와 성공 요인이 존재하지만, 여기서는 국내 및 국제정세를 제대로 고려하지 않은 채 군사작전을 계획 및 시행한 일본 관동군의 과오에 주목하고자 한다. 노몬한 전투를 주도한 사람은 일본군 쓰지 소령이었다. 쓰지 소령은 소련을 선제 공격 해야 추가적인 양국 간의 충돌을 사전에 예방할 수 있다고 판단하였다. 당시 쓰지 소령의 판단에는 국제 및 국내 정세에 대한 판단이 결여되어 있었으며, 그는 순전히 관동지역의 전술적 상황에 집중하고 있었다. 쓰지 소령은 관동군에 오래도록 근무하여 지형을 포함한 각종 전술지식이 충만한 상태였으나, 쓰지 소령의 상급자로서 작전분야를 총괄해야 하는 작전참모(일본군 대령)는 일본 본토에서 관동지역으로 전입 온 지 얼마 되지 않았다. 이러한 상황을 이용하여 쓰지 소령은 작전참모를 설득함으로써 소련에 대한 선제 공격을 감행한다. 일본군부가 전혀 국내 및 국제정세를 판단하지 않은 것은 아니었다. 쓰지 소령이 도쿄로 보고한 작전계획에 대하여 도쿄지휘부는 국내외 상황에 대한 판단을 기초로 관동지역의 작전계획을 보류하도록 지시한다. 당시 일본의 국제적인 상황은 중국 영토 점령에 모든 자원을 집중하는 시기였다. 또한 국내적으로도 투사할 수 있는 군사력이 제한됨에 따라, 관동군이 점령한 몽골 인근지역은 현 상황을 유지하는 정도로 관리하는 것이 도쿄지휘부의 명령이자 상황에 부합된 판단이었다. 하지만 이러한 상부의 만류에도 불구하고 쓰지 소령은 사무라이 정신으로 소련을 선제 공격한다면 승리 가능성이 있다고 주장하며 스스로의 아집을 버리지 못한다[165].

이러한 일본군과 반대로 소련은 국내 및 국제 정치 상황을 고려하여 군사작전계획을 수립 및 시행함으로써 승리를 달성한다. 국제적으로 소련은 독일과 이미 동맹을 맺고 있었으며, 이후 영국과 프랑스 중에서 어디와 동맹을 맺을 것인지 정하지 않고 결정을 유보한다. 결정을 미룸으로써 영국 및 프랑스가 서로 단합하여 소련을 침공하지 못하도록 전략적 상황을 조성하고, 군사력을 아시아로 대량 투입하게 된다. 당시 국내적으로도 소련은 군사지도자로서 주코프라는 걸출한 인물을 앞세우고, 요구된 자원의 2배가 넘는 양을 일본과의 결전에 지원하게 된다. 전쟁을 시작하기 전에 이미 이길 수 있는 상황을 만들어 놓은 것은 소련이었다. 다시 말해, 국내 및 국제 정세를 이해하고 이를 바탕으로 군사 계획과 잘 연결시켜, 싸우기 전에 이미 이길 수밖에 없는 형세를 만들어 놓은 것이다. 아무리 많은 전투에서 전술적 승리를 하더라도, 전략적인 상황을 고려하고 이를 이용하지 못한다면, 전술적 승리는 전략 목표를 달성하는 데 기여할 수 없게 된다. 노몬한에서 일본군이 이루어 낸 1차적인 전술적 승리는 오히려 소련의 대량 공세를 더욱 부채질하였다. 그리하여 2차 교전에서는 대패하게 된다. 그리고 2차 교전으로 인하여 중국에 집중해야 할 일본군의 자원과 항공자산 및 전차가 전략적으로 의도하지 않은 소련과의 전투에 소모되어 대동아 공영권 확보라는 국가적 차원의 전략 목표 달성에 악영향을 주었다[166]. 이런 점에서 노몬한 전투는 전략적인 상황을 이해하지 못한 전술적인 성공이 오히려 전략 달성을 저해하는 결과를 초래하였음을 보여 주는 훌륭한 사례이다.

노몬한 전투에서 일본 관동군의 전략적 실패는 전쟁을 정치의 연속으로 보지 못한 쓰지 소령의 무지함이 큰 원인이 되었다. 군사전략과 전쟁기획은 실시간으로 변화하는 국내 및 국제 정치가 주는 전략환경을 반영해야 하며, 이런 변화를 이해해야만 국가전략 달성에 기여할 수 있는 군사작전이 가능한 것이다.

▶ 정치와 복잡성

정치적 판단을 내리는 정치지도자들의 생각에는 자만심이 존재하고, 해당 분야의 전문가라는 이유로 깊게 생각하지 않고 직관에 의하여 판단을 내릴 수 있는 가능성이 존재한다. 우리는 이를 직시하여, 정치적 판단이 항상 합리적일 수는 없으며, 다양한 고려사항과 요소들이 개입하는 복잡한 과정이라는 점을 이해해야 한다.

먼저, 정치지도자, 군 지휘관, 그리고 작전기획관을 포함한 모든 인간은 자만심을 가질 수 있다. 데니얼 카너먼(Daniel Kahneman)은 인간이 자만심으로 인해 실제 발생한 사건을 현실과 다르게 인식할 수 있는 가능성이 있다고 말한다[167]. 또한, 후광효과(halo effect)로 인해 사물의 한쪽 면만 보고 전체를 판단하려고 하며, 자신의 판단과 상반되는 정보를 추가적으로 인지하더라도 이를 무시하려고 하는 확증편향(confirmation bias)에 빠지기도 한다. 때론 성공에 대한 특별한 비결이 존재한다고 믿기도 한다. 아주 작은 것을 알고 있으나, 많은 것을 알고 있다는 더닝-크루거 효과(Dunning-Kruger effect)에 사로 잡혀서 미래를 예측하고 통제할 수 있다고 믿기도 한다. 인간은 스스로가 다른 이보다 더 뛰어나다고 생각하며, 잘 모르면서도 과도한 자신감을 지닐 수 있다. 이것은 대부분의 사람들이 자신이 다른 평범한 사람들 보다 운전을 잘 한다고 생각하는 것과 같다[168]. 또한, 직위가 올라갈 수록 자신의 실수나 잘못을 자신이 가진 직위를 이용해 이를 덮고 전반적인 상황을 통제할 수 있다는 밧세바 신드롬(Bathsheba Syndrome)에 빠지기도 한다. 군에서 작전의 실패는 계획을 수립하는 계획관들(planners)의 자만심이나 착각으로부터 시작될 수 있고, 작전 실시간 지휘관 및 참모들의 자기 능력에 대한 과신이나 그릇된 자신감으로부터 시작될 수도 있다. 따라서 우리는 스스로가 가지는 자만심을 제거하도록 노력하고 다른 사람과 같이 토의 및 평가해 나가며 오류를 줄이도록 해야 한다.

전문가들의 의견을 들을 때에도 이를 무조건 받아들여서는 안 된다. 전문가들이라고 해서 판단을 내릴 때 반드시 심오한 연구가 바탕이 되었다고 볼 수 없기 때문이다. 단순히 자신의 직관에 기반한 것일 수 있기 때문에 이를 의심해 볼 필요가 있다. 전문가들은 실제 현실을 연구하기보다는, 모델을 탁상에서 연구하는 경우가 있다. 그렇기 때문에 반복적인 경험을 통한 분석보다는 자신의 직관에 의존하여 결심을 내릴 수도 있다. 그리고 여기에 만일 자만심까지 가미된다면 잘못된 판단을 내릴 위험은 더욱더 커진다. 어느 기업의 성공 원인을 분석할 때, 우리는 통상 몇 가지 교훈을 도출하여 이를 성공의 비결이라고 결론짓는 경우가 많다. 하지만 대부분의 경우에는 도출된 교훈들 외의 수많은 요소들이 개입하고, 또 운까지 작용하여 성공이 만들어 진다. 타당성에 대한 환상도 존재한다. 인간의 분석은 통계 분석의 정확성에 미치지 못함에도 불구하고, 우리는 특정 전문가의 의견이라는 이유로 이를 그대로 믿는 경향이 있다. 상당수의 주식 전문가는 실제 주사위를 던지는 것과 유사한 확률로 그 성과가 좋지 않지만, 전문가라고 불리운다. 전문가는 통상 상자 안에서 상자 밖의 복잡한 현상을 연구하고 예측하려고 하기 때문에, 원숭이가 다트를 던져서 과녁을 맞추는 것보다 통상 더 낮은 정확도를 가지기도 한다. 그렇기 때문에 전문가라는 이유로 너무 많은 신뢰를 해서는 안 되는 것이다.

미시건 대학의 문화인류학 교수 호레이스 마이너(Horace Minor)는 1956년 발표한 논문에서 나시레마 종족(the Nacirema)을 소개했다. 이 종족은 인체에 온갖 주술적 행동을 하는데, 일례로 남자들은 날카로운 칼로 얼굴을 괴롭히고 여자들은 오븐에 머리를 굽는다. 또한 구강에 돼지 털과 마법의 약을 넣는 의식을 매일 한다. 많은 이들은 당시 이 논문에 지대한 관심을 보였고 이를 믿었다. 하지만 실제 이 종족은 존재하지 않았고, 나시레마는 American의 알파벳을 거꾸로 배열한 것이었다. 마이너 교수는 문화상대주의를 강조하기 위해 이 실험을 진행했지만, 훗날 2014년 노리나 허츠(Noreena Hertz)는 그녀의 책『누가 내 생각을 움직이는가(Eyes Wide Open: How to Make Smart Decisions in a Confusing World)』에서 이 사례를 소개하며 우리가 얼마나 전문가의 권위에 잘 속아 넘어가는지를 강조한다. 결론적으로 인간의 직관, 자만심과 같은 인식적 오류로 인하여 기획 및 계획은 그 단계를 거치면서 계속 오염된다. 따라서 계획관들은 외부의 검토 및 유사한 통계자료의 검토를 통하여 성공 가능성을 따져보고, 실패할 수 있는 요소를 방지할 수 있어야 한다[169].

다음으로, 정치 자체가 가지는 특성을 이해해야 한다. 알렌 램본(Alan Lamborn)은 정치가 근본적으로 다섯 가지의 역동적인 상호과정을 통해 이루어진다고 주장한다. 이것은 선호도와 권력, 합법성, 미래, 위험 감수, 정치의 연결성이다. 첫째, 정치가들은 권력의 사용에 있어서 각자 선호하는 방식이 다르다. 이때 정치계에 비교적 약한 권력을 가진 정치가는 그보다 권력을 많이 가진 정치가가 선호하는 권력 사용방식을 따라가야 하는 경우가 많다.

예를 들어, 권력 및 인지도가 높은 A라는 정치가는 외교 및 정보력을 통한 권력 사용을 선호하는 반면, 권력 및 인지도가 낮은 B라는 정치가가 군사 및 경제력을 이용한 권력 사용을 선호한다고 하자. 정치가들의 상호작용 결과는 권력을 보다 많이 가진 정치가, 즉 A가 선호하는 방식대로 외교 및 정보력을 위주로 한 권력 사용방식이 채택될 확률이 높다. 둘째, 정치가는 자신이 추구하는 정책이 어느 정도 정당성이 있는지에 대하여 관심을 가지고 정책을 선택한다. 셋째, 정치가는 특정 정책이 현재 상황뿐만 아니라 장차 미래에 어떠한 영향을 미칠 것인지를 함께 고려하며, 장기적으로 미래에 긍정적인 영향을 미치는 정책을 선호한다. 넷째, 전략적 선택을 할 때, 정치가는 감수할 수 있는 위험을 고려하여 정책을 결정한다. 여기서 정치적 위험이란 재선 및 자신이 속한 정당의 명예 등과 관련된 위험을 의미한다. 다섯째, 다른 정치분야와의 연결성을 고려한다. 국내 정치와 국제 정치의 연결성과 동시에 다른 파벌과의 연계성을 고려하여 전략적 맥락에서 정책을 선택하고 이에 따른 결과를 예측한다[170]. 램본이 제시한 정치가의 다섯 가지 역동적인 상호과정에서 나타나는 특징을 통해 우리는 정치가들의 선택을 보다 더 잘 이해할 수 있을 것이다.

정치가들의 의사결정은 국가의 정책으로 이어지고, 이는 국민들의 생활에 막대한 영향을 미치게 된다. 하지만 사회적 위치가 높은 만큼 자만심이 존재할 수 있고, 시스템 I의 사고에 사로잡혀 직관에 따른 판단을 할 수 있는 위험을 내재하고 있다. 이에 더하여 정치가들 간의 상호 역동적인 관계로 인해 의사결정체계에서의 복잡성은 더욱 증대된다. 정치의 복잡성을 이해하고 정치가의 선택에 대한 특징을 이해하는 것은 작전술가로서 타당성 있는 군사적 옵션(options)을 제공하기 위해 반드시 필요한 사항이다.

▶ 전략과 복잡성

노몬한 전투의 사례에서 일본의 관동군 쓰지 소령이 전략적인 상황을 이해하지 못했다고 밝혔다. 그렇다면, 여기서 말하는 전략이라는 것은 과연 무엇인가? 작전술과 마찬가지로, 전략 또한 모두가 동의하는 정의가 존재하지 않는다. 이는 전략이 그만큼 복잡하다는 것을 의미한다. 미 합동교리(JP-1)에서 정의하는 전략은 '전구 및 다국적 목표를 달성하기 위하여 국력의 제 요소를 동시통합 하는 데 필요한 신중한 발상 또는 발상의 집합'이다[171]. 전략에 대한 이러한 교리적 정의는 두 가지 사항을 함축한다. 첫째, 전략은 실질적이고 목적적이다. 즉, 전략은 특정 결과물을 달성하기 위하여 가용 능력을 어떠한 방법으로 활용할지 실질적으로 구상하는 것이다. 둘째, 전략은 다양한 의미를 지니지만, 공통적으로는 목표-수단-방법이라는 틀로서 설명할 수 있다[172]. 모든 나라 또는 군사 이외의 분야가 전략을 동일한 정의로 사용하지는 않지만, 적어도 미군에서 바라보는 관점은 이와 같다는 것을 인식하자.

전략을 쉽게 이해하기 위하여 바둑의 예를 들어보자. 부모와 자녀가 바둑을 두려고 한다. 부모의 전략적 최종상태는 자녀에게 바둑을 통하여 집중력을 길러 주는 것이다. 부모는 이 전략적 최종상태를 달성하기 위하여 특정 목표(자녀에게 집중력을 길러 주는 것) - 수단(바둑을 두는 것) - 방법(부모가 자녀와 바둑을 두면서 승패를 조절함으로써 자녀의 흥미를 유발)을 선택하였다고 하자. 바둑을 하는 목적이 흥미를 가짐으로서 집중력을 기르는 것이기 때문에, 부모는 게임의 승패를 적절히 조절하는 것이 필요하다. 바둑을 둘 때마다 부모가 다 이기거나 진다면 자녀는 금세 흥미를 잃어버릴 것이기 때문이다. 반면에, 상금획득을 목적으로 바둑대회에 나가는 경우의 전략은 그 목표(상금 획득) - 수단(바둑을 두는 것) - 방법(절대적 승리)이 확연히 달라질 것이다. 즉, 바둑 대회에서는 승패를 조절할 필요가 없다[173].

하지만, 전략을 명확히 이해하고 이를 작전술에 반영하는 것은 쉽지 않은 일이다. 이에 대해 '전략적 제대에서는 전략문서를 명쾌하게 작성하고, 야전부대에서는 작전계획을 작성할 때 이를 참고하면 되지 않는가?'라고 생각할 수 있다. 하지만, 이는 전략의 복잡성을 간과한 의견이다. 전략을 이해하기 위해서는 이 세상이 복잡한 시스템임을 이해해야 한다. 이런 복잡한 세상에 더욱 잘 적응하고, 더 나아가 이 복잡성을 이용하여 전략적, 작전적 목표를 달성하기 위해서는 스스로가 복잡하게 진화할 수 있어야 한다. 즉, 복잡하게 진행되는 세계에서 적응 및 진화하기 위해서는 다양하게 얽혀져 있는 네트워크와 같은 체계로 스스로 변화해야 한다는 것이다. 다윈의 진화론도 이와 유사한 맥락이다. 또한, 포드 자동차회사가 최초의 '포드 T' 자동차를 대량 생산하기로 마음먹었을 때 가장 먼저 한 일은 최소단위의 구성체를 이해하고 이를 나누어 조립할 수 있는 복잡한 기계를 만드는 것이었다. 전략도 마찬가지로 세상의 모습과 같이 복잡하게 변화해야 한다[174].

군 작전환경의 복잡성도 역시 증대되고 있다. 과거에는 대규모 부대가 결정적 승리를 가져왔다. 그러나 전투양상은 변화하고 이에 따라 과거의 인식을 재고할 필요가 있다. 야너 바얌(Yaneer Bar-Yam)은 복잡한 전쟁양상에 따라 분쟁에 효과적으로 대응하기 위해서는 근육신경시스템과 같이 소규모의 특수작전부대가 필요하다고 주장하였다. 미군은 걸프전(1991)에서 100시간 만에 지상전의 승리를 가져왔지만, 이라크 및 아프간에서는 민간인과 피아가 혼잡하고, 산악과 같은 험악한 지형에서 분산된 조직에 대해 효과적으로 대응하지 못하였다. 작전환경의 복잡성이 증가함에 따라 과업도 마찬가지로 복잡해지고 있다. 따라서 군사작전은 시스템적으로 많은 과업들을 다루어야 한다. 그런데, 수직적 구조를 가진 군의 체계는 정형화되어 있다. 따라서 복잡성 증대에 발 맞추어 군 조직도 전투대형과 싸우는 방식을 달리해야 한다. 특수부대와 같이 작고, 고도로 훈련된 인원이 복잡한 전투에서 적응하면서 대응하는 융통성이 필요하다. 결과적으로 수직적 구조가 아닌 네트워크와 같이 다양하게 연결된 조직이 복잡성이 증대된 작전환경에 보다 효과적이며, 신체의 면역체계 혹은 근육운동체계와 같이 기능적으로 분화할 필요성이 그만큼 증대된다는 것이다. 분산된 통제와 일관된 행동이 나타나야 하는데, 이는 주먹으로 상대를 때리기 위하여 많은 근육들이 분산된 통제를 하며, 실제로는 전체적으로 일관된 타격이라는 행동을 이끌어 내는 것과 유사한 원리이다. 결론적으로, 과거에는 큰 규모의 군사력이 필요했다면 복잡한 현재의 전투환경에서는 작은 규모의 적응성이 증대된 부대가 더욱 필요하다. 즉, 환경에 능동적으로 대응하면서 분쟁을 해결할 수 있어야 한다[175].

앞서 언급한 대로 전략은 달성하고자 하는 목적에 따라서 목표-수단-방법이 달라진다. 그리고 세계가 복잡하게 변화하기 때문에 이에 적응하기 위해서는 전략도 복잡하게 변화해야 한다. 국제정치는 하루가 다르게 매일 변화하고 있으며, 이러한 전략적 상황 변화를 계속적으로 주시하며 판단할 수 있는 능력이 있어야 작전술을 시행할 경우에도 상황에 맞게, 전략에 맞게 시행할 수 있음을 알아야 하겠다.

▶ 정치와 시스템적 사고

앞서 정치의 복잡성에 대해 살펴보았는데, 이를 인간이 이해하기 위해서는 시스템적 사고(system thinking)를 통해 정치를 하나의 시스템으로 바라보아야 한다. 여기서 언급하는 시스템이란 기본적인 입력 값이 있다면, 시스템 내부의 처리과정을 통과하여 특정 결과물로 산출된다는 의미이다. 그런데 현실적으로 시스템은 그 내부에 다양한 행위자들과 요소들이 상호작용을 하고 있으며, 또한 동시에 다른 시스템으로부터 영향을 받기 때문에, 동일한 입력 값에 대한 결과물이 항상 동일하게 나오지 않는다.

예를 들어, 아프리카의 특정 국가에서 석유가 발견되었다고 가정해 보자. 이는 해당 국가에게 분명 경제적 부를 축적하여 국민들의 생활을 더욱 윤택하게 만들 수 있는 기회로 작용할 수 있다. 하지만, 결과는 그렇지 않은 경우가 상당히 많다. 왜 의도하지 않은 결과물이 나오는 것일까? 그 국가의 정치 시스템이 부패하여 많은 관리들이 석유개발 이익을 착복하였을 수도 있고, 주변 강대국이 석유 개발권을 독점하여 이익을 가로채갔을 수도 있을 것이다. 바로 이러한 시스템이 가지는 특성 때문에 입력과 결과 사이의 명확한 인과관계가 성립하지 않는 경우가 많다.

이에 대하여 로버트 저비스(Robert Jervis)는 시스템이 지니는 다음의 세 가지 특성을 제시하였다. 첫째, 수많은 단계를 통과한 결과물이 예상보다 지연되어 나타나거나 간접효과로 나타날 수 있다. 이러한 지연효과로 인하여 시스템은 예상했던 결과물이 나오지 않는다고 오해할 수 있다. 둘째, 두 행위자 간의 관계는 제3자와의 상호관계에 의하여 결정될 수 있다. 시스템 속에서 다양한 행위자들이 존재하는 만큼, 단순히 두개의 행위자를 보는 것 이상으로 각자가 제3자와 어떻게 연계되어 있는지 살펴보는 것이 필요하다. 셋째, 결과물의 직접효과와 간접효과가 있다면 통상 간접효과가 더욱 중요하다. 직접효과는 어느정도 예상이 되지만 간접효과는 주로 의도하지 않은 것이고, 이로 인하여 다른 예상하지 못한 결과가 나타나기 때문이다[176].

그렇다면, 이러한 국제정치 시스템 내부에서의 복잡성으로 인하여 어떻게 예상하지 못한 결과가 나타나는지 역사적 사례를 통하여 살펴보자. 9.11 테러의 주범으로 지목된 빈 라덴을 잡기 위해 미국이 2001년 10월 아프가니스탄을 침공하면서, 아프가니스탄은 세계적인 이슈가 되었다. 그렇지만, 아프가니스탄은 역사적으로 미국 이외에도 다양한 국가의 침공을 받아 왔었다. 그중 대표적인 나라가 영국과 소련이며, 1979년 소련의 침공 시 아프가니스탄 주민들의 저항이 특히 거세었다. 당시 경제, 사회, 군사적으로 많은 어려움을 겪고 있던 소련의 지도자 고르바쵸프는 주민의 반발까지 더해지자 아프가니스탄에서 철수하는 것이 국가 이익에 도움이 될 것이라 판단한다. 마침내, 1987년에 이르러 고르바쵸프는 아프가니스탄에서 철군을 결심하지만 이는 국제 및 국내의 다양한 행위자들의 상호작용으로 발생한 지연효과 및 간접효과로 인해 실행완료까지 2년 이상의 시간이 소요되었다[177].

소련은 단순히 철군하는 것이 아니라, 전쟁을 통한 결과물을 국가적 이익과 연계하기 위하여 아프가니스탄을 안정화시키고 철군하기로 하였다. 그런데 지역 안정화를 추구하는 과정에서 내부기관들의 이해관계가 서로 충돌하기 시작하였다. 정보기관은 나지블라흐(Najibullah) 정권을 주축으로 하여 아미르 라흐만(Amir Rahman)이라는 인물을 내세워 국가를 안정화시키고자 하였다. 하지만 군부세력은 타직(Tajik) 정권을 주축으로 하여 모사우드(Massoud)라는 지도자를 내세워 안정화를 도모하였다. 소련 내부의 행위자들은 서로 자신이 속한 기관이 아프가니스탄을 안정화하는데 보다 크게 기여하도록 만들고자 각자가 지지하는 세력을 고집하였고,

결과적으로 아프가니스탄은 분열되었다. 엎친 데 덮친 격으로, 미국의 개입은 아프가니스탄 안정화 작전을 더욱 어렵게 만들었다. 왜냐하면 1986년부터 1988년 사이에 미국과 소련의 관계가 호전되었고, 이에 따라 아프가니스탄의 나지블라흐 정권은 소련을 지지하고, 반대로 타직 정권은 미국을 지지하였기 때문이다. 소련의 국내적인 요소인 각 정부 기관의 상호작용과 국제적인 요소인 미국과의 관계가 상호작용을 통해, 철군에 대한 정치적 결심에 지연 및 간접효과를 가져온 사례이다[178].

당시 소련의 정치 시스템은 국내 및 국제 행위자들과 상호작용으로 인해 지연 및 간접 효과를 불러일으켰음을 알 수 있다. 작전술가는 이와 같은 상황을 염두에 두고 국내 및 국제 정치의 요소들이 군사작전에 미치는 영향을 고려해야 한다. 물론, 지연효과 및 간접효과를 같이 고려하여 의도하지 않은 결과에 대비할 수 있는 계획 및 태세를 준비해야 하겠다.

2. 국제정치와 전략

지금까지, 정치적 목적을 바탕으로 군사전략과 작전계획이 수립되며, 정치와 전략은 본질적으로 복잡한 행위자들의 상호관계로 이루어진다는 것을 알아 보았다. 또한, 복잡한 국제 및 국내 상황을 이해하기 위하여 시스템적 사고를 적용할 수 있음을 강조하였다. 이를 바탕으로 이제 다음과 같은 세 가지 주제를 통해 국제정치를 연구해 보자. 첫 번째 단락에서는 현존하는 국제 이론들 중 일부에 대하여 알아 볼 것이다. 이를 통해, 복잡한 국제관계를 바라보고 해석하는 이론들이 다양하게 존재하고, 이러한 이론들은 국제관계에 대한 다양한 시각을 제공한다는 점을 인식할 것이다. 따라서, 여기서 제시되는 국제관계 이론들 중 특정 이론에 고착되지 않고 다양한 이론들을 종합적으로 적용하여 균형된 시각으로 국제관계 현상을 이해하는 것이 더욱 중요하다. 두 번째 단락에서는 국가가 국제관계 속에서 국가이익을 증진하기 위해 어떠한 수단을 활용할 수 있는지에 대하여 살펴볼 것이다. 이때, 미국과 한국을 포함한 많은 나라에서 적용하고 있는 국력의 제 요소(외교, 정보, 군사, 경제)를 기준으로 논의할 것이다. 세 번째는 국제사회에서 법과 도덕이 지니는 의미와 역할에 대하여 언급할 것이다. 즉, 국제사회의 관점에서 법과 도덕은 어떠한 의미인지, 또 어떠한 역할을 하는지에 대해 알아보고, 국가가 국가이익을 증진시키기 위해 이러한 법과 도덕을 어떻게 활용할 수 있는지에 대하여 알아보는 것으로 국제정치와 전략에 관한 논의를 마무리할 것이다.

▶ 국제관계 이론

국제관계 이론은 국제사회에 속해 있는 각종 행위자들의 행동을 이해하는 데 도움을 준다. 국제관계의 이론들은 누가 주요한 국제관계의 행위자이고, 행위자들의 선호(preference)는 어떻게 형성되며, 그들은 어떠한 가정사항들을 바탕으로 행동하는지 파악하는 데 매우 효과적인 수단이다. 작전술은 국내 및 국제 정치의 영향력 혹은 배경속에서 이루어진다. 따라서, 국제관계 이론은 국제관계를 이해하기 위한 렌즈(lens)를 제공해준다는 점에서 작전술가에게 중요한 부분이다. 앞서 언급한 대로, 렌즈는 그 색상, 재질, 조광, 편광, 도수 등에 따라 한 개의 사물을 다르게 보이도록 할 수 있다. 따라서, 특정 이론만을 렌즈 삼아 국제관계 현상들을 이해하려 한다면 결코 현상의 본질을 직시할 수 없을 것이다. 여기서는 주요 이론들에 한정하여 소개하지만, 수없이 많은 국제관계 이론들이 존재하고 또 새로운 이론으로 진화해 나가고 있음을 인식하여야 한다.

국제관계 이론에 대한 분류는 학자들에 따라 상이하나, 전통적으로 크게 현실주의, 자유주의(또는 이상주의) 등으로 그 학파가 나뉘어 왔다. 그러나 최근에는 신현실주의, 신이상주의, 구성주의 등 국제관계에 대한 접근이 다양화됨에 따라 대다수의 학자가 공감하는 국제관계 이론의 분류를 제시하기는 쉽지 않다. 여기서는 크리스 브라운(Chris Brown)과 커스텐 에인리(Kirsten Ainley) 가 제시한 분류 방법에 따라 국제관계 이론을 크게 네 가지로 구분하여 설명하고자 한다. 전통적 현실주의(Classic Realism), 전통적 자유주의(Classic Liberalism), 신 공격적 현실주의(Neo-Offensive Realism), 신 구조적 현실주의(Neo-Structural Realism)가 바로 그 것이다. 첫째, 전통적 현실주의가 바라보는 국제관계의 주체는 국가이며, 이는 가장 중요한 분석의 대상이다. 전통적 현실주의는 국제관계를 권력 투쟁의 관점에서 바라본다. 국가는 자립이 가능하며, 생존을 위하여 권력을 추구하고, 결과적으로 권력을 통하여 국가의 안전을 도모한다. 그리스의 투키디데스는 대표적인 현실주의자인데, 국가는 두려움(fear), 야망(honor), 이익(interest)으로 인해 전쟁을 한다고 말하였다. 현실주의 관점에서 국가는 다른 국가를 지배하려는 본질적인 욕망이 있다고 보았다. 마치 어린 아이가 다른 아이의 장난감을 가지려는 본성과 유사한 것이다. 현실주의에서는 국가가 스스로를 지켜야 하기 때문에, 자국은 군사력을 증강시키나, 이것은 제로섬 게임으로서 자국의 이득은 이웃 국가의 손실이 된다. 따라서 이웃 국가도 군비를 증강시키게 되는 안보 딜레마(security dilemma)가 발생하게 된다. 현실주의 학자들은 이와 같은 국가의 성격에는 동의하지만, 안보 딜레마를 해결할 수 있는 평화의 조건에 대해서는 다양한 시각을 보유하고 있다. 먼저, 찰스 킨들버거(Charles Kindleberger), 스테판 크래스너(Stephen Krasner), 로버트 길핀(Robert Gilpin) 등이 주창한 패권 안정론은 미국과 같은 초강대국의 패권이 유지될 때 평화 또한 유지될 수 있다고 보았다. 반면, 헨리 키신저(Henry Kissinger)와 같은 세력 균형론자들은 미소 간의 냉전시대를 바라보며 두 국가 또는 여러 국가들이 대등한 국력을 보유하고 있어야 평화가 유지될 수 있다고 보았다[179].

두 번째, 전통적 자유주의는 기본적으로 개인주의와 평등주의를 기본으로 한다. 여기서 국가는 개인과 마찬가지로 스스로를 통제할 수 있으며, 적절한 타협이 가능하다고 본다. 또한, 교육, 언론, 종교의 자유가 개인에게 있기 때문에 국가는 인간의 기본적인 권리를 침해할 수 없고, 개인은 스스로 이러한 자유와 재산을 보호할 수 있는 권리를 갖는다. 이와 마찬가지로, 경제 교류에 있어서 시장의 움직임은 스스로에게 맡겨져야 하며, 정부의 간섭이 있어서는 안 된다고 전제한다. 동시에, 무정부상태라고 해서 꼭 무질서하다고 볼 수 없으며, 서로 간의 자발적인 협력을 통해 오히려 평화를 유지할 수 있다고 보았다. 존 로크(John Locke), 로버트 코헤인(Robert Koehane)등과 같은 전통적 자유주의자들은 국제사회에서도 국제법과 규범이 존재하는데, 이때 정부는 일정한 국제법과 규범 안에서 평화를 유지하는 가운데 협력을 통해 국가이익을 달성할 수 있다고 주장하였다. 자유주의란 용어는 경제, 사회, 국제관계 등 다양한 분야에서 활용되는 용어이다. 이러한 자유주의적 사상이 기본적으로 법치주의와 반봉건주의에서 시작되었다는 점을 고려할 때, 국제관계 이론으로서 자유주의가 국제사회를 보는 시각은 사회이론으로서 자유주의가 인간을 바라보는 시각과 유사하다고 볼수 있다[180].

세 번째, 존 미어샤이머(John Mearsheimer)와 같은 신 공격적 현실주의 이론가들은 앞서 언급한 전통적 현실주의자들과 같이 국제사회를 무정부 상태라고 보았다. 다만, 이들은 특정 국가가 적대국, 동맹국을 막론하고 주변국들의 능력과 의도를 정확히 파악할 수 없기 때문에, 일정 수준의 공격적인 군사능력을 갖출 수밖에 없다는 점을 강조한다. 역사적으로 동맹국 혹은 동맹을 맺었던 나라들이 서로 침략을 했던 사례를 본다면 이들의 주장에 대한 이해가 쉬울 것이다. 여기서 국가는 생존을 도모하는 합리적 행위자라고 본다. 이러한 국가의 행동 패턴을 미어샤이머는 두려움, 자립성, 힘의 극대화의 개념으로 설명한다. 먼저, 국가는 앞서 밝힌 바대로 주변국의 의도와 능력을 정확히 판단할 수 없기 때문에, 군사력 건설을 소홀히 했다가는 주변국에게 지배당할 수 있다는 두려움을 가지게 된다. 또한, 국제사회는 무정부 상태이므로 각종 국제기구나 동맹국의 힘에 의존하는 것은 바람직하지 않으며, 따라서 더더욱 자국의 힘을 길러야 한다. 이러한 이유로 국가는 가능한 한 최대한의 공격적인 군사력을 가지려는 패턴을 보이게 된다[181].

마지막으로, 구조적 현실주의는 현실주의적 시각에 더하여, 국제사회의 평화구조를 구축하기 위해 각종 제도의 설립을 주장하는 구성주의가 결합된 형태이다. 케네스 왈츠(Kenneth Waltz) 등 구조적 현실주의자들은 국가가 전쟁을 통한 이익보다 전쟁에 드는 비용이 더 크다는 것을 알고 있기 때문에 상호간의 협력이 가능하다고 주장한다. 하지만, 상대방

국가의 의도를 정확히 알 수 있는 것이 아니기 때문에 협력이 어려워짐을 인정한다. 이러한 가정은 신 공격적 현실주의자들의 가정과 맥락을 함께 하지만, 이를 해결하기 위한 접근방법에서는 큰 차이를 보인다. 신 공격적 현실주의가 군사력의 증강을 통해 평화를 유지하고자 한다면, 구조적 현실주의는 적정 수준의 군사력을 유지한 가운데 국제사회의 구조를 개선하고 각종 기구와 법규를 설립하면서 국가 간 적절한 권력분포를 이루어 평화를 유지하고자 한다. 이러한 점에서 구조적 현실주의는 신 방어적 현실주의라고도 불리운다[182].

지금까지 몇 가지 국제 이론을 살펴보았는데, 이 외에도 수많은 이론들이 존재하며, 그 분류 방법 또한 매우 다양하다. 국제사회는 한 가지 특정 이론으로 모든 것을 설명할 수 없다. 현실주의, 자유주의, 신현실주의 등과 같은 각각의 이론들은 특정 국제관계 현상의 단면만을 설명할 수 있을 뿐이며, 현상의 본질을 더욱 잘 이해하기 위해서는 다양한 이론이 고려된 종합적 사고가 요구된다. 인간의 판단력은 한계가 존재하고, 대부분은 이러한 한계나 오류를 인지하지 못하거나, 인지하더라도 무시하는 경우가 많다. 결국 인간의 판단에서 시작되는 국제관계 이론들은 모든 것을 설명해 주거나 예측하지 못하는 것이다. 따라서, 작전술가는 특정 이론에 고착되는 우를 범하지 않기 위하여, 다양한 이론을 통해 국제관계 현상을 종합적으로 바라보고 평가함으로써 국제사회의 흐름을 이해하고, 이를 작전술에 적용하도록 해야 할 것이다.

▶ 국력의 도구와 국제정치

미국의 관점에서 국가가 지니는 권력의 도구는 외교, 정보, 군사, 경제

(Diplomacy, Information, Military, and Economic: DIME)로 구성된다. 전반적으로 볼 때, 외교 및 정보는 연성 권력(soft power)에, 군사 및 경제는 경성 권력(hard power)에 가깝다고 할 수 있다. 조지프 나이(Joseph Nye)는 연성 권력과 경성 권력를 합친 스마트 파워가 중요하다고 주장한다. 예를 들어, X라는 국가가 테러활동이 만연한 Y국 영토를 안정화시키기 위한 목적으로 대반란전을 시행한다고 가정해 보자. 이때, 만약 X국이 경성 권력만을 활용하여 선택적 대상인 테러범들에게 제한된 폭력을 행사하는 군사작전에 집중한다면 반란군들은 지역 주민들과 연합하여 그들 사이에 은닉하고, 세력을 다른 방향으로 확장해 나갈지도 모른다. 반대로, X국이 연성 권력에만 집중하여 Y국 주민들을 대상으로 설득과 대화를 통해 그들이 반란군에 동조하지 않도록 한다고 해서 반란군들의 테러활동을 완전히 뿌리뽑을 수 있을지 의문이다. 따라서, 국가목표를 달성하기 위해서는 단지 경성 권력만이 아니라 연성 권력을 같이 조화시켜야 한다. 단기적인 효과를 내는 강압적인 방법도 중요하지만, 설득을 통하여 부드럽게 장기적으로 갈 수 있도록 만들어야 한다[183].

나이 교수가 스마트 파워의 중요성을 강조한 반면, 엘리엇 코헨(Elliot Cohen)은 경성 권력이 더욱 중요하다는 입장을 견지하였다. 그는 연성 권력으로는 적대국에게 자국의 의지를 관철시킬 수 없으며, 따라서 큰 채찍의 역할을 하는 경성 권력이 더욱 효과적이라고 말한다. 코헨은 미국의 입장에서 경성 권력의 중요성을 지속 강조한다. 그는 특정 국가 또는 개인이 미국의 연성 권력에 노출이 되더라도 미국의 국가이익에 반대되는 행동을 할 수도 있다는 점을 강조한다. 예를 들어, 9.11 테러를 일으킨 인원 중 한 명인 칼라이드 스에크 모하메드는 미국 노스 캐롤라이나에서 대학을 졸업하면서 연성 권력에 노출되었지만, 결국 미국에 테러를 일으켰다. 게다가 미국의 잠재적 적대국가라고 할 수 있는 중국의 경우, 페이스북(Facebook) 웹사이트를 차단하는 등 미국의 연성 권력이 자국내 영향을 미치지 못하도록 방지할 수 있기 때문에, 연성 권력 자체만으로는 한계점을 지닌다고 말한다. 최근에 인권과 국제 평화 문제가 중요하게 대두되면서 전쟁 자체에 대한 비판이 증가하고 있고, 그에 따라 군사력 사용 또한 많은 비판을 받게 되었지만, 그는 군사력 사용이 분명 순기능을 발휘하고 있다고 주장한다. 그의 주장에 따르면, 미국의 베트남 전쟁에 대해 많은 사람들이 실패한 전쟁이라고 일컬으며 비판하지만, 그 전쟁을 통해 당시 싱가포르를 비롯한 동남아시아 국가들의 추가적인 공산화를 방지할 수 있었다. 그렇기 때문에 미국은 결과적으로 군사력을 기반으로 하여 다른 나라에 대해 우위를 점해야 영향력 행사가 가능하다는 논리를 펼치고 있다[184].

이러한 논점을 바탕으로, 코헨은 미국이 궁극적으로 더욱 추구해야 할 것이 바로 군사력의 증강 및 사용이라고 주장한다. 미국이 세계를 지배하고 선도하는 역할을 하기 위하여 군사력의 증강이 반드시 필요하다는 것이다. 적국이 만일 금지된 선(red line)을 넘었을 때, 미국이 군사력을 통하여 보복할 수 있는 능력이 있음을 보여 주어야 보다 큰 전쟁을 예방하고 평화를 지킬 수 있다고 말한다. 또한, 복잡한 국제정세 속에서 중국, 소련, 북한, 이란 등과 같은 다양한 위협에 미국이 효과적으로 대응하기 위해서는 한미일 동맹, 나토 등과 같이 강력한 군사력을 바탕으로 한 동맹관계의 형성 및 유지가 매우 중요함을 강조한다. 이와 같이, 코헨은 연성권력과 경성 권력의 적절한 조화를 통한 스마트 파워의 사용을 주장한 나이 교수와는 달리, 군사력과 같은 경성 권력의 상대적 중요성을 강조하였다고 볼 수 있다[185].

경제력 또한 경성 권력으로 사용될 수 있다. 우리가 흔히 이야기하는 경제제재(economic sanction)가 바로 경제력을 경성 권력으로써 사용하는 대표적인 경우이다. 경제제재는 특정 국가 또는 국제사회가 정치적 목적을 달성하기 위하여, 제재 대상국의 무역거래, 자본거래, 외국으로부터의 직접 투자 등 외부와의 경제적 관계를 단절하여 제재 대상국을 압박하는 것을 말한다. 이러한 경제제재는 국제 정치에서 합의가 이루어진 원칙이나 개별 국가 이익을 달성하기 위하여 시행되는데, 안전보장, 테러 및 핵무기 확산 방지, 마약 문제 해결 등을 위해 주로 시행된다[186]. 그 대표적인 예로는 유엔 안보리 결의를 통해 시행되고 있는 북한에 대한 경제제재이다. 이는 북한에게 경제적 어려움을 강요함으로써 미국을 위시한 국제사회의 의도대로 북한이 핵 및 미사일 개발을 포기하도록 하기 위함이다. 이러한 점에서, 북한에 대한 경제제재는 경제력을 경성 권력으로써 사용한 사례라고 볼 수 있다.

지금까지, 국력의 제 요소로서의 외교, 정보, 군사, 경제가 연성 권력, 경성 권력 개념과 어떻게 연계될 수 있는지 알아보고, 이러한 국력의 제 요소를 바라보는 두 가지 상반된 입장을 살펴보았다. 조지프 나이는 연성 권력과 경성 권력의 적절한 조화를 통한 스마트 파워의 사용을 강조한 반면, 엘리엇 코헨은 경성 권력의 우월성과 중요성을 역설하였다. 하지만, 이들 중 어느 한 가지 주장이 절대적으로 타당하다고 볼 수는 없다. 군인들은 어쩌면 코헨의 주장에 더 공감할지도 모른다. 하지만, 작전술가는 나이의 주장대로 연성 권력과 경성 권력의 적절한 조화를 추구하되, 그

두 가지 권력이 항상 동일한 수준으로 작용해야 한다는 고정관념에서 벗어나야 한다. 그리하여 정치지도자들이 상황에 따라 각 권력의 정도를 적절히 조절해 나갈 수 있도록 군사력 사용에 관한 적절한 조언을 할 수 있는 능력을 갖추어야 하겠다. 전략 및 작전계획 수립 시 국가적 차원에서 연성 권력과 경성 권력, 더 나아가 동맹국들의 연성 권력과 경성 권력을 어떻게 조합할 수 있을지 고민하고 판단할 수 있는 능력을 길러야 하겠다.

▶ 국제정치에서 법과 도덕

국제법과 전쟁윤리는 각각 고유의 가치를 지니고 있다. 하지만, 역사적으로 국제법과 전쟁윤리가 탄생하게 된 배경을 살펴볼 때 두 가지는 모두 정치적 수단으로 사용되었던 것이고, 이후에도 정치적 수단으로 사용될 수 있는 것들이다. 국가 간의 전쟁은 정당성(legitimacy)이 중요한데, 국제법과 전쟁윤리가 정당성을 뒷받침해 주는 도구로 사용되기 때문이다. 여기서는 먼저 국제법을 살펴본 후 전쟁윤리에 대하여 알아보겠다.

국제법은 정치의 수단이다. 여기서 국제법은 국가간의 명문화된 약속으로, 이를 준수하지 않을 시, 각종 국제 기구로부터 제재를 받을 수 있고 동맹국으로부터 지지를 확보하기 어려울 수 있다. 국제법의 기원은 미국의 남북전쟁(The American Civil War)으로 거슬러 올라간다. 당시 미국 연방 정부는 흑인들도 백인과 동일한 인권을 가졌다고 인식시키고, 나아가 세계인종평등에 기여하고자 남북전쟁을 통해 노예해방을 주장한 것이 아니다. 당시 북군은 남군으로부터 군사적인 승리를 하기 위하여 노예해방이라는 도덕적 관념을 이용한 것이었다. 이에 대하여 존 파비안 위트

(John Fabian Witt)는 그의 저서『Lincoln's Code』에서 미국 남북전쟁에서 제정된 전쟁법이 법률가의 신념에 의한 것이 아니라 전쟁의 승리를 목적으로 제정되었다고 주장한다. 당시 링컨이 제정한 법은 적의 포로에 대한 보호를 명시하여 처형 및 사형을 하지 않도록 하고 있다. 전투요원과 비전투요원을 구분하여 무고한 시민이 죽지 않도록 하였다. 또한 군사적 행동이 적에게 단순히 고통을 주기 위한 목적으로 운용되지 않도록 통제하였다. 작전을 시행하는 부분에서도 의도된 보복행위를 하지 않도록 법으로 통제를 하였다.

이러한 법은 1842년에 작성되었는데, 이후에 헤이그 회담(The Hague Conventions, 1899)과 제네바 협약(The Geneva Conventions, 1949)의 기반이 된다. 헤이그 회담은 교전자, 전투원, 비전투원에 대한 정의와 포로 및 부상병에 대한 취급, 사용해서는 안 될 전술, 항복에 대한 내용 등으로 링컨의 법과 내용이 유사하다. 또한 제네바 협약도 마찬가지로 전쟁에서 피해자를 보호하기 위한 국제조약으로 부상자의 차별을 없애고, 군 의무요원을 보호하는 성격을 지닌다. 이것도 역시 링컨의 법과 동일한 맥락이다. 이러한 법을 제정한 이유는, 남군이 싸우지 않고 포로가 될 경우 북군의 전투력으로 흡수할 수 있는 통로를 만들어 주고, 결과적으로는 반군 세력을 줄일 수 있기 때문이었다. 동시에 비전투원과 부상병을 잘 취급하여 결과적으로는 남쪽 지역의 주민들의 정치적 지지를 받고자 한 것이다. 이러한 지지를 바탕으로 링컨은 다음 선거에서 재선될 가능성을 높이고자 했다[187].

비록 링컨 대통령은 개인적으로 전투경험이 미약하였지만, 전쟁과 관련된 내용을 성문화하는 것을 지지하였다. 그는 국제법도 제정하였는데,

남군(Confederate)에 대하여 해상봉쇄(blockade)를 시행하는 것이 국제적으로 풀어야 할 문제였기 때문이다. 해상봉쇄는 단순히 항구를 폐쇄하여 이용하지 못하게 하는 국내적 차원이 아니다. 원천적으로 다른 나라에서 남군을 지원하는 것 자체를 막아야 하는데, 이를 위해서는 영국을 해상에서 막아야만 했다. 북군의 입장에서는 남군이 반란군이었고, 이들에게 군수물자를 판매하여 이득을 취하는 영국을 제재해야만 했는데, 이것을 가능하게 하기 위해서는 국가 간 지켜야 하는 국제법을 제정해야만 했다. 즉, 전쟁 승리라는 정치적 목적을 달성하기 위하여 국제법이 제정된 것이다. 미국에서 해상봉쇄와 관련한 국제법을 제정하여 영국이 남군을 돕지 못하게 하자, 도미노 효과와 같이 다른 유럽국가들도 이를 본받아 해상봉쇄 관련 법을 제정하였다. 여기서 강조하고자 하는 것은 국제법 또한 정치의 연속이며, 법은 최종 결과물이 아닌 정치적 목적을 달성하기 위한 하나의 수단으로서 의미가 있다는 점이다[188].

한편, 전쟁윤리도 정치의 수단이 될 수 있다. 전쟁윤리는 국제법과 마찬가지로 정당성을 확보하기 위한 수단으로 활용될 수 있다. 도덕은 정치가가 특정 정책에 대한 대중들의 지지를 얻기 위한 강력한 서사(narratives)가 된다. 대중들은 링컨 대통령이 노예해방을 위하여 노력한 위대한 대통령이라고 인지하고 있으나, 실제로 링컨은 노예해방이라는 도덕적 명분을 정치적으로 잘 이용하였다. 그리고 이러한 서사를 통하여 강한 대중들의 지지를 받을 수 있었다. 정치적으로 노예해방을 주장한다면, 미 남부의 노예로 사용되던 흑인들을 북군의 군사력으로 전환할 수 있다는 점을 노렸다. 노예해방선언을 통하여, 남쪽 지역에 거주하는 노예들은 노예해방을 지지하는 북쪽으로 탈출하여 자유를 찾을 수 있었는데, 이는 남군에게는 노동력 감소로 전쟁지속능력이 저하되는 문제를 낳고, 북군에게는 노동력 및 군사력의 증강 효과로 이어질 수 있었기 때문이다[189]. 참고로 당시 미국의 북부 지역은 기계를 이용한 산업화가 진행되었기 때문에, 인력을 기계가 대체할 수 있었던 반면에 미국의 남부는 목화산업과 같은 인력 기반의 농업위주 사회였기 때문에, 인력의 감소가 더욱 치명적일 수밖에 없었다.

추가적으로 도덕적 명분과 연계된 전쟁윤리에 대하여 알아보자. 전쟁윤리를 학문적으로는 세 가지 종류의 정의(justice)인, 전쟁 개시에 관한 정의(jus ad bellum), 전쟁 중의 정의(jus in bello), 전쟁 후의 정의(jus post bellum)로 구분할 수 있다[190]. 정치적 목표가 제한된 제한전쟁이라고 해서 모두가 다 정의로운 전쟁은 아니다. 하지만, 정의로운 전쟁이 되기 위해서는 전쟁의 목표가 제한되어야 한다. 영국과 독일이 제2차 세계대전 당시 서로의 수도를 항공폭격하여 민간인을 살상했던 사례와 같이, 총력전의 형태는 필연적으로 무고한 민간인들에게 피해를 줄 수밖에 없기 때문이다. 일단 제한전쟁이라는 기본 조건을 바탕으로, 앞서 밝힌 세 가지 종류의 정의가 충족되어야 국제사회로부터 진정 정의로운 전쟁으로 인정받을 수 있다. 먼저 전쟁 개시 전, 전쟁 이외의 평화적 해결책을 충분히 고려한 이후 전쟁은 최후의 수단이 되어야 하고, 반드시 정당한 이유와 올바른 의도가 있어야 하며, 실재적 권위에 의해 필요한 군사행동만 계획되어야 한다. 또한, 교전 시에는 민간인과 군인을 구분하여 살상해야 하고, 비례성의 원칙에 따라 필요한 만큼의 군사력만이 사용되어야 하며, 제네바 협약에 따라 전쟁포로에 대한 정당한 대우를 제공하고자 최대한 노력해야 한다.

이에 더하여, 전쟁이 끝난 후의 모습을 고려하여 군사적 승리에 반드시 필요한 목표만을 제한적으로 공격하여야 한다. 전쟁 종료 이후에는 전쟁 당사국들의 재건을 위해 서로 노력해야 한다. 이러한 세 가지 종류의 정의는 상대적인 개념이다. 우리는 모두가 다 '세계'라는 같은 사회 속에서 살고 있으면서도, 그 안에서 서로 다른 하위 사회체계 속에서 살고 있다. 버거와 루크만이 밝힌 대로, 사회적으로 구성된 주관적 현실 속에서 살고 있는 우리는 동일한 사건과 기준에 대해 서로 다른 다양한 관점과 해석으로 서로 다른 판단을 내리는 경우가 많다. 그래서 특정 전쟁이 정의로운 전쟁인지 여부는 사람들이 세 가지 종류의 정의를 어떻게 대입하고 인식하느냐에 달려 있다. 따라서, 전쟁 윤리의 개념과 세부적인 기준들을 알고, 이러한 기준에 입각하여 자신이 수행하고자 하는 전쟁을 국제 및 국내 사회에 어떻게 정의로운 전쟁으로 인식시킬 것인지를 고민하는 것 또한 작전술가의 책무 중 하나이다.

지금까지 국제법과 전쟁윤리가 정치적 수단으로 사용될 수 있다는 점을 링컨과 남북전쟁의 사례를 중심으로 살펴보았다. 추가적으로, 전쟁윤리의 세 가지 정의을 충족하기 위한 노력과 이를 국제 및 국내 사회에 자신이 의도한 대로 인식시키기 위한 노력이 중요함을 알아 보았다. 정밀유도무기가 발달함에 따라 원거리 정밀타격은 중요한 전쟁의 수단이 되었다. 하지만 동시에 미디어의 발달로 대부분의 군사행동이 대중들에게 쉽게 노출되는 경향도 생겨났다. 이러한 변화속에서 민간인에 대한 부수적 피해(collateral damages)는 전쟁의 결과에 매우 지대한 영향을 끼칠 수 있다. 최근의 미군 지휘관들은 이러한 점을 고려하여 중대한 군사행동에 대한 의사결정시 항상 법무관의 의견을 청취하고, 법적 검토결과를 보고

받는다. 우리도 작전술가로서 국제법과 전쟁윤리에 대해 평소 관심을 가지고 숙지하고 고민하여, 작전계획을 수립하고 전쟁을 수행할 때 정치적 목적과 국가이익 달성에 기여할 수 있도록 능력을 갖추어야 하겠다.

3. 국내 정치와 전략

특정 국가의 의사결정과 그에 따른 행동을 이해하기 위해서는 그 국가가 처한 국제정치적 상황과 더불어 국가 내부의 정치적 요소에 대한 이해가 이루어져야 한다. 국가는 하나의 시스템이지만 그 안에 무수히 많은 집단들이 서로 다른 이해관계 속에서 국가의 의사결정에 영향을 미치고 있기 때문이다. 하지만, 우리는 특정 국가의 행동을 예측할 때 그 국가의 복잡한 국내정치를 고려하지 않고, 그 국가를 하나의 행위자로서 인식하여 단순화하는 경우가 있다. 그렇게 되면 특정 국가의 행동에 대한 예측을 편리하고 단순한 절차로 할 수 있을지는 몰라도, 작전술가로서 신뢰성 있는 예측을 제시하기란 매우 어렵다. 작전술가는 적국 및 우방국, 기타 관련 국가들뿐만 아니라 자국의 국내정치적 역학관계에 대해서도 충분히 이해하고 있어야 한다. 이러한 국내정치의 이해와 이를 바탕으로 한 예측이 뒷받침이 되지 않고서 작전술가로서 국가 정책에 부합되는 군사 행동들을 조직하고 운용할 수 없을 것이다. 따라서, 본 절에서는 국제정치와 국내정치의 역학관계, 국내정치 속에서의 전략 수립, 전략과 민군관계에 대하여 살펴봄으로써 국가의 국내정치에 대한 독자들의 이해를 높이고자 한다.

▶ 국제정치와 국내정치의 역학관계

1977년 도쿄 라운드에서 당시 미국의 무역협상 대표였던 로버트 스트라우스(Robert S. Strauss)는 "미국의 특별무역협상 대표로서 나는 외국의 무역 파트너들과의 협상만큼이나 국내의 산업 및 노동계의 주요 인사들, 미 의회 의원들과 협상하는 데 많은 시간을 할애했다"라고 밝힌 바 있다[191]. 우리는 스트라우스의 이 발언을 통해, 정부가 국론을 일치시키는 일이 외국과의 협상만큼이나 어려운 일임을 알 수 있다. 또한, 국내정치와 국제정치는 서로 복잡하게 얽혀서 상호 지대한 영향을 미치기 때문에 이 두 가지 다른 차원의 정치무대와 서로간의 관계에 대해 이해하는 것은 중요하다.

미국의 정치학자 로버트 퍼트남(Robert D. Putnam)은 이러한 국제정치와 국내정치의 관계를 '양면게임(two-levels game)'이라는 비유법으로 설명하고 있다[192]. 그는 첫 번째 수준(level I)의 게임을 특정국가가 국내 주요 행위자들의 요구를 충족시키기 위한 능력을 극대화하는 동시에 국제사회의 주요 행위자들과의 마찰을 최소화하는 게임으로 규정하였다. 반면, 두 번째 수준(level II)의 게임은 국내의 주요 행위자들이 정부에 자신들이 원하는 정책을 관철시킴으로써 각자 자신들의 이익을 추구하는 게임이라고 비유하였다[193]. 정치지도자는 이러한 두 수준의 게임에서 벗어날 수 없으며, 서로 다르면서도 긴밀하게 관계된 이 두 차원의 게임을 잘 이해해야 가장 최적의 정책을 고안해 낼 수 있다.

정치지도자가 국제사회와 국내정치 세력들의 요구조건을 모두 만족시키기 위해서는 어느 정도 접점을 찾으려는 노력이 필요하다. 국내 정치와 여론을 외면한 채 국제사회에서의 이익만 추구하거나, 반대로 국내 정치와 여론의 요구에만 부응하여 국제사회에서 얻을 수 있는 이익을 무시한다면 이는 장기적으로 국가 이익에 보탬이 될 수 없기 때문이다. 예를 들어, X국가가 Y국가로부터 자동차를 수입하고 있다고 가정하자. 이때, X국가 내 여러 세력들이 여러 가지 이유들로 Y국가로부터의 자동차 수입을 전면 중단해야 한다고 주장하며 정부에 압력을 행사하고 있다. 하지만, X국 정부가 이를 수용한다면 Y국과의 외교통상 신뢰 관계에 상당한 타격을 입을 수 있으며, 이는 다른 분야에 있어서의 양국관계에도 악영향을 미칠 수 있다. 이러한 상황에서 X국 정부는 단순히 어느 한쪽 편을 선택할 수 없다. X국 정부는 다각도에서 사안을 면밀히 검토하고, 국내 정치적 요구와 국제적 외교관계에서 마찰을 최소화하면서 상호 이익을 극대화할 수 있는 방안이 무엇인지 그 접점을 찾아야 하는 것이다.

이러한 접점을 찾는 데 유용한 개념이 바로 '윈셋(win-sets)'이다. 윈셋은 특정 국가의 정부가 국제협상에서 제시할 수 있는 협상카드 중, 국내 비준(ratification)을 얻을 수 있는 모든 합의의 집합을 말한다[194]. 다시 말해서, 정부 입장에서는 이 윈셋이 국제정치에서의 요구와 국내정치에서의 요구가 서로 겹치는 '교집합'이라고 볼 수 있다. 단순히 생각하면, '윈셋의 범위가 크면 클수록 좋은 것 아닌가?'라고 생각할 수도 있다. 그러나 반드시 그런 것만은 아니다. 이는 많은 행위자들이 존재함으로써 발생하는 국내정치의 복잡성 때문이다. 즉, 윈셋의 범위가 넓다는 것이 반드시 국내의 모든 행위자들이 해당 윈셋을 수용한다는 의미는 아니라는 점을 인식해야 한다. 가령, 윈셋의 범위가 커지면 커질수록 정부는 선택의 폭이 넓기 때문에 국제무대에서의 협상이 용이할 수 있다. 하지만, 윈셋이 넓다는 것은 그만큼 국내 정치에서 다양한 요구들이 있었다는 것을 의미한다. 따라서, 정부가 넓은 범위의 윈셋을 가지고 국제협상에 임하고자 할 때 국회 내의 다양한 이해관계자들의 개입으로 인해 비준이 더욱 어려워지기도 한다.

반면에, 윈셋의 범위가 좁다고 해서 정부가 협상하기에 항상 불리한 것만은 아니다. 윈셋의 범위가 좁으면 오히려 정부의 협상대표는 더욱 강력한 위치에서 협상을 진행할 수 있다. 물론, 협상대표의 강력한 입장 고수로 인해 협상 자체가 결렬될 수도 있다. 하지만, 협상대표가 고민해야 될 상대방 요구의 범위는 훨씬 좁기 때문에 이를 협상 상대에게 적극적으로 호소함으로써 높은 협상력을 지닐 수 있는 것이다. 예를 들어, 북한은 협상시마다 매우 좁은 범위의 윈셋으로 협상장에 나선다. 이는 북한의 국내정치에 다양성이 없고 이로 인해 두 번째 수준(level II)의 게임이 거의 존재하지 않기 때문이기도 하다. 1994년 한국을 비롯한 자유진영과 북한의 협상이 한반도 비핵화와 비핵지대화의 이견을 좁히지 못하고 결렬된 이후, 북한은 지난 20여 년간 지속된 수차례의 비핵화 논의에서 항상 핵을 포기할 수 없음을 천명해 왔다. 북한의 협상 당사자는(최근 김정은이 비핵화 의지를 표명하기 전까지) 자유진영의 핵 폐기 요구를 절대 수용할 수 없다는 자세로 일관하였으며, 협상의 주도권은 자연스레 북한에게 넘어가곤 했다. 따라서, 윈셋 범위의 넓고 좁음을 단순히 협상에 유리하거나 불리한 조건으로 치부할 수 없으며, 오히려 이러한 상황을 전략적으로 활용하여 협상력을 더욱 높일 수 있음을 알아야 한다.

협상은 필연적으로 상대가 존재하는 만큼, 상대국가의 윈셋을 파악하는 것도 매우 중요하다. X국과 Y국이 특정 사안에 대해 협상을 한다고 가정하자. 그림 3에서, 최초 X국의 윈셋은 X_m부터 X_1까지이고, Y국 윈셋의 범위는 Y_m부터 Y_1까지이다. 이때 두 국가는 Y_1부터 X_1까지의 범위 내에서 협상을 성공시키고 국내에서 비준에 통과할 수 있다. 하지만 만약 Y국이 국내 정치적 상황을 고려하여 윈셋의 범위를 Y_2까지로 줄이게 되면 그만큼 협상 성공의 가능성은 줄어들게 된다. 만약, Y국이 윈셋의 범위를 Y_3까지 좁히게 되면, 더 이상 협상은 실현될 수 없다[195].

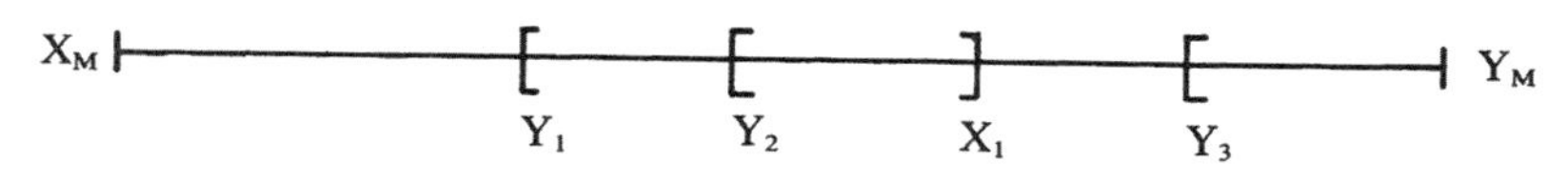

그림 3. 윈셋 범위의 축소 효과.
출처: Robert D. Putnam, "Diplomacy and Domestic Politics: The Logic of Two-Level Games." International Organization 42, no. 3 (1988): 441, http://www.jstor.org/stable/2706785.

이러한 윈셋에 관한 여러 가지 요소들을 고려하여, 정부는 협상력을 증대시키는 다양한 전략들을 수립할 수 있다. 주요 전략으로는, 상황에 따라 자국의 윈셋을 축소하거나 확대하는 전략, 또는 상대국의 윈셋을 확대함으로써 자국의 협상을 타결시는 전략 등이 있다. 먼저, 자국의 윈셋을 축소하는 전략은 주로 '발목잡히기(tying-hands)'라고 불리는 전략으로써, 국내 정치집단에 특정 협상 옵션을 공개적으로 약속하거나, 국내 여론이 특정 협상 옵션을 강력히 지지하도록 분위기를 조성하는 전략이다. 이렇게 되면, 협상대표는 협상 상대에게 '국회 또는 국내 여론 때문에 더 이상 양보할 수 없다'라고 강한 입장을 취할 수 있다. 자동차의 예를 들면, X국이 Y국의 자동차를 수입하기 위한 협상에 임할 때, Y국의 자동차의 문제점들을 국내 여론에 알리면 Y국 자동차에 대한 국민들의 반감이 커질 것이고, X국은 이러한 국내 여론을 Y국에 호소함으로써 보다 나은 조건으로 협상을 타결할 수 있는 것이다.

둘째로 자국의 윈셋을 확대하는 전략은 정부가 협상대상자에게 의사결정의 폭을 조금 더 늘려주는 전략으로써, 주로 '고삐늦추기(cutting shack)' 전략과 '이면보상(side-payment)' 전략이 이에 해당한다. 고삐늦추기는 X국이 Y국의 자동차 수입 협상을 진행하는 가운데, 이러한 협상이 장기적으로 국가이익에 보탬이 된다는 점을 국내 여론에게 적극적으로 알리고 설득함으로써 국내의 부정적 여론을 잠재우는 전략이다. 또한, 이면보상은 자동차 수입으로 인해 X국이 얻을 수 있는 이득을 국내 주요 행위자들에게 재분배한다는 약속을 함으로써 협상 대표의 윈셋을 확장시킬 수도 있다.

마지막으로, 상대 국가의 윈셋 범위를 확대시키는 전략은 위의 그림 3에서 상대국인 Y국의 Y_3까지의 윈셋 범위를 Y_2 또는 Y_1으로 확대시킴으로써 협상 타결 가능성을 증대시키는 전략이다. 이러한 전략에는 자국이 원하는 협상조건에 상대국가 국민들이 보다 더 긍정적 태도를 가지도록 여론의 변화를 꾀하는 '메아리(reverberation)' 전략이 있다. 이에 더하여, 한 가지 사안에 대한 협상이 잘 진행되지 않을 때, 상대국이 선호할 만한 다른 사안을 함께 협상 테이블에 올림으로써 협상 타결 가능성을 높이는 '사안연계(issue-linkage)' 전략 또한 이러한 상대 국가의 윈셋 범위를 확대시키는 전략 중 하나이다.

지금까지 퍼트남의 이론을 바탕으로, 국내정치와 국제정치의 양면게임, 그 속에서 윈셋의 역할, 이러한 윈셋을 활용한 정부의 협상전략 등에 대하여 살펴보았다. 양면게임과 윈셋의 개념은 단지 협상전략에만 국한된 것이 아니라 국가 전략 전반에 적용 가능한 개념들이다. 전쟁이 정치의 연속임을 고려할 때, 작전술가로서 적대국가 혹은 동맹국가의 안보정책 및 전략을 예측 시, 그리고 평화 협상 등에 적대국가가 사용될 수 있는 전략 수단들 간의 상호작용을 이해하는 데 사용될 수 있다. 또한, 국내에서 안보정책상의 충돌되는 여러 의견들이 존재할 때, 윈셋 개념을 적용하여 갈등관계에 있는 행위자들 사이에 타협가능한 지점을 도출할 수도 있다. 따라서, 작전술가로서 국가 전략에 부합되는 군사작전을 계획하고 시행하기 위해서는, 이러한 국내정치와 국제정치의 상호 유기적 관계에 대한 이해가 필수적이라는 점을 인식해야 하겠다.

▶ 국내정치 속에서의 전략 수립

앞서 살펴본 대로, 특정 국가가 전략을 수립하는 과정에서는 국제적 환경뿐만 아니라 국내 정치적 행위자들이 정부의 의사결정에 영향을 끼친다. 한스 모겐소(Hans J. Morgenthau)를 비롯한 많은 현실주의 국제정치 학자들이 국가는 이성적 행위자라고 주장하지만, 실제로는 국가를 구성하는 주요 행위자들의 이해관계가 정부를 압박하여 정부는 이성적 측면에서 최상의 정책과 전략을 고수할 수 없게 된다. 이에 더하여, 국내 주요 행위자들이 의사결정을 진행하는 과정에서 각자의 감정적 요소까지 개입되면 국가의 합리적 판단이 흐려질 가능성은 더욱 높아진다. 즉, 한 국가의 특정 전략이 수립되기 위해서는 많은 변수가 존재하며, 이로 인해 가장 합리적이고 효과적인 전략을 수립하는 것은 매우 어려운 일이다.

국내 주요 행위자들의 이성적, 감성적 판단뿐만 아니라, 국가가 처한 상황 자체에 내재되어 있는 우연성과 불확실성은 국가의 합리적 전략 수립을 더욱 어렵게 하는 요소로 작용한다. 클라우제비츠가 전쟁의 특성을 불확실성과 마찰 등으로 정의하였던 바와 마찬가지로, 정치 영역 또한 정치 행위 자체를 더욱 복잡하게 만드는 불확실성과 마찰이 존재한다[196]. 이러한 불확실성과 마찰은 행위자들마다 다르게 인식될 수 있다. 예를 들어, Y국으로부터 자동차를 수입하고자 하는 X국의 정부와 여당은 자동차 수입이 초래할 부작용에 대한 불확실성을 크게 인식하지 않을 수 있지만, 야당에서는 부작용에 대한 불확실성을 크게 부각할 수도 있다. 또한, 협상간 발생한 Y국과의 의견충돌에 대해 정부와 여당은 큰 마찰로 인식하지 않을 수 있지만, 야당은 이를 큰 마찰 요소로 인식하여 자동차 수입 협상 자체를 반대할 수도 있다. 이러한 점들을 종합해 볼 때, 국내외의 주요 행위자들은 클라우제비츠가 제시한 전쟁의 삼위일체적 요소, 즉, 열정, 우연성 및 개연성, 이성을 통해 국가의 정책과 전략에 영향을 미친다고 볼 수 있다[197].

이렇듯, 국가가 정치적 목표를 설정하고 이를 달성하기 위한 정책 및 전략을 수립하는 데에는 많은 어려움이 따른다. 이에 대해 리처드 베츠(Richard K. Betts)는 "효과적인 전략은 종종 환상에 지나지 않는다"라고 이야기 하였다[198]. 즉, 정부가 선정하는 전략 목표와 실제 전략수행의 결과물에는 커다란 차이가 존재하며, 그 차이 속에서 발생하는 일들은 너무나도 복잡하고 예측 불가능하기 때문에 이를 다 의도된 대로 처리할 수 없다는 것이다.

그렇다면, 이러한 복잡성과 우연성, 불확실성을 최소화하는 가운데, 정치적 목표를 가장 잘 달성할 수 있는 전략을 수립하기 위해서는 어떻게 해야 할까? 경영전략 학자 헨리 민츠버그(Henry Mintzberg)의 '창발적 전략(emergent strategy)' 이론은 이에 대한 해답을 명확히 제시한다[199]. 민츠버그에 따르면, 성공하는 기업들은 고정된 전략을 수립하여 이를 끝까지 고수하지 않고, 상황 변화에 따라 유연하게 전략을 변화시켜 나간다. 그들은 최초 면밀한 상황판단과 가정(assumption) 설정을 기초로 의도된 전략(intended strategy)을 수립한다. 그런 다음, 상황의 변화를 지켜보면서 최초 설정했던 가정들을 사실로 유효화(validation) 해 나가며, 이 과정에서 의도된 전략은 숙고된 전략(deliberate strategy)으로 발전해 간다. 하지만, 다양한 행위자들의 상호관계 속에서 상황은 예측한 대로 흘러가지 않는 경우가 발생하게 되며, 기업은 이러한 우발상황들을 조치하기 위해 여러 가지 창발적인 전략(emergent strategy)을 수립하여 이를 기존의 숙고된 전략과 통합한다. 이러한 과정을 통해, 결국 기업은 실현된 전략(realized strategy)으로 기업의 목표를 달성하고자 하게 된다. 이를 도표로 나타내면 다음과 같다.

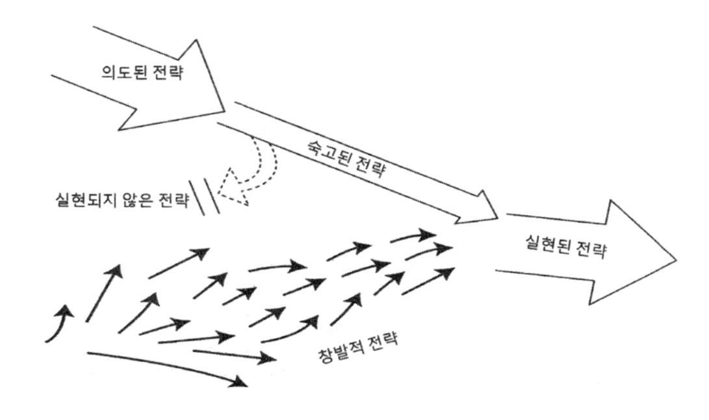

그림 4. 전략의 형태.
출처: Henry Mintzberg, Rise and Fall of Strategic Planning (Simon and Schuster, 1994), 24.

본 절을 통해서 우리는 국내 정치의 많은 행위자들 간 역학관계로 인해 정부가 처하는 상황은 더욱 복잡하고 불확실해질 수밖에 없으며, 그만큼 효과적인 전략의 수립은 더욱 어려워진다는 점을 살펴보았다. 그렇기 때문에 전략은 절대 한번의 고민으로 완성될 수 없으며, 미래 상황에 대한 면밀한 분석과 예측을 바탕으로 세워진 전략이라 할지라도 상황의 변화에 따라 조정되지 않으면 목표 달성에 효과적으로 기여할 수 없음 또한 알게 되었다. 이러한 현상은 군사작전을 계획하는 작전술의 영역에서도 다를 바가 없다. 군사작전은 정치 및 전략적 상황의 변화에 따라 조정될 수밖에 없으며, 정치 및 전략 목표가 변경되지 않더라도 군이 처한 작전 환경의 변화에 따라 적시 적절하게 조정되어야 한다. 따라서, 작전술가는 이러한 정치, 전략, 전쟁의 불확실성 및 마찰을 고려하여 상황변화에 유연하게 대처할 수 있어야 할 것이다.

▶ 전략과 민군관계

군(military)은 외교(diplomacy), 정보(information), 경제(economy)와 더불어 한 국가가 다른 국가에 영향력을 행사하고자 할 때 사용되는 능력이라는 점에서 국력의 제 요소(DIME: Diplomacy, Information, Military, Economy)라 불린다. 그렇기 때문에 군사 전략 및 작전은 항시 정치지도자의 지침을 토대로 수립된다. 따라서 본 절에서는 전략을 수립할 때 필연적으로 나타나는 정치지도자와 군사지도자의 관계에 대해 고찰해 보고자 한다.

본 절의 소제목은 '전략과 민군관계'이다. 사실, 민군관계(civil-military relations)는 문자 그대로 풀이하자면 '민간인과 군인의 관계' 혹은 '민간단체와 군의 관계'라 해석될 수 있다. 그러한 점에서 광의의 민군관계는 군이 민간 단체 및 특정 인물과 맺을 수 있는 모든 관계를 포괄한다. 하지만, 본 절에서는 '정부와 군'의 관계에 초점을 맞추어 알아볼 것이다. 즉, 이 책에서는 민(民)은 대통령, 국방부 장관으로, 군(軍)은 합참의장, 전투사령관으로 간주한다.

클라우제비츠는 정치의 하위로서 전쟁을 이해해야 한다고 말한다[200]. 사무엘 헌팅턴(Samuel P. Huntington)은 그의 저서 『군인과 국가(The Soldier and the State: The Theory and Politics of Civil-Military Relations)』에서 "전략적 고려는 정치적 고려에 양보하지 않으면 안 된다"고 주장하며 민군관계 확립의 중요성을 강조하였다. 정치적 과정을 통해 입안된 정책은 지향해야 할 목표(ends)이고, 전쟁은 이를 달성하기 위한 수단(means) 중 하나이다. 따라서, 정치지도자의 지침을 토대로 민과 군은 국가 이익을 달성하기 위한 군사력 운용 방법 및 필요한 자원 등을 함께 토의한다. 이러한 민군 간의 대화(dialogue)는 군사력의 조직 및 운용에 필수적인 요소이다. 이를 통해 대통령은 요망되는 정치적 목표를 하달하고 군은 이를 달성하기 위한 다양한 군사적 방안(military options)을 건의하면서 목표(ends), 방법(ways), 수단(means) 간 간극(gap)이 존재하지는 않는지 파악하고 그에 대한 공감대를 형성해 나갈 수 있기 때문이다. 만약 군사전략을 통해 제시된 방법과 수단이 정치적 목표를 달성할 수 없다는 결론에 도달하면, 이를 위험(risks)요소로 판단하고 목표, 방법, 수단 중 한 가지 이상을 조정 또는 보강해야 할 것이다. 이러한 과정은 단 한 번의 대화로 이루어질 수 없기에 지속적인 접촉을 통해 정치적 목표와 군사적 방안을 현실에 맞게 조정해 나가야 한다.

문제는 이러한 건설적인 대화가 현실에서는 좀처럼 이루어지기 어렵다는 사실이다. 윌리엄 랩(William Rapp)은 건설적인 민군 대화가 어려운 이유를 크게 여섯 가지로 설명하고 있다. 첫째, 정치지도자는 군이 특정 문제에 대한 군사전략 수립을 착수하는 시점에 명확하고 구체적인 정치적 지침을 하달하기 어렵다. 이는 앞서 설명한 정치적 상황의 복잡성과 불확실성에서 기인한다고 볼 수 있다. 둘째, 정책과 전략 수립의 과정이 상호 뒤바뀌는 경우도 허다하다. 즉, 정치지도자가 특정 군사문제에 대해 정치적 지침을 하달하지 않고, 오히려 군에게 다양한 군사방안(military options)과 그에 따라 예상되는 결과들을 보고 받은 후 정치적 지침을 고민하는 경우가 많다는 점이다. 여기서, 군사방안은 우리가 흔히 사용하는 방책(courses of action)과 다른 개념이다. 방책은 주로 작전적 및 전술적 수준의 임무를 수행하는 부대가 명확히 하달된 임무를 달성하기 위하여 발전시키는 여러 가지 군사력 운용방법인 반면, 군사방안을 제시한다는 것은 주로 전략적 수준에서 군이 군사력을 운용함으로써 여러 가지 서로 다른 정치적 결과물을 창출해 낼 수 있는 방법들을 제시한다는 의미이다. 쉽게 말해, 여러 가지 방책은 동일한 목표를 달성하기 위한 것이지만, 방안은 각각이 창출해 낼 수 있는 결과물이 서로 다를 수 있으며 이러한 결과의 차이까지도 정치지도자에게 보고함으로써 정치지도자의 판단을 촉진하기 위한 목적이 있다.

셋째, 대부분의 군사 문제는 군사지도자들이 해당 문제에 대해 철저히 고민하고 분석 및 판단할 수 있는 충분한 시간을 허락하지 않는다. 넷째, 정치세계와 군 세계의 문화적 차이로 인해 상호 신뢰를 형성하기가 상당히 어렵다. 다섯째, 올바른 군사력의 운용을 통해 국가이익을 증대시키기 위해서는 정치지도자와 군사지도자의 협력이 필수적임에도 불구하고, 각 영역의 지도자들은 이러한 사실을 망각하는 경우가 많다. 마지막으로, 정치지도자와 군사지도자 여부를 떠나 이들 모두 군사적 승리가 정치적 이득을 불러일으킬 수 있다고 믿는 경향이 있다는 것이다[201].

제인 데이비슨(Janine Davidson) 또한 민군이 함께 군사력 사용에 관한 결심을 하는 과정 속에, 조직의 문화적 차이에서 비롯되는 상호 불편함이 존재한다는 점을 지적하며, 랩의 의견에 동조한다. 그녀는 민군관계에 마찰을 야기하는 세 가지 요소를 제시하는데, 정부의 군 통제에 대한 인식 차이, 세부적이고 안전한 계획을 추구하는 군과 신속하게 대안을 보고받길 바라는 정부의 입장 차이, 감수할 수 있는 위험과 확전 방지에 대한 인식 차이 등이 바로 그 것이다. 첫째, 군은 정부가 군사력 운용에 관한 사항을 통제할 것이 아니라, 군이 달성해야 할 정치적 목표를 명확히 부여해 주기를 바란다. 하지만, 정치지도자들은 국내외적으로 무수히 많은 요소들을 고려하여 결심해야 하기 때문에 명확한 지침을 내리는 것을 꺼리고, 오히려 군이 실행 가능한 여러 방안들과 그것이 미칠 영향을 제시해 주기를 바란다.

둘째, 전문성을 바탕으로 하는 군 장교들은 군 특유의 문화 속에서 복잡하고 세부적인 군사기획절차를 거치면서 시스템 II의 사고체계를 작동시켜 조금이라도 더 완벽한 방안을 제시하고자 한다. 군 입장에서는 정확하게 분석되지 않은 방안을 잘못 제시했다가 대통령이 결심한 후에 자칫 실행이 불가능하거나 원하는 목표를 달성할 수 없게 되는 우를 범하고 싶지 않은 것이다. 하지만, 정치지도자인 대통령은 군이 신속하게 대안을 제시해 주길 바란다. 대통령에게 있어서 세부적인 계획 수립은 대통령이 결심하면 군이 자체적으로 알아서 해야 할 일이다. 결과적으로 군사기획절차를 거친 산물은 정치적인 위험도가 낮으며 즉각적인 실행이 가능한 창의적 형태의 군사적 행동방안을 제시하길 원하는 대통령의 요구에서 벗어나게 되는 경우가 많다. 마지막으로, 정치지도자들은 군사력 운용에 있어 아군의 인명피해가 최소화되길 바라면서, 투입하는 전투력을 최소화하길 원한다. 그러나 군은 역설적으로 아군의 인명피해가 최소화되기 위해서는 오히려 적을 압도할 수 있을 만큼의 전투력과 충분한 군수지원이 바탕이 되어야 한다고 주장한다. 이러한 현상으로 인해, 정부와 군은 운용하고자 하는 군사력의 규모에 관한 문제조차도 그 생각을 일치시키기 어렵게 되는 것이다[202].

한편, 피터 피버(Peter Feaver)는 기관이론(agency theory)을 통해 정부에 대한 군의 태도에 따라 민군관계의 성격이 달라질 수 있음을 주장한다[203]. 즉, 민군관계에 있어서 문제점은 정부의 하위 기관인 군의 태도에서 기인한다는 것이다. 그는 정부가 정책을 효과적으로 시행하기 위하여 하위기관인 군에게 충분한 권력을 부여하였는데, 군은 그 권력을 상위기관인 정부보다도 군 자신을 위해 사용함으로써 정부를 위협하게 될 수 있다는 점을 지적한다[204]. 이는 극단적으로 군에 의한 쿠데타를 의미하는 것이 아니다. 정치적 목표 달성을 위해 만들어진 기관인 군이, 이제는 군 자체의 이익과 목표를 추구하게 되면서 정부로부터 최대한의 행동의 자유를 보장하기 위해 노력하게 된다는 것이다. 그의 이론에 따르면, 군은 자신의 목표와 정부의 목표가 일치하거나 서로 부합될 경우에는 부여된 임무를 성실히 수행하게 된다. 하지만, 만약 정부의 정책 방향이나 지침이 군 자체의 이익에 반할 경우 군은 이를 회피함으로써 자신의 이익을 보호하고자 노력하게 된다.

이러한 군 조직의 두 가지 상반된 현상을 피버는 성실(working)과 회피(shirking)의 개념으로 분석한다. 군이 성실한 자세로 정부의 지시를 이행할 때에는 민군관계가 건설적인 방향으로 나아갈 수 있다. 문제는 군이 정치지도자로부터 하달된 지시나 지침에 대해 시간을 끌거나(foot dragging), 부여받은 임무를 여론에 노출함으로써 정부를 곤란하게 하거나(press leaks), 그 임무가 초래할 부정적인 결과를 제시하거나(high cost estimates), 심할 경우에는 불복종(disobedience)을 선택함으로써 정부의 지시를 회피(shirking)할 때 발생한다. 이렇게 되면 민군관계는 어려워질 수밖에 없다.

이렇듯 복잡하고 미묘한 민군관계에 대한 이해는 전투력을 조직 및 운용함으로써 전략목표 달성에 기여해야 하는 작전술가에게 매우 중요하다. 우리는 정부와 군이 각각의 기관으로서 혹은 긴밀히 상호작용하는 유기체로서 어떠한 특성을 지니고 있으며, 그에 따라 어떻게 행동하는 경향이 있는지, 또 이로 인해 발생하는 마찰요소들은 어떠한 것들이 있는지 지속적으로 관찰하고 연구함으로써 민군관계에 대한 이해도를 증진시켜야 할 것이다.

중간 정리

작전술가는 전술적 행동들을 시간, 공간, 목적 면에서 잘 조직하고 운용하여 전략적 목표 달성에 기여할 수 있을 때 비로소 그 역할을 충실히 했다고 볼 수 있다. 이러한 측면에서 전략을 고려하지 않은 작전술은 무의미하다. 전략에 포함된 목표(ends), 방법(ways), 수단(means), 위험요소(risks) 등은 작전술가가 작전술을 구사하기 위해 반드시 이해해야 하는 요소들이며, 또 전략가들은 작전술가가 전략 차원과 작전술 차원의 목표, 방법, 수단 간 불균형을 해소하고 위험요소를 축소 또는 제거하기 위해 끊임없이 대화해야 하는 대상들이다. 이렇듯, 전략과 작전술은 상호 불가분의 관계이다.

따라서, 본 장에서는 작전술을 더욱 잘 이해하기 위하여, 정치와 전략이 무엇인지 살펴보고 전략적 맥락에서 작전술을 고찰해 보았다. 이를 위해, 본 장을 전략적 맥락 소개, 국제 정치와 전략, 국내정치와 전략의 세 단락으로 구분하였다. 먼저, 전략적 맥락 소개에서는 정치와 전략, 지정학 차원의 정치 등에 대하여 살펴봄으로써 작전술의 상위 개념인 정치와 전략에 대해서 알아보았다. 그런 다음, 국제정치와 전략에서는 정치의 복잡성, 정치와 전쟁의 관계, 국력의 형태, 각종 국제관계 이론, 국제법과 윤리 등을 살펴봄으로써 한 국가가 국제사회 속에서 전략을 수립하는 데 고려해야 할 국제적 요소들에 대해 이해하였다. 마지막으로, 국내정치와 전략에서는 국제정치와 국내정치의 역학관계, 국내정치 속에서의 전략 수립, 전략과 민군관계 등에 대해 살펴봄으로써 국내에도 전략을 수립하는 데 많은 변수가 복잡하게 상호작용하고 있음을 파악하였다.

여기서 소개한 각종 이론들과 저자들의 생각을 통해 독자들은 과거에 일어났던, 그리고 현재 일어나고 있는 각종 정치적 현상들에 대해 더욱더 잘 이해할 수 있을 것이다. 하지만, 이러한 이론들이 정치와 전략에 대한 완전한 이해를 보장해 줄 수 없으며, 단지 작전술의 전략적 맥락을 짚어가는 데 기초를 제공할 뿐이다. 따라서, 가능하다면 더욱 다양한 독서와 사색을 통해 작전술에 지대한 영향을 미치는 정치와 전략을 이해할 수 있도록 지속적인 노력을 권한다.

다음 장 '작전술의 진화'에서는 앞서 2장 '이론과 작전술', 3장 '전략과 작전술'에서 연구한 각종 이론들을 렌즈 삼아 몇 가지 전쟁사를 작술의 측면에서 분석해 봄으로써 작전술의 '이론'과 '역사'를 융합해 볼 것이다.

제4장

작전술의 진화

작전술은 인류의 전쟁역사와 함께 발전해 왔다.

과거 전쟁 사례들을 통해 작전술이 어떻게 적용되어 왔는지를 살펴봄으로써 작전술에 대한 이해를 증진시킬 수 있다. 이때, 앞서 언급된 각종 이론과 전략적 측면을 같이 고려하는 것이 중요하다.

제4장

작전술의 진화

용병제를 근간으로 하는 중세 봉건제도 하에서는 전쟁 수행 중 작전술의 중요성이 부각되지 않았다. 당시 일정 규모의 용병을 유지하기 위해서는 상당한 비용이 필요하였으며, 이에 군주들은 용병의 피해를 최소화하기 위해 제한전쟁을 선호하였고, 상대를 겁주거나 협상에 유리한 조건을 차지하기 위한 최소한의 수준에서 군사력을 운용하고자 하였다. 그러다 보니 한두 번의 전투로 승패를 결정하고 바로 협상으로 돌입하는 경우가 많았다. 또한 용병들의 탈영이나 전투 이탈 등을 통제하기 위해서 주로 밀집대형을 선호하였기에 사실상 작전술이 적용되기 어려운 조건이었다.

이러한 현상은 유럽에서의 계몽주의가 확산되고 프랑스혁명이 유럽을 변화의 소용돌이로 몰아넣은 18세기 후반부터 자취를 감추기 시작하였다. 나폴레옹과 함께 등장한 국민 개병제, 총력전 사상, 그리고 무기체계의 발전 등은 수개의 전역 또는 주요 작전들이 동시 다발적으로 수행될 수 있는 여건을 마련하였다. 이에 따라 복잡한 작전환경 속에서 단순히 눈앞의 전투에 이기는 것보다는 수 개의 전투들이 어떻게 승수효과를 발휘하여 결국 군주가 원하는 목표를 달성할 수 있을것인가의 문제가 더욱 중요하게 되었다.

따라서 본 챕터에서는 18세기 후반부에서부터 20세기 후반부까지의 전역(campaign) 및 주요 작전들(major operations) 중 몇 가지를 선별하여 작전술이 시대에 따라 어떻게 적용되었고 변화 및 발전해 왔는지를 살펴보고자 한다. 여기서 주로 다룰 전역 및 주요 작전들은 군인들에게 친숙한 나폴레옹의 울름, 아우스터리츠, 예나 전역, 제1차 세계대전의 마른 전역, 제2차 세계대전의 과달카날 전역과 독소 전쟁을 비롯하여, 국내에서 자주 다루지 않는 미국의 독립전쟁, 멕시코전쟁, 남북전쟁을 포함하고자 한다. 이러한 전사 연구를 통해 독자들은 전쟁을 수행하는 주체가 정치적 목적을 달성하는 데 있어 작전술이 얼마나 중요하게 작용하는 것인지를 느낄 수 있을 것이다.

다만, 주의할 점은 우리가 기존에 가지고 있던 전사 연구 방식, 즉, 발발 원인, 경과, 결과, 교훈 등에 집중하는 연구 방식을 잠시 내려놓아야 한다는 점이다. 작전술을 깊이 있게 연구하기 위해서는 단편적인 지식의 습득보다는 자신만의 해석과 이해가 중요하다. 우리는 제1장 '이론과 작전술'을 통해 여러 가지 사회과학 및 자연과학 이론들에 대해 기초적인 밑그림을 그렸다. 이러한 이론들이 독자들이 가지고 있던 기존의 고정관념을 깨고, 전쟁사 속에서의 작전술을 다른 관점에서 바라보도록 하는 색 다른 렌즈(lens)로써 작용하게 될 것이다.

1. 미국 독립전쟁: 정치와 전략의 상관관계

▶ 전략적 상황

1775년 4월 19일, 미국의 렉싱톤과 콩코드에서 미 대륙군 소속의 매사츄세츠 민병대와 영국 정규군 간의 교전이 발생하였다[205]. 이 사건은 미국의 독립전쟁의 서막을 알리는 전투가 되었다. 미국은 독립전쟁을 통해 마침내 영국 정부의 불평등한 대우를 종식시키고 영국으로부터 독립을 쟁취하게 되었으며, 미국인들은 독립기념일인 7월 4일을 큰 축제 중의 하나로 여기고 있다.

미국이 영국과 독립전쟁을 하게 된 계기를 알아보기 위해서는 유럽인들의 미 대륙으로의 이주가 어떻게 이루어졌는지 먼저 살펴보아야 한다. 콜럼버스가 신대륙을 처음 발견한 이후 영국인들이 미국으로 이주한 것은1584년인데, 그들은 당시 영국의 엘리자베스 여왕(Elizabeth I)의 승인하에 현재 미 동부의 버지니아 땅에 식민지를 세웠다. 그러나 미 대륙으로 이주한 영국인들 중 미국의 역사적 전통성과 가장 관련이 깊은 사람들은 바로 1620년 9월 16일 메이플라워호를 타고 미국으로 이주한 청교도인들이다. 이들은 영국에서의 종교 박해를 피해 메이플라워호에 올라 미 대륙으로의 항해를 시작하였으며, 출발 66일만인 1620년 11월 9일 드디어 현재 미 동부의 메사츄세츠 주의 케이프코드에 도착하게 된다. 이들이 종교의 박해를 피해서 이주하였다고 하지만 그들은 여전히 영국의 시민이었으며, 그들 스스로도 그렇게 인식하고 있었다. 그들이 항해 중 메이플라워호 선상에서 체결한 '메이플라워 서약'의 제1항이 '영국왕과 영국의 명예를 위해 미 대륙에 식민지를 건설하고자 함'을 명시하고 있다는 점이 이를 대변해 준다. 또한 이 서약에서 자유와 민주를 강조함으로써 미국의 근간이 되는 정신을 이미 주창하였다고 볼 수 있다[206].

식민지의 인구와 점령지역이 점차 늘자, 1700년대 중반에 들어서 영국 정부는 현재에의 미 동부지역을 13개의 지역으로 구분해서 통치하였다. 다만 다행인 것은 식민지인들은 영국 정부의 지방 정부로서의 자치권을 보유하고 있었다는 점이다. 그러나, 시간이 지날수록 영국 정부와 미 대륙의 식민지 사이에서 크고 작은 문제들이 불거지기 시작하였다. 그중 가장 중요한 문제는 바로 영국 정부의 불평등한 무역정책이었다. 당시 영국의 미 대륙 식민지에는 광활한 대륙과 넓은 해안선을 기반으로 한 농업과 어업이 활발하게 이루어졌다. 식민지인들은 농업과 어업을 통해 생산된 곡물과 어패류를 서로간에 활발하게 교역하였으나, 독립 국가가 아닌 영국의 식민지였기 때문에 다른 국가와의 교역에는 영국 정부의 간섭을 많이 받았다. 식민지인들은 미 대륙의 다른 나라 식민지들과의 합리적인 교역을 원했다. 하지만 당시 영국 정부는 북미를 포함한 모든 식민지들에 대해 다른 국가와 교역을 못하도록 무거운 관세를 부여하여, 식민지의 제품들을 헐값에 사들이고 영국 본토의 제품들을 식민지인들에게 강매하다시피 함으로써 막대한 부를 축척하고 있었다.[207]

엎친 데 덮친 격으로, 영국 정부는 항해조례(Navigation Act)를 통과시켜 모든 교역품을 영국 국적의 선박에 적재토록 함으로써 부당한 운송료를 챙겼다. 또한, 프랑스로부터 추가로 획득한 식민지를 안정화시키고 안보를 확립하기 위한 원정군 규모를 늘리는 데 드는 비용을 식민지 세금 증세를 통해 충당하고자 하는 아메리칸법안(America Act)까지 통과시켰다. 이러한 횡포로 인해 급격히 고조된 식민지인들의 불만은 1765년의 인지세법안(Stamp Act)으로 극에 달하였다. 즉, 공문서를 포함한 모든 출판물에 영국 정부가 발행한 인지가 부착된 종이만을 사용토록 하고 그에 대한 세금을 받도록 하는 이 법안은 식민지인들의 분노를 사기에 충분하였으며, 그들로 하여금 자치권마저 박탈당할지도 모른다는 불안감에 휩싸이게 하였다[208].

1767년 영국의 재무장관 찰스 타운젠트가 입안한 국제 징수법안(Revenue Act)이 발효되었다. 외국으로부터 미 대륙 식민지로 수입되는 차(tea)에 대한 세금은 높이면서 영국으로부터 수입되는 세금은 폐지함으로써 식민지의 서민들이 영국 차만 이용할 수밖에 없도록 상황이 조성되자 식민지인들의 불만은 급기야 터져버리고 말았다. 이윽고 미 식민지 내에 영국 차 불매운동이 거세지는 동시에 식민지 자치 정부에 영국차 수입 반대 시위까지 일어나면서 상황은 심각해졌다. 이에 메사츄세츠 자치 정부는 영국의 조지 3세에게 해당 법안의 수정 또는 폐지를 요청하였으나 묵살되었다. 이후 계속되는 영국 정부의 횡포에 식민지인들과 이를 통제하고자 하는 영국군 사이의 충돌이 잦아지게 되었다. 결국 1770년에 보스턴 학살사건으로 5명의 식민지인이 영국군에 의해 사살되자 그 여파를 잠재우기 위해 영국 정부는 타운젠트의 국제징수법을 폐지하기에 이르렀다. 그러나 시간이 지나면서 영국 정부는 자국의 차를 수출하지 못해 손해가 날로 늘어났으며, 1773년 이를 해결하기 위해 차 법안(Tea Act)을 통과시켜 강제로 차를 식민지에 팔면서 높은 세금까지 부과하였다. 이에 결국 화가 난 시민들이 보스턴 항구에 정박 중인 영국의 무역선들에 실려있던 차 상자들을 바다로 던져버린 보스턴 차 사건이 발생하게 된 것이다[209].

영국 정부는 이에 즉각 대응하였다. 소위 '인내할 수 없는 법안들(Intollerable Acts)'이라 하여 미 대륙 식민지를 통제하기 위한 여러 법안들을 통과시켰다[210]. 이로 인해 영국 정부는 식민지 자치 정부의 인사들을 직접 임명할 수 있게 되었고, 영국군은 필요시 민간 건물을 징발하여 숙소로 사용할 수 있게 되었다. 이는 제도적, 군사적으로 미 대륙 식민지를 완전히 장악하려는 영국 정부의 계산된 시도였지만, 3장 '전략과 작전술'에서 언급한 복합체계 이론에서 나타나듯 이 시도는 여러 가지 의도치 않은 결과를 초래하였다[211]. 많은 식민지인들이 이에 반발하고 급기야 1774년 9월 5일 대륙의회(Continental Congress)를 소집하여 영국에 대항한 전쟁까지 논의하게 되는 결과를 초래한 것이다[212]. 멜깁슨 주연의 영화 '패트리어트: 늪속의 여우'는 대륙의회의 분위기를 통해 식민지인들이 얼마나 영국의 부당한 대우로부터 벗어나고 싶었는지를 잘 묘사하고 있다[213]. 이제 식민지의 각 주들은 민명대를 소집하기 시작하였고, 영국 정부와 영국군은 자신들이 해결책으로 추진했던 각종 조치들이 만들어 낸 더 큰 문제를 해결하기 위해 고심하게 된다.

프레데릭 노스 경(Lord Frederick North)이 이끄는 영국 정부는 로버트 퍼트남(Robert Putnam)이 주창한 두 종류의 게임(two levels game) 속에서 진퇴양난에 빠진 격이었다[214]. 국제적으로, 그들은 전 세계에 분포되어 있는 식민지인들에게 본보기를 보여 주고 질서를 유지하기 위해서는 이번 북미 식민지인들의 반란활동을 반드시 진압해야 했다. 하지만, 프렌치 인디언 전쟁(1754-1763)과 7년전쟁(1756-1763)에서의 막대한 전비 지출로 영국 정부의 재정상태는 그리 좋지 못하였고, 과도한 팽창주의 정책과 주변국들의 시기질투로 인해 국제사회에서 뚜렷한 동맹국 없이 고립되어

가고 있었다. 또한, 국내 정치는 토리당과 휘그당의 극심한 대립으로 인해 의사결정에 많은 어려움이 있었다[215]. 토리당은 반란세력들과는 절대 협상이란 없으며 반드시 전쟁을 통해 반란군을 격멸할 것을 주장한 반면, 휘그당은 무력시위를 활용하여 협상에 유리한 여건을 조성하고 반란세력의 화해와 협력을 이끌어 내자는 입장을 취하였다[216]. 영국 정부 입장에서는 토리당의 주장대로 전쟁을 일으키고 반란세력을 격멸하자니 국제사회의 비난과 막대한 전쟁비용이 예상되었고, 반대로 휘그당의 주장대로 협상을 추구하자니 오랜 시간이 걸려 이 또한 비용이 많이 소모되고 다른 식민지의 불안정화에도 영향을 미칠 것이 우려되었다. 이러한 상황에서, 결국 영국 정부는 경제적인 부담을 최소화하면서 반란을 진압하기 위해서 반란세력이 영국 정부에게 굴복할 수밖에 없는 결정적 작전을 통해 전쟁을 신속히 승리로 종결짓는 이른바 '결정적 승리'를 추구할 수밖에 없었다[217].

한편, 미 대륙 식민지 자치 정부는 영국 정부로부터의 해방과 동등한 처우 등을 정치적 목표로 설정하고, 자신들이 영국에 비해 경제 및 군사적으로 현저히 취약하다는 점을 고려하여 최대한 전쟁을 회피하고자 하였으나, 만약 협상을 통한 정치적 목적 달성이 어려울 경우에는 전쟁도 불사하다는 입장을 취하고 있었다[218].

▶ 뉴욕 및 뉴저지 전투와 작전술의 적용

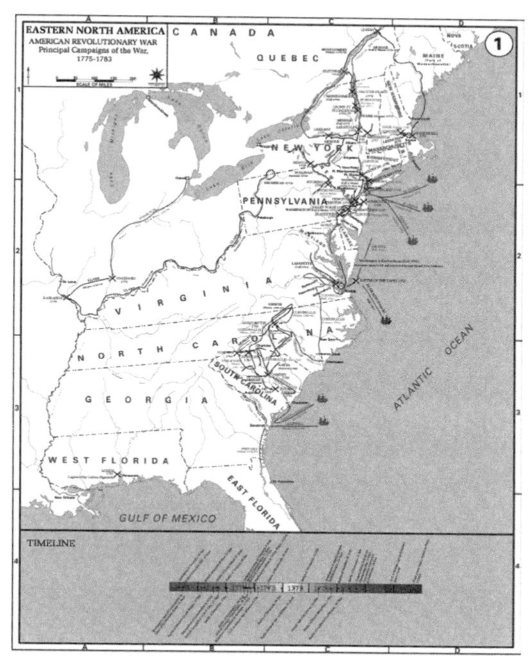

그림 5. 미국 독립전쟁 주요 전투
출처: 미 육사 전쟁사 지도[219]

그러한 상황에서 하달된 노스 경의 대 식민지 정책에 따라 영국군은 북미 식민지 반란 세력에 대해 결정적 승리를 달성해야 했다. 이에 영국군은 하우 형제, 즉 윌리엄 하우(William Howe) 장군과 리처드 하우(Richard Howe) 제독을 각각 영국군 지상군 사령관 및 해군 사령관에 임명하여 북미지역으로 파견하였다. 이 두 형제는 영국이 오랜시간 동안 식민정책을 펼쳐오는 동안 유럽, 서아프리카, 북미, 인도, 중동 등 세계 각지에서 수십 년간 풍부한 실전 경험을 쌓은 숙련된 장교들이었다. 그들은 영국 의회의 관료들과 정치적, 사회적으로도 교류가 활발하였으며, 노스 경뿐만 아니라 영국 국왕인 죠지 3세(George III)로 부터도 큰 신뢰를 얻고 있었다[220]. 그러나, 여기서 국내 정치적 문제가 한 가지 존재하였다. 노스 경의 군사력 사용을 통한 강경책은 토리당이 주장하는 정책이었으나, 이러한 정치적 목적을 달성하기 위해 임명된 군사령관들인 하우 형제는 모두 협상을 지지하는 휘그당 소속이었다[221]. 즉, 정치적 목표 달성을 위해 전술행동을 조직하고 운용해야 하는 작전술가들이 정치적 목표에 반대해 오던 사람들이었던 것이다.

하우 형제들은 자신들의 정치적 신념이 노스 경과 달랐음에도 불구하고 정치적 목표 달성을 위한 총 6가지의 군사전략 방안(military options)들을 제시한다. 첫째는 영국 해군을 활용하여 해상봉쇄를 함으로써 북미 식민지의 양보를 이끌어 내자는 것이었다. 하지만, 미국 해안선이 과도하게 넓은 반면 영국 해군은 수많은 식민지에 분포되어 있으며, 결정적으로 노스 경의 강경책과 다소 거리가 있으므로 배제되었다. 둘째는 가용한 전투력을 모두 투사하여 단기간에 반란군을 격멸함으로써 그들의 의지를 분쇄하는 것이다. 이 방안은 노스 경의 정책에 어느 정도 부합되었으나, 과도하게 극단적인 방법이기 때문에 휘그당의 반대가 극심하였으며, 다른 식민지의 질서 유지를 고려시에는 감수해야 할 위험이 너무 컸으므로 이 또한 배제되었다.

셋째는 둘째 방안보다는 군사력을 적게 투입하지만 반군을 끝까지 추격하여 모두 격멸하는 형태였으며, 이 또한 광활한 미 대륙을 고려시 현실성이 부족하다는 이유로 거부되었다. 넷째는 최소한의 전투력으로 미 대륙의 주요 도시 및 마을을 점진적으로 점령함으로써 반란군의 숨통을 조이는 것이었고, 다섯째는 미 식민지 내에 거주하고 있는 극성 영국 찬양론자들을 점차 늘려 나가고 그들을 군사적으로 지원하여 역으로 반란전을 꾀하는 전략이었다. 여섯째는 식민지 반란군이 사용할 수 있는 미 대륙의 주요 도로와 강을 군사적으로 통제함으로써 그들의 병참선을 차단하는 전략이었다. 결과적으로 영국군의 전략은 넷째, 다섯째, 여섯째 전략을 잘 종합하여 수립되게 된다[222].

이상한 점은 채택된 세 가지의 전략들이 나머지 채택되지 않은 세 가지 전략과 비교시, 노스 경의 정치적 목표를 얼마나 잘 달성할 수 있느냐의 측면에서 별로 차별성이 없다는 점이다. 채택된 전략들은 어떤 면에서는 오히려 정치적 목표에 다소 부합하지 않는 전략이었다. 노스 경은 군사력을 적극적으로 사용하여 최대한 신속히 결정적 승리를 달성하기 원했기 때문에 오히려 가용 전투력을 모두 투사하여 단기간에 적을 격멸하는 두 번째 전략이 채택되었어야 했다. 여기에는 몇 가지 생각해 볼 주제들이 숨어있다. 먼저, 하우 형제들은 제3장에서 다루었던 윌리엄 랩(William Rapp)의 '군사 방안(military option)'을 제시하였다.[223] 즉, 고정된 목표를 달성하기 위한 방책(course of action)이 아닌, 군사력 운용 방법에 따라 달라질 수 있는 여러 가지 결과들까지도 포괄하는 군사적 방안을 제시하였다는 것이다. 또한, 휘그당과 토리당의 논쟁은 조지프 나이(Joshep Nye)가 제시한 경성 권력에 비중을 둘 것인지 반대로 연성 권력에 비중을 둘 것인지에 대한 것이다[224]. 결국 영국 의회는 어느 한쪽의 극단적인 전략은 회피하고 여러 방안을 절충하는 전략을 선택하게 되었는데, 이 점이 바로 3장에서 언급한 로버트 퍼트남(Robert Putnam)의 두 번째 게임, 즉 국내정치가 의사결정에 지대한 영향을 끼치게 된 사례라고 볼 수 있다[225].

한편, 미 대륙의 13개 식민지 대표들은 대륙회의를 통해 영국에 전쟁으로 맞서기로 결의한다. 물론 당시 북미 식민지 내에는 전쟁을 반대하는 극성 영국 찬양론자들도 상당수 있었기 때문에 그들의 의견까지 모두 수용된 것은 아니었으나, 13개 식민지의 대표들이 국론을 하나로 통일시켰다는 것이 큰 의의가 있다. 영국과의 전쟁이 결정되자, 훗날 미국의 초대 대통령에 당선되는 조지 워싱턴(George Washington)이 미 대륙군(Continental Army)의 지휘를 맡게 되었다. 워싱턴은 영국의 하우 형제들과 마찬가지로 정치인들과의 교류가 활발한 인물이었다. 다만, 하우 형제들보다 조금 더 뛰어난 점은 그가 정치인들과의 끊임없는 대화를 통해 군사력 사용이 정치적 목적에 합치될 수 있도록 항상 노력했다는 점이다[226].

이에 따라 워싱턴과 미 식민지 의회는 총 다섯 가지 군사방안을 논의한다. 첫째는 민간선박들을 최대한 징발하여 영국과 해전을 실시하는 것이었고, 둘째는 일종의 소모전(attrition) 개념으로써 대규모 전투를 회피하고 공간을 내주면서 지연전을 펼쳐 영국군을 작전한계점에 도달토록 하는 것이었다. 셋째는 비정규전 개념으로써 대륙군을 소규모의 습격부대로 조직하여 영국군 지휘소, 군수시설, 포병부대 등을 타격하는 것이었다. 이와 반대로 넷째는 거점방어 개념으로, 강력한 방어거점을 구축하여 영국군을 아군이 원하는 장소에서 준비된 병력과 화력으로 격퇴하는 것이었다. 마지막 방안은 선형 방어 개념으로, 해안선과 주요도시들을 연결하여 영국군이 상륙조차 하기 힘들도록 방어하는 것이었다. 이 중에서 영국군이 본격적으로 증원되었던 1776년 초까지만 해도 미 대륙군은 해안선 및 주요 도시에 방어진지를 구축하고 적의 상륙 자체를 거부하는 방안을 채택하였다. 그리고 만일 상륙 허용 시 주요 방어 진지를 활용하여 적을 격퇴하기로 하였는데 이것은 앞서 언급한 내용의 네 번째와 다섯 번째 방안을 혼합한 전략이다[227].

이렇듯, 영국군과 미 대륙군이 각각의 전략을 수립해 가는 상황 속에서, 최초 렉싱턴과 콩코드에서 소규모의 교전으로 시작했던 미 독립전쟁은 이윽고 훨씬 더 대규모로, 그리고 복잡하게 번져가게 된다. 하우 형제의 지휘 하에 미 동부의 뉴욕시 일대에 상륙한 영국군은 압도적인 전투력을 활용하여 주도권을 확보하게 되고, 전과를 확대하여 점차 북서쪽으로 진격해 나간다. 이때부터 영국군과 미 대륙군은 전략의 적용에 있어 차이점을 보이게 된다. 영국군은 기존 전략을 고수한 반면, 미 대륙군은 패배의 교훈을 바탕으로 전략의 변화를 추구하는데, 이 시점부터 방어진지를 활용한 방어가 아닌 소모전과 비정규전을 혼합한 전략을 적용하게 된 것이다. 즉, 워싱턴은 민츠버그(Mintzberg)가 제시한 대로, 기존의 의도된 전략(intended strategy)에 우발적 전략(emergent strategy)을 적용하여 새로운 실현된 전략(realized strategy)을 재정립한 것이다[228]. 여기서 주의할 점은, 하우 형제가 단순히 최초의 승리에 도취되어 기존 전략을 고수한 것은 아니라는 점이다. 앞서 밝힌대로, 하우 형제는 협상을 중요시하는 휘그당 소속이다. 그들은 미 대륙군을 포함한 식민지인들 또한 영국의 국민으로, 향후 전쟁이 종식되었을 때를 대비하여 그들의 희생을 최소화해야 한다는 신념이 있었다. 즉, 피터 버거(Peter Berger)가 제시한 '사회적으로 구성된 실재' 개념대로, 그들만의 주관적인 실재 속에서 그들이 옳다고 생각하는 판단을 내리고 있었던 것이다[229].

이러한 현상은 뉴저지에서 발생한 일련의 전투들을 거치면서 더욱 극명하게 드러난다. 미 대륙군은 허드슨 강을 통제하기 위해 구축한 워싱턴

요새(Fort Washington)와 리 요새(Fort Lee)를 모두 영국군에게 점령당하고 그곳에 비축되어 있는 많은 전쟁 물자들을 빼앗기면서 사기가 많이 꺾이게 된다. 워싱턴에게 있어 비정규전의 필요성은 더욱 커져가게 된 것이다. 그러나 비정규전을 수행하려면 우선 연속된 패배로 저하된 사기와 군기를 확립해야 했다. 워싱턴에게는 부대의 사기와 군기를 제고시킴으로써 전쟁의 흐름을 바꿀 수 있는 결정적인 승리가 필요했다. 이러한 상황에서 영국군이 델라웨어 강 넘어 뉴저지 주의 수도인 트렌턴(Trenton)에 독일에서 건너온 용병인 헤센 부대를 배치하였다는 정보를 입수한다. 사실 헤센 부대는 유럽에서 용맹하고 전투수행능력이 탁월하기로 정평이 나 있는 용병이었다. 하지만, 워싱턴은 영국의 정규군 보다는 용병이 더 쉬운 상대라는 판단을 하고, 야간에 강을 건너 헤센 용병부대를 습격하기로 계획한다. 이 작전은 매우 어려운 여건 속에서 진행되었다. 먼저, 헤센 용병이 트렌턴에 주둔하고 있다는 사실만 파악했을 뿐, 그들의 정확한 규모와 활동상황 등을 알지 못하였고, 1776년 크리스마스 바로 다음 날이었던 작전 당일은 영하의 온도와 폭풍의 날씨로 인해 공격부대가 기동하기에 매우 불리한 날씨였다. 하지만, 이러한 여러가지 마찰요소에도 불구하고 워싱턴이 작전을 강행한 것은 손자가 말한 '공기무비 출기불의(攻其無備 出其不意)' 즉, 적이 생각지 못한 시간, 장소에서 적이 생각하지 못한 수단, 방법으로 적을 기습함으로써, 작전의 주도권을 확보하고 더 나아가 전략적 목표를 달성하기 위함이었던 것이다[230].

결국 워싱턴은 트렌턴에서의 기습작전을 성공으로 이끌며 미 독립전쟁의 전세를 미 대륙군에게 유리하도록 완전히 뒤집는다. 미 대륙군의 사기는 급격히 상승하였으며, 이와 더불어 비정규전을 통해 신장된 영군군의 병참선을 지속적으로 유린하여 1781년 요크타운에서의 승리를 마지막으로 영국의 항복을 받아 내는 데 성공한다[231].

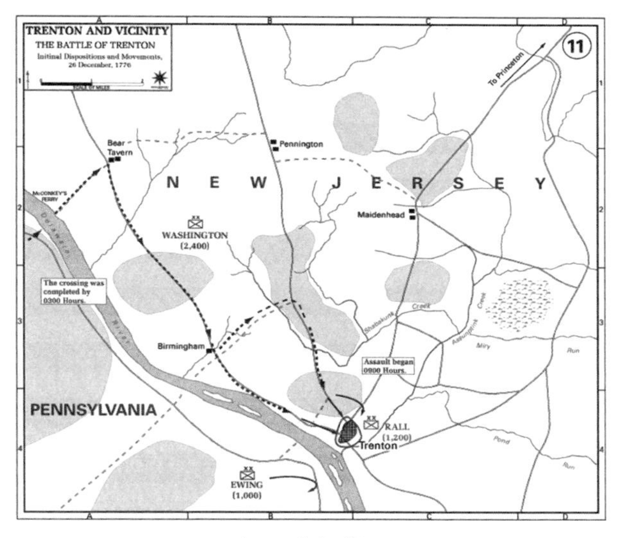

그림 6. 트렌턴 전투 요도.
출처: 미 육사 전쟁사 지도

군사력의 사용은 정치와 이를 달성하기 위한 전략의 상관관계 속에서 이루어진다. 하지만 위의 사례에서 알 수 있듯이, 전쟁이라는 것은 그리 간단하지 않다. 명확한 정치적 목표가 설정되고 이에 따라 아무런 마찰 없이 전략이 수립되어 군 지휘관 및 참모들은 사전에 수립된 전략에 따라 작전을 그대로 수행하기만 하면 되는 경우는 드물다. 정치적 목표를 설정하는 데에서부터 국제관계 속에서의 국가이익뿐만 아니라 국내 정치적 요소들 간의 마찰이 국론을 결집시키는 데 방해요소로 작용하게 된다. 마찰현상은 군 지휘관 및 참모들이 군사전략을 수립하는 데에도 영향을 미치게 되며, 이로 인해 자칫 잘못하면 정치적 목표와 이를 달성하기 위한 방법인 전략이 서로 불일치하게 될 수도 있는 것이다. 또한, 최초부터 많은 노력을 들여 매우 정교한 전략을 수립하였다 할지라도, 복잡하고 급변하는 작전환경 속에서 그 전략은 무의미하게 될 수도 있으며, 그럴 때에는 정치적 목표가 무엇인지 다시 한 번 되짚어 보고 기민하게 전략을 수정할 수 있어야 한다. 다시 한 번 강조하지만, 작전술을 발휘하는 군 지휘관 및 참모들은 이렇듯 항상 정치와 전략의 상관관계 속에서 임무를 수행한다는 사실을 잊지 말아야 한다.

2. 나폴레옹 전쟁: 나폴레옹의 전략과 작전술

▶ 전략적 상황

나폴레옹은 전쟁사를 연구하는 군인들 뿐만 아니라 다른 분야에 종사하는 많은 사람들에게도 친숙한 인물이다. 군 교육기관에서 가르치는 나폴레옹 전쟁사는 대부분 나폴레옹의 강인함, 천재성, 상대를 놀라게 했던 전술들에 중점을 두고 있다. 하지만, 본 절에서 다루고자 하는 나폴레옹 전쟁, 특히 울름 및 아우스터리츠 전역은 나폴레옹이 어떻게 작전술을 적용하여 전략적 목표를 달성하였는지를 보기 위함이다.

1769년 코르시카 섬의 아작시오에서 태어난 나폴레옹은 청운의 부푼 꿈을 안고 프랑스로 건너가 프랑스군의 포병 장교가 되었다[232]. 사실, 변방에서 프랑스로 건너온 나폴레옹에게 고급 장교로의 진급은 그리 쉽지 않은 일이었다. 하지만 1789년 시작된 프랑스 혁명과 이에 영향을 받아

1792년 시작된 프랑스 혁명전쟁은 나폴레옹이 자신의 능력을 세상에 알리기에 절호의 기회가 되었다. 이러한 일련의 사건들은 프랑스뿐만 아니라 유럽 각지에 프랑스의 혁명 정신을 전파하였으며, 유럽의 기존 질서가 도전받는 상황을 조성하였기에 나폴레옹에게 있어서는 이 혼란한 시기에 권력을 잡기가 용이했던 것이다[233]. 툴롱전투, 마렝고 전역 등에서 전과를 올리며 차츰 권력을 차지해 가던 나폴레옹은 1799년 쿠데타를 통해 제1통령에 즉위하여 군사독재를 실시하다가 1804년 마침내 스스로를 프랑스의 황제라 칭하게 된다[234].

프랑스 혁명과 혁명전쟁은 유럽인들의 전쟁 방식에도 많은 변화를 가져다주었다. 이는 당시 유럽에서 통용되었던 왕에 의해 운영되는 전쟁 내각 제도, 전장식 소총을 주 무기로 한 선형전 등의 기본 개념을 변화시키는 계기가 된다. 또한 프랑스 혁명의 정신은 과거 용병 위주로 운용되던 제한전의 형태를 지우고 온 국민이 가용한 모든 자원을 동원하여 전쟁을 수행하는 총력전 사상을 불러일으켰다.

흔히 군사적 천재라 칭함 받는 나폴레옹의 성공 요인은 그가 추진한 여러 가지 변화에서 찾을 수 있지만, 중요한 점은 그가 그 모든 변화를 홀로 이끌어 내지는 않았다는 것이다. 그는 변화를 창조해 내는 '혁신가'라기보다는 즉석에서 악기를 연주하는 '즉흥 연주가'에 가까웠다. 데이비드 챈들러(David Chandler)가 그의 책 『나폴레옹 전역(The Campaign of Napoleon)』에서, "나폴레옹은 다른 사람의 아이디어를 기초로 더 발전시키고 급기야 완성시키는 능력을 가지고 있었다. 그는 프랑스군의 교리와 부대 자체의 잠재력에 대해 당대의 어떤 군인들보다도 더 명확한 비전을 가지고 있었다. 그가 프랑스군의 전쟁술에 많은 기여를 한 것은 아니지만, 어쨌건 그는 자신이 습득한 전쟁술 이론을 실현시키는 재주가 있었다"라고 밝히고 있다[235].

즉, 나폴레옹이 시대를 아우르는 군사적 천재로서 칭송받게 된 것은, 순수 그가 가진 능력만으로 이루어 낸 것은 아니라는 것이다. 그중에서도 그는 기베르(Guibert)의 사상에 큰 영향을 받았는데, 기베르에 의해 당시 이론적으로만 제시되었던 군단 및 사단급 제대의 조직, 병력의 행군속도 증가, 현지 조달, 포병의 적극적인 활용, 적 병참선의 차단, 결정적 지점에 대한 전투력 집중 등의 전술적 조치들을 나폴레옹은 실제 전장에서 현실화시킨다[236]. 아무리 뛰어난 사람이라도 자신의 능력만 가지고 모든 성공을 이루어 내는 것은 현실적으로 불가능하다. 하지만 '정-반-합'으로 표현되는 헤겔의 변증법을 적용한다면 사람은 자신의 능력보다 더 큰 승수효과를 만들어 낼 수 있다[237]. 이렇듯, 비록 나폴레옹이 자신의 능력만을 가지고 군사 혁신을 이루어 낸 것은 아니라 할지라도 주변의 복잡한 환경을 잘 간파하고 자신에게 필요한 부분을 잘 활용하여 패러다임의 전환을 이루어 낸 것만으로도 그는 훌륭하다고 할 수 있다[238].

프랑스의 제1통령에 이어 황제에까지 즉위한 나폴레옹의 정치적 목표는 유럽 대륙을 프랑스의 통치하에 두고, 궁극적으로는 영국까지도 굴복시키는 것이었다. 비록 결과적으로 실패하기는 하였으나, 이러한 정치적 목표를 달성하기 위한 나폴레옹의 일련의 노력들은 정치가로서, 그리고 전략가로서 그가 얼마나 뛰어났는지를 확실히 보여 준다. 이집트 원정과 이탈리아 원정 등을 통해 많은 식민지 영토를 차지한 나폴레옹에 대해 영국을 포함한 인접 국가들은 두 차례에 걸쳐 대프랑스 동맹을 맺는다. 하지만 나폴레옹은 1800년에는 뤼네빌 조약을 통해 오스트리아를, 그 이듬

해인 1802년에는 아미앵 조약(Treaty of Amiens)을 통해 영국을 제2차 대프랑스 동맹에서 이탈시킨다[239]. 이는 나폴레옹이 오스트리아와 영국의 국내 정치 상황을 간파하고 이를 잘 이용하여 프랑스의 국내외적 문제들을 조금이나마 해결할 수 있는 외교적 묘안을 생각해 냈기 때문에 가능한 일이었다. 즉, 나폴레옹은 전쟁을 수행함에 있어 국력의 제 요소인 외교력, 정보력, 경제력, 군사력의 밀접한 관계를 이해하고, 이를 적극 활용하여 전쟁 수행에 유리한 여건을 사전에 미리 조성하고자 노력했던 것이다.

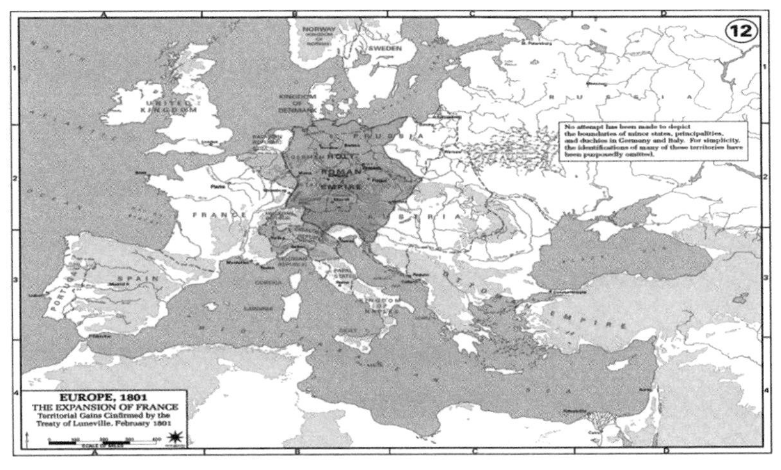

그림 7. 1801년 유럽 정세
출처: 미 육사 전쟁사 지도

아미앵 조약을 통해 영국의 위협이 잠시나마 줄어들자, 나폴레옹은 본격적으로 유럽대륙에서의 세력확장에 열을 올린다. 하지만 프랑스와 지속적으로 영토 및 경제적 마찰을 겪던 영국은 1803년 결국 프랑스 선박을 나포하게 되고, 엎친 데 덮친 격으로 오스트리아마저 프랑스에 적대적으로 돌아서게 된다. 이로써 나폴레옹은 결국 대륙에서 오스트리아 및 러시아와, 바다에서 영국과 양면전쟁을 피할 수 없는 상황에 놓이게 된다. 해전에 대해서는 다소 식견이 부족하였던 나폴레옹은 1805년 트라팔가에서 프랑스군이 영국군에 대패하였다는 소식을 듣게 된다[240]. 하지만 지상에서는 달랐다. 울름과 아우스터리츠, 예나와 아우어스태트 등지에서 벌어진 일련의 전투에서 연승을 거두면서 그는 점차 자신의 정치적 목표를 향해 나아가고 있었다.

▶ 울름 및 아우스터리츠 전역과 작전술의 적용

먼저 전략적 측면에서, 나폴레옹이 영국과의 해전을 벌이면서도 육상에서의 진격 또한 감행한 이유는 역설적으로 그의 궁극적 목표가 영국을 굴복시키는 것이었기 때문이다. 즉, 유럽 대륙을 점령하여 오스트리아, 프로이센, 이탈리아, 러시아, 스페인 등 유럽의 강대국들을 프랑스의 영향력 안에 둠으로써 영국을 고립시키고, 궁극적으로 굴복시키고자 했던 것이다. 이에 오스트리아와 러시아를 무너뜨리는 것은 나폴레옹에게 매우 중요하였다[241].

다음으로 작전술의 측면에서 울름 및 아우스터리츠 전역은 기베르의 이론을 바탕으로 나폴레옹이 발전시킨 프랑스의 전술교리와 부대 조직 개편의 성과가 최대로 빛을 발하였던 전역이었다. 당시 프랑스군이 트라팔가 해전에서 패배를 했다고는 하나 나폴레옹은 지상전에서는 승리할 자신이 있었다. 이는 그만큼 그가 피아 교전 당사자뿐만 아니라 주변국들의 상황과 움직임들에 대해 깊은 고민을 해 왔기 때문이었다. 프랑스의 작전 준비는 철저했다. 나폴레옹은 예하 군단 및 사단 단위의 훈련을 강화하여, 기동 시에는 대대 단위로 분산하여 신속히 기동하고, 목표 부근에서 전투에 임할 때에는 다시 군단 단위로 집결하여 전투력을 집중하는 훈련을 반복 숙달하였으며, 포병의 지원하 보병이 적을 포위하여 격멸함과 동시에 포위망을 돌파하는 적에 대해서는 기병을 운용하여 격멸하는 훈련을 병행하였다. 이는 적에게 부대의 기동에 대한 노출을 최소화하고 작전 개시 이후에는 결정적 승리로 작전을 신속히 종결하기 위한 훈련으로써, 러시아군이 오스트리아군에 증원되기 이전에 오스트리아군을 격퇴하기 위해서는 반드시 필요한 훈련이었다. 이에 더하여, 정작 나폴레옹은 오스트리아의 카를 마크(Karl Mack) 대공을 기만하기 위해 작전 개시 직전까지도 파리에 머물러 있었다[242].

한편, 오스트리아 또한 가까운 미래에 있을 프랑스와의 전투에 대비하고 있었다. 먼저, 1804년에 러시아와 군사조약을 맺어 유사시 러시아로부터 275,000명을 지원받을 수 있게 되었으며, 프란시스 황제(Emperer Francis)가 직접 전쟁국을 재편성하여 그 기능을 강화하였다. 또한, 그는 총사령관에 마크 대공을 임명하였다. 마크 대공은 언제 있을지 모를 프랑스의 공격을 대비하여 하루 속히 군사조직을 재정비하려 하였으나, 결과적으로 울름전역이 일어날 때까지 그 꿈은 실현되지 못하였다. 게다가 마크 대공은 몇 가지 결정적인 오판을 하고 있었다. 먼저 그는 프랑스의 조직편성 자체를 기이하게 여겼다. 사단 및 군단 단위로 부대를 분산하면 그 충격력이 감소되어 전투시 불리하게 작용할 것으로 판단했다. 또한, 보급 측면에서 프랑스군처럼 경량화된 부대를 운용하면 보급이 어려울 것이며, 현지조달을 한다고 한들 그 양이 턱없이 부족할 것이라 판단했다. 이에 더하여, 나폴레옹의 기만에 속아 아직 충분한 시간이 있다고 판단한 마크 대공은 러시아군이 증원될 것이기 때문에 충분히 나폴레옹군을 격파할 수 있을 것으로 여겼다[243].

마크 대공의 착각은 프랑스가 작전을 개시한 이후에도 계속 되었다. 1805년 10월 3일, 나폴레옹은 울름을 포위하면서도 주력부대를 우회시켜 울름의 동측방에 배치하였으나, 마크는 여전히 나폴레옹의 주력부대가 울름의 서쪽을 향해 정면공격할 것으로 판단하고 있었다. 또한 본인이 울름을 점령하여 방어준비를 철저히 하고 있기 때문에 먼길을 기동해 온 나폴레옹의 공격부대에 비해 자신이 유리하다고 판단하여 10월 8일에 러시아의 쿠투소프(Kutusov) 장군에게 그 내용을 서신으로 전달하였다. 나폴레옹은 이러한 마크 대공의 오판을 기회삼아 자신이 계획하고 훈련한 대로 오스트리아군을 러시아군과 분리시켜 울름에서 완전히 포위하고 마크 대공과 23,000명 오스트리아군의 항복을 받아 내었다[244].

이후 나폴레옹이 전과를 확대하여 오스트리아 수도인 빈까지 점령하게 되자, 프란시스 황제는 빈의 북쪽 방향에 있는 아우스터리츠 인근으로 도주하게 된다. 뒤늦게 오스트리아를 증원하기 위해 달려온 러시아의 쿠투조프 장군, 러시아 황제 알렉산드르 1세와 합류하게 된 그는 프랑스군에 대한 반격을 도모하였다. 당시 프랑스군은 총 53,000명이었던 반면 오스트리아 및 러시아 연합군은 총 85,000으로 병력면에서 연합군이 우세하였다. 또한, 오스트리아는 본토에서 작전을 수행하는 만큼 보급에 제한이 없었으나, 프랑스군은 본토로부터 상당히 이격된 거리를 진격해 온데다가 시기가 12월로 접어들었던 만큼, 보급 측면에서도 연합군이 훨씬 유리하였다. 하지만, 나폴레옹이 여기에서 진격을 멈추고 프랑스로 돌아간다면 겨울 동안 전열을 정비한 연합군이 더욱 강해져서 앞으로의 상황이 더욱 어려워질 것이 분명했다. 따라서, 나폴레옹은 단 한 번의 결정적 작전으로 적 연합군을 무너뜨리기 위해 상황을 분석한다.

먼저, 그는 동맹을 맺은지 얼마 되지 않은 오스트리아와 러시아의 관계에 주목하여 이 두 부대를 분리 및 각개격파 하고자 하였다. 또한, 연합군이 프랑스군에 비해 많은 병력을 보유하고 있는 만큼 그들을 자신이 원하는 시간과 장소로 유인하여 집중공격함으로써 단 시간 내에 격멸시키고자 하였다. 이러한 조건들을 충족하는 장소가 바로 아우스터리츠였다. 그곳은 낮은 능선으로 이루어진 프라첸 고지가 위치하고 있어 병력을 은폐하기 용이하였고, 주변에 호수와 강이 위치해 있어 적의 퇴로를 차단하기에도 용이하였다[245].

한편, 연합군 진영에서는 오스트리아의 프란시스 황제와 러시아의 쿠투소프 장군이 요새를 점령하여 방어하거나 더 후퇴하여 프로이센의 증원 이후 전투를 벌이자고 제안하였다. 하지만 러시아의 알렉산드르 황제는 연합군이 프랑스군보다 병력이 우세하고 프랑스군의 병참선이 신장되어 작전한계점에 거의 다다르고 있다고 판단하여 즉시 공격할 것을 강력히 주장하였다. 결국 연합군은 알렉산드르 황제의 의견대로 즉시 공격할 것을 결정하고 나폴레옹의 부대가 위치한 지역으로 진격한다. 이윽고, 12월 2일 연합군과 마주하게 된 나폴레옹은 프라첸 고지에 주력부대를 숨기고 적이 프라첸 고지를 점령하도록 유인하였다. 이는, 적이 고지 점령 후 나폴레옹이 의도적으로 약하게 배치해 둔 우익부대를 향해 돌격해 내려갈 때 숨겨두었던 주력을 출동시켜 프라첸 고지를 탈환하고 그 기세를 살려 러시아군과 오스트리아군의 중앙을 공격하여 적을 분리 및 각개격파하고자 하였던 것이다. 이러한 나폴레옹의 계획은 또 다시 제대로 실현되어 러시아 및 오스트리아군은 각개격파 되었으며, 수많은 병력들이 얼어붙었던 호수 위를 가로질러 도주하다가 얼음이 깨져 수장되는 참사가 일어났다. 이는 전장의 지형과 기상, 적에 대한 나폴레옹의 면밀한 분석이 있었기에 가능한 일이었다. 또한, 여러모로 불리한 상황에서도 적의 약점을 간파하고 계산된 위험을 감수하면서 과감하게 적을 유인 및 기습했기 때문에 달성될 수 있는 승리였다[246].

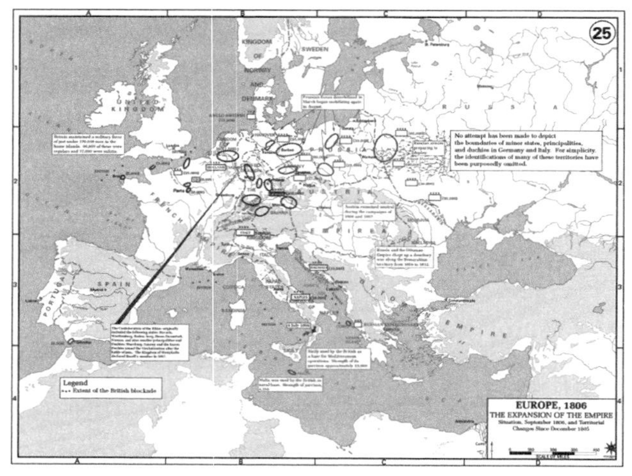

그림 8. 1806년 프랑스군 진출 상황도
출처: 미 육사 전쟁사 지도

이러한 1805년 울름(Ulm)과 아우스터리츠(Austerlitz), 그리고 본 절에서 다루지는 않았지만, 1806년 예나(Jena)와 아우어스태트(Auerstedt) 전역에서의 승리는 나폴레옹이 전략적 목표를 달성하는 데 매우 중요하게 작용한다. 오스트리아와 러시아, 프로이센을 무너뜨린 나폴레옹은 1806년 프로이센의 베를린을 점령하고 그 곳에서 대륙봉쇄령을 선포하여,

1812년 러시아가 이탈함으로써 대륙봉쇄령이 무산될 때까지 영국을 외교적, 경제적 측면에서 효과적으로 봉쇄할 수 있었다. 이는 작전술의 측면에서 볼 때, 나폴레옹이 전략적 목표를 달성하기 위해 전술적 행동을 잘 조직 및 운용한 결과라고 하겠다.

하지만 군사적 천재라 일컬어지는 나폴레옹도 그가 세운 궁극적인 정치적 목표, 즉 유럽 정복의 꿈을 이루지는 못하였다. 클라우제비츠가 밝힌 대로 전쟁은 전장에서의 공포(fear), 육체적 피로(fatigue), 불확실성(fog), 마찰(friction) 등으로 인해 완벽하게 통제할 수 없다[247]. 나폴레옹 또한 무수히 많은 변수들을 다 파악하고 통제하는 데 실패하였기 때문에 그가 설정한 정치적 목표를 달성할 수는 없었던 것이다. 여기에는 전략적 측면에서의 또 다른 교훈이 숨어 있다. 과연, 나폴레옹이 설정한 '유럽 정복'이라는 정치적 목표는 달성가능한 목표(ends)였던 것일까? 만약 나폴레옹이 사용할 수 있는 수단(means)과 방법(ways)이 지닌 위험요소(risks)들로 인해 그 목표를 달성할 수 없는 것이었다면 어떨까? 위험을 제거할 수 있는 방법은 세 가지가 있을 수 있는데 이 중 한 가지 또는 두 가지 이상을 복합적으로 적용할 수 있다. 그 세 가지는, 첫째로 방법을 바꾸거나, 둘째로 수단을 증가시키며, 만약 그래도 안 된다면 마지막으로 목표를 조정하는 것이다. 역사에 '만약'은 없지만, 만약 나폴레옹이 '유럽정복'이라는 목표가 달성하기 어려운 것임을 인식하고 이를 조정하였다면, 조정된 그의 전략은 성공할 수도 있었을 것이다.

3. 미국-멕시코 전쟁: 미국의 제국주의와 전략

▶ 전략적 상황

1776년 7월 4일 독립선언문을 통해 스스로 국민, 영토, 주권을 보유한 독립국가임을 선언한 미 합중국은 훗날 자유 민주주의를 세계에 전파하는 선구자가 된다. 이 모습만 보면 영국은 제국주의를 실현시키기 위해 식민지 국가들을 탄압하는 악역으로, 미국은 이를 물리치고 독립을 쟁취한 주인공으로 비쳐질 수 있다. 하지만 그 이면에는 또 다른 행위자, 바로 미 대륙의 원주민들이 있었다. 콜럼버스가 최초 미 대륙을 발견했을 때 이를 인도로 착각하여 그 원주민들을 '인디언'이라고 부르기 시작하였는데, 그들은 부족 단위로 농경 및 수렵 생활을 하던 민족이었다. 역지사지의 자세로, 인디언들의 입장에서 미 대륙에 식민지를 건설한 영국, 프랑스, 스페인은 단지 제국주의라는 명분을 앞세운 침략자로 받아들였을 것이다. 그리고 그들은 미국인들도 유럽인들과 똑같은 침략자로 받아들였을 것이다. 미국인도 유럽에서 새로운 기회를 찾아 미 대륙으로 건너온 이방인들이었다. 물론, 북미 식민지 땅으로 이주한 유럽인들은 현지 인디언들과 평화적 교류를 통해 상부상조 하는 관계를 형성하기 위해 노력하였다. 그러나 점차 유럽 및 미국인들은 영토를 확장하기 위해, 또는 인디언들이 가진 것들을 빼앗기 위해 그들을 점차 궁지에 내몰았다.

미국은 1776년 영국으로부터의 독립 이후 1810년에서 1812년까지 영국의 재침략을 격퇴해 내고, 1820년대부터 급격한 인구성장을 이루었다[248]. 이는 단순히 출생률의 증가 때문이 아닌, 새로운 땅 미 대륙으로 성공을 향해 건너 온 이민자들이 급격히 늘어났기 때문이었다. 그러면서 이민자들은 점차 미개척지인 북미 서부와 북부로 진출하기 시작하였다. 그 유명한 서부 개척시대가 도래한 것이었다. 그러자 이러한 현실주의적 이해관계와 더불어 이를 정당화시키기 위한 논리가 만들어지기 시작하였다. 기독교를 기반으로 하는 미국은 자신들을 고대 이스라엘과 빗대어 '신이 주신 명백한 운명(Manifest Destiny)'라는 말을 만들어 냈다[249]. 성경에 의하면, 하나님이 고대에 이스라엘 유대 민족에게 현재의 이스라엘-팔레스타인 지역인 가나안 땅을 허락하셔서 아브라함이 젖과 꿀이 흐르는 그 땅에서 살게 되었다[250]. 하지만 유대 민족의 여러가지 죄악들로 인해 그 땅에서 쫓겨나게 되었고 모세와 여호수와 시대에 이르러 이집트에서 노예생활을 하던 유대 민족들을 다시 축복받은 가나안 땅으로 인도하신다[251].

그로부터 약 1400여 년이 지난 후 예수 그리스도가 하나님의 아들로서 세상에 태어나 모든 인간의 죄를 대신해 죽으시며 그의 열두 제자에게 이 세상 모든 족속에게 하나님의 말씀을 전파하라고 명하신다[252]. 미국은 이 상황을 자신들에게 대입하여, 비옥한 북미 대륙의 땅은 하나님이 자신들에게 허락한 땅이며 하나님을 모르는 인디언들에게 복음을 전파할 의무가 자신들에게 운명으로 주어져 있다고 스스로를 합리화 시킨다. 제2장 '이론과 작전술'에서 찰스 틸리(Charles Tilly)가 유럽국가의 국경형성 과정을 설명한 대로, 이는 강제력(coercion)과 자본(capital)을 활용한 미국의 영토 팽창주의였다[253]. 이렇듯, 종교적인 믿음이 왜곡되어 영토를 점차 확장시켜 나가는 데 사용되었다. 그리고 이후 인디언뿐만 아니라 서부의 캘리포니아 지역을 소유하고 있던 멕시코와도 마찰을 빚게 된다.

개인적인 부를 꿈꾸는 민간인들의 서부개척이 활발해지면서 '명백한 운명'이라는 슬로건은 1844년 제임스 포크(James K. Polk)가 미국의 대통령에 당선되면서 정부가 추진하는 범국가적 사업이 되었다. 포크 대통령의 정치적 목표는 명확했다. 신이 부여한 명백한 운명을 따라 미국의 영토를 지속적으로 넓혀 나가는 것이었다. 유럽 제국주의들 조차도 우려를 표명했지만, 미국의 영토 확장 의지를 막을 수는 없었다. 미국인들에게 있어서 현지 인디언들과 멕시코인들은 그저 걸림돌일 뿐이었다. 포크 대통령은 영토확장이라는 정치적 목표를 달성하기 위해 우선적으로 외교적 협상을 중요시하여 사업가들과 함께 인디언과 협상을 했다. 그러나 더 이상 협상이 불가능할 시 미국은 전쟁을 통해 목표를 달성하고자 하였다[254].

멕시코와의 마찰은 인디언과의 마찰에 비하면 훨씬 더 복잡하였다. 미국 정부는 1821년 스페인으로부터 독립한 멕시코가 겪고 있던 어수선한 상황들을 최대한 활용하여, 협상을 통해 당시 멕시코가 소유하고 있던 캘리포니아와 그 주변지역을 저렴하게 사들이려 하였으나, 멕시코는 이를 거절하였다. 이 와중에 텍사스 거주민들이 독립을 선언하고 멕시코와의 전쟁에서 승리하자 미국은 멕시코의 군사력이 약하다는 것을 파악하게 되었다. 이러한 상황 속에서, 캘리포니아 일대에서 미국인들의 활동이 많아지자, 멕시코와 미국 간의 갈등은 점차 깊어졌다[255].

한편, 멕시코의 상황은 위에서 밝힌 대로 혼란스러웠다. 멕시코의 독립운동을 주도한 세력은 크리오요(Criollo)라고 불리는 사람들이었다. 이들은 쉽게 말해서 멕시코 현지에서 태어난 스페인 혈통의 백인이다. 최초 스페인에서 멕시코 식민지 땅으로 이민 온 1세대들은 스페인 정부로부터 본토의 스페인 인들과 동일한 대우를 받았다. 하지만, 시간이 지나면서 멕시코 식민지인들의 인구가 늘어나자 크리오요라 불리는 교포들은 미국 독립전쟁 당시 미 식민지인들이 그러하였듯이, 본토의 스페인인들로부터 정치적, 경제적 차별을 받기 시작한다. 이에 따라 독립을 열망하던 크리오요들은 스페인이 프랑스의 나폴레옹과 동맹하여 1805년 영국을 상대로 벌인 트라팔가 해전에서 패하여 무적함대의 전력이 약해지고, 1807년 나폴레옹이 스페인을 침략하면서 스페인 정부의 국력이 더욱 악화되자, 소규모의 비정규전 부대들을 조직하여 멕시코 현지의 스페인 관료들을 습격하기 시작한다.

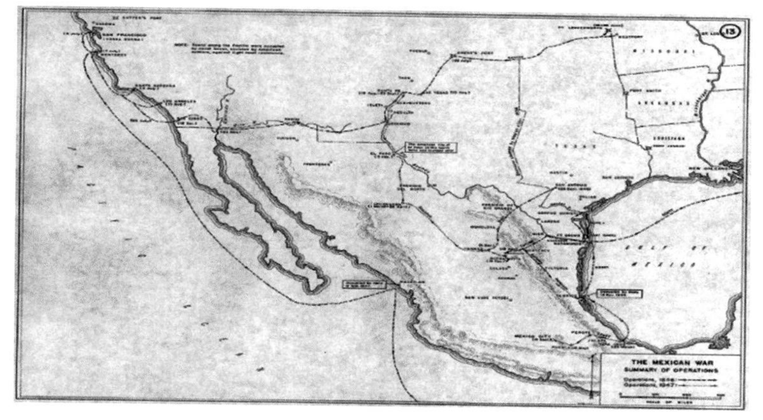

그림 9. 미국-멕시코 전쟁 요도
출처: 미 육사 전쟁사 지도

이러한 과정을 통해 멕시코는 독립을 이루는 데 성공하지만, 크리오요들의 지도 하 비정규전을 지휘하였던 군벌세력, 즉 카우디요(Caudillo)라고 불리우던 세력이 이제는 정권을 장악하기 위해 수차례에 걸쳐 쿠테타를 일으켰다. 이러한 혼란한 상황 속에서 멕시코는 여러 세력으로 분열되어 정상적인 외교 활동 및 군사력 운용은 기대하기 힘든 상황이었다[256]. 멕시코 정부는 국력의 신장을 위해 캘리포니아를 자국의 영토로 유지하는 것이 매우 중요하다고 여겼다. 미국의 팽창을 우려하긴 했으나, 유럽의 강대국들이 미국의 팽창주의를 경계하고 있는 상황 속에서 미국의 외교적 입지와 군사력 수준 등을 고려 시 선불리 멕시코와의 국경을 넘지 않을 것이라고 판단했다[257].

▶ **멕시코시티 전역과 작전술의 적용**

미국과 멕시코 접경지역에서 크고 작은 전투들이 이미 벌어지고 있는 가운데, 멕시코와의 협상이 실패하자 포크 대통령은 본격적인 전쟁을 결심하였다. 먼저 그는 멕시코 원정 사령관을 누구로 정할 것인가를 두고 고민하였는데, 그중 유력한 후보 두명이 바로 자카리 테일러(Zachary Talyor)와 윈필드 스캇(Winfield Scott)이었다. 민주당이었던 포크 대통령은 최초에 같은 당인 테일러를 지휘관으로 하려 하였다. 그러나 테일러가 멕시코와의 전면전에 다소 미온적이었던 반면 스캇은 강력하게 전쟁을 주장하였던 만큼, 휘그당 소속인 스캇을 지휘관으로 임명하게 된다. 하지만 신속하게 전쟁을 개시하기를 원하는 포크 대통령과는 달리, 나폴레옹과 조미니의 사상에 매료되어 전쟁에 있어 과학적 접근을 중요시 여기는 인물이었던 스캇은 오랜시간 동안 작전을 계획하고 준비하고 있었다(당시 미 육군사관학교 출신이라면 흔히 볼 수 있었던 모습이었다).

이에 포크 대통령은 당시 워싱턴에 있던 총사령관 스캇 장군을 멕시코 접경지에서 벌어지는 멕시코군과의 전투들을 승리로 이끌어 가던 테일러 장군으로 교체하려는 생각도 하였다. 국민적 요구도 상당했다. 하지만 포크 대통령은 세 가지 이유로 인해 결국 총사령관을 교체하지 않는다. 첫째, 멕시코군에 대한 연승으로 테일러 장군의 인기가 날로 높아지자 포크 대통령은 다음 대통령 선거에서 그가 대통령 후보로 급부상하지 못하도록 사전에 방지하고자 했다. 둘째, 때마침 테일러가 대통령에게 보고하지 않고 멕시코군과 2개월간의 휴전에 합의하였다는 것을 보고받고 좋은 명분이 생겼다는 생각을 하였다. 셋째, 테일러가 수행하고 있는 접경지역 일대에서의 작전으로는 궁극적으로 멕시코와의 협상을 이끌어 낼 수 없었다는 점이다[258]. 이러한 대통령과 총사령관의 관계는 제3장 '전략과 작전술'에서 살펴본 민군관계 이론들에 대한 적절한 예를 보여 준다. 포크 대통령과 스캇 장군의 이견은 제닌 데이비드슨이 이야기한 대로 정부와 군 간의 일그러진 대화(broken dialogue)였다[259]. 즉, 포크 대통령은 정치적 입장을 중시하여, 자신의 정치적 입지를 강화하기 위해 적은 자원을 투입해서 신속한 승리를 달성하기를 원하지만, 스캇 장군은 군사적 입장을 중시하여, 작전실패의 위험을 없애고 군사작전 자체를 성공하는 데 더 주안을 두고 오랜 시간을 들여 준비하고자 하였던 것이다. 다른 관점으로, 피터 피버(Peter Feaver)의 이론을 적용해 볼 때 스캇이 자신의 의도대로 전쟁을 이끌어 나가기 위해 회피(shirking) 전략의 일환으로 시간끌기(foot-dragging) 전략을 사용했다고 해석할 수 있다. 테일러 장군도 마찬가지이다. 자신에 대한 국민의 지지가 높아지고 있음에도 대통령이 스캇 장군을 총 사령관으로 임명한 것에 대한 불만으로, 대통령에게 보고도 없이 적과 휴전을 맺은 것은 회피(shirking) 전략 중 불복종(disobedience) 전략을 쓴 것으로도 해석할 수 있다[260].

이러한 상황 속에서도 스캇은 포크 대통령의 궁극적인 정치적 목표를 명확히 이해했고 이를 달성할 수 있는 군사력 운용방법을 서서히 구상해 나갔다. 즉, 그는 캘리포니아와 그 주변 영토를 멕시코로부터 획득하는 것이 가장 중요한 목표라는 것을 알았으며, 군사력의 운용은 멕시코가 미국이 원하는 대로 그 땅을 저렴한 가격에 팔도록 강요하는 수준까지만 제한적으로 운용하면 된다고 판단하였다. 이를 위해 그는 두 개의 작전선을 구상하는데, 이는 훗날 맥아더 장군이 6.25 전쟁에서 실시한 인천상륙작전의 형태와 일정부분 유사했다. 테일러 장군이 지상에서 북에서 남으로 멕시코군을 압박해 들어오는 동안 스캇 장군은 주력을 이끌고 해상으로 기동, 베라크루즈 일대에 상륙 후 동에서 서쪽 방향으로 진격하여 테일러 장군의 부대와 연결, 멕시코 시티를 점령하는 것이었다. 이 즈음에 스캇은 테일러 부대가 멕시코군과 그 일대의 민간인들을 약탈하는 등 비인도주의적 행위들을 하고 있음을 보고 받고, 이대로는 작전을 성공시키기 힘들다고 판단한다. 그리하여 일선 지휘관들에게 군기를 엄정히 다스릴 것을 지시하는 한편, 계엄법을 제정하여 민간인들에게 음식과 피복을 구할 때에는 반드시 비용을 지불하도록 명하였다. 이는 비록 전쟁을 하고 있는 적국이지만 국경을 마주하고 있는 멕시코인들로부터 증오심을 불러일으킬 경우 향후에 또 다른 문제들이 불거질 수 있다는 판단 때문이었다. 스캇장군은 단기적으로 멕시코시티 원정 간 보급품의 현지조달 및 정보획득에 대한 어려움으로부터, 장기적으로 향후 또 다른 전쟁의 불씨 제공에 이르기까지 향후 일어날 수 있는 문제들을 사전에 방지하고자 했던 것이다. 이는 클라우제비츠가 제시한 전쟁의 삼위일체 중 국민의 '열정(passion)'이 전쟁에 미치는 영향을 고려 시, 그리고 국경을 마주한 나라인 현 미국과 멕시코의 관계 측면에서 볼때 적절한 조치였다고 볼 수 있다[261].

스캇은 작전을 수행함에 있어서 자신 스스로의 능력에만 의존하지 않고 유능한 참모들의 의견을 잘 경청했다. 특히, 공병장교 및 미 육사(West

Point)를 졸업한 장교가 공병분야에 대한 기본적인 지식이 많았기 때문에 이러한 장교들에 대한 의존도가 높았다. 공병장교들을 활용하여 베라크루즈에 상륙을 위한 장비들을 견고하게 제작하였으며 이로 인해 상륙작전이 원활히 이루어질 수 있었다[262]. 또한 그는 미 육사에서 강조하던 대로 조미니의 사상에 깊이 물들어 있었으며, 이에 따라 결정적 지점을 선정하여 이를 조치해 나감으로써 피해를 최소화하되, 항시 병참선을 유지시켜 작전한계점에 도달하지 않도록 유지시키는 데 전력을 다했다[263]. 상륙 후에는 베라크루즈 지역을 병참선 유지를 위한 군수기지로 활용하여 멕시코의 수도인 멕시코 시티로 진격하였으며, 지나는 곳마다 주민들의 피해를 최소화함과 동시에 멕시코군 및 정부와 지속적으로 협상을 시도하였다[264]. 즉, 정치적 목표가 적을 격멸시키는 것이 아니라 영토를 획득하는 것임을 분명히 인식하였기에 그는 군사력의 사용을 최소화하고자 지속 노력했던 것이다. 뿐만 아니라, 적을 내부에서 붕괴시키고 조속히 협상 테이블로 나오도록 하기 위해 만나는 주민들에게 부패한 멕시코 정부의 실태를 전파하는 등 정보작전, 특히 군사정보지원작전(MISO: Military Information Support Operation) 개념을 적용하였다. 이러한 스캇의 노력에 멕시코 시티에 포위되어 있던 적은 결국 항복하게 되고, 미국은 자신들의 의도대로 지금의 캘리포니아, 유타, 네바다, 뉴 멕시코, 애리조나 일대를 1,500만 달러의 헐값에 사들이게 된다. 이 전쟁에는 스캇 장군 자신뿐만 아니라, 로버트 리(Robert E. Lee), 율리시스 그랜트(Ulysses S. Grant) 등 약 15년 후 미 남북전쟁에서 활약하게 되는 명장들이 참전하여 그 경험을 쌓았다는 데 또 다른 의의가 있다[265].

한편, 멕시코의 사정은 훨씬 어려웠다. 여러 당파와 군벌세력의 분열로 국론을 결집시키기가 매우 어려웠으며, 이러한 상황에서 1821년 당시 대통령이었던 산타아나는 텍사스가 독립을 선언하자 이를 토벌하기 위해 직접 군대를 이끌고 원정에 나선다. 그는 샌 안토니오에 위치한 알라모에서 대승을 거두지만 산하신토 전투에서 대패하여 텍사스 민병대에 포로로 잡혀 있다가 겨우 풀려나게 된다. 자신이 포로로 잡히자 자신을 퇴위시키고 국가를 통치하던 세력들을 다시 몰아내고 다시 한 번 대통령에 취임한 산타아나는 미국과의 전쟁 시에도 총 사령관으로서 직접 참전한다. 산타아나의 정치적 목표 또한 명확하였다. 미국에게 영토를 절대 빼앗기면 안 된다는 것이다. 하지만 그는 대통령으로서 군사력 이외의 다른 요소를 활용하는 데에 미흡하였으며, 군사력 운용 측면에서도 정치적 목표 달성을 위해 군사력을 어떻게 준비하고 사용해야 하는지 명확하게 자신의 관점을 정립하지 못했다. 텍사스 민병대를 토벌하러 갈 때에도 무조건 적을 섬멸하려고만 하였으며, 이는 미국과의 전쟁에서도 마찬가지였다. 비록 산타아나는 실전경험이 많은 지휘관이었지만, 미군의 주력을 북부에서 진격해 오는 테일러의 부대로 오인하였고, 베라크루즈 상륙을 제대로 예측하지 못하여 하루만에 상륙을 허용하였다[266]. 미군의 상륙 이후에는 주요 요새를 거점으로 하여 결정적 작전을 구상하였지만 번번히 스캇의 포위 공격에 격퇴되었고, 일부 반격의 기회를 얻었지만 위험을 감수해야 한다는 부담 때문에 적시에 결심을 내리지 못하여 호기를 상실하였다[267]. 당시 멕시코군은 세력다툼으로 인해 장교들의 질적 수준이 매우 낮았으며, 병사들의 훈련 수준 또한 상당히 저조하여 부하들의 작전 수행능력을 믿고 과감한 결단을 내리기가 더욱 어려웠다[268]. 또한, 산타아나는 앞서 언급한 스캇의 군사정보지원작전에 전혀 대응하지 못하여 국민들의 신뢰를 점차 잃어가게 되었으며, 결국 군사적으로 압박하면서 지속적으로 협상을 요구하던 스캇 장군에게 항복하게 된다[269].

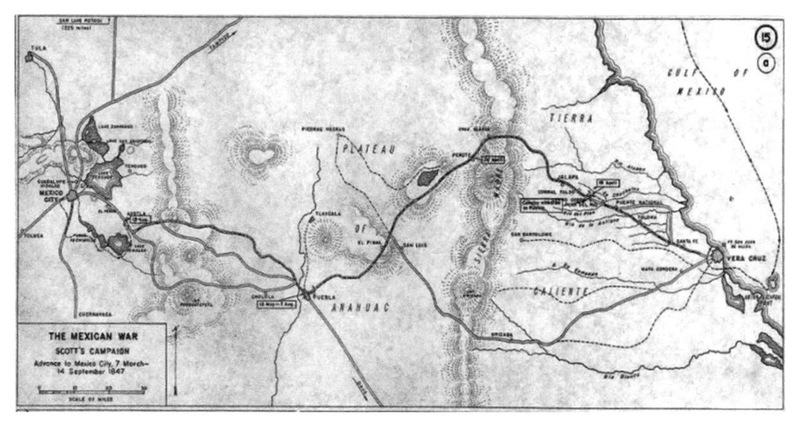

그림 10. 스캇 장군의 멕시코 시티 원정

출처: 미 육사 전쟁사 지도

물론, 스캇 장군이 모든 것을 잘 조치했고 산타아나 장군은 모든 것을 실패했기 때문에 전쟁의 결과가 극명하게 미국의 승리로 끝나게 된 것은 아니다. 하지만 본 절에서 두 장군을 비교하면서 스캇 장군의 긍정적 측면과 산타아나 장군의 부정적 측면을 강조한 것은 독자들에게 작전술 측면에서 전쟁을 바라보도록 유도하기 위함이다. 정치적 목적 달성하는 데 있어 두 장군이 전쟁, 혹은 군사력의 사용을 어떻게 바라보았으며, 또 어떠한 부분들에 주안을 두고 군사력을 운용하였는지를 생각해보는 것이 필요하기 때문이다. 정치지도자와 전략가들의 지침을 받아 그 목표를 달성하기 위해 전술활동을 조직 및 운용하는 작전술가들은, 스캇이 그러하였듯이, 먼저 군사력이 다른 국력의 제요소인 외교, 정보, 경제력들과 어떠한 관계 속에 있으며, 그 속에서 군사력은 어느 정도 수준에서 운용되어야 정치적 목표 달성이 가능한지를 판단할 수 있어야 한다. 다음으로 그 목표를 이루기 위해 군사적 측면에서 단순히 적 부대의 격멸이 아닌, 우리가 달성해야 할 최종상태인 적의 상태, 아군의 상태, 지형의 상태를 명확히 설정할 수 있어야 한다. 이를 기초로 복합체계분석적 접근을 통해 어떠한 조건들이 충족되고 조치되어야 하는지를 잘 판단하여 최종상태에 이르는 작전선을 창출해 낼 수 있어야 한다. 마지막으로, 스캇 장군이 멕시코인들을 다루었던 방식에서 엿볼 수 있듯이, 군사작전의 승리에 더하여 향후 국가의 이익을 저해할 만한 의도치 않은 결과를 불러일으킬 요소가 없는지를 면밀히 따지는 것도 바로 작전술가의 역할이라 생각된다.

4. 미국 남북전쟁: 정치적 대립과 전쟁

▶ 전략적 상황

1848년 미국이 멕시코와의 전쟁에서 큰 승리를 거둔 뒤 미 본토의 국경선은 현재와 같은 모습을 띠게 되었다. 새로운 주(州)들이 미 연방 정부에 편입됨에 따라 미국은 이를 통합하는 과정에서 혼란을 겪게 되었다. 각 주의 지방 정부는 각자의 이익에 따라 연방 정부의 통제를 따르기도, 상황에 따라서 무시하기도 하였으며, 각 주 구성원들의 사회적 배경에 따라 문화적 차이가 발생하기도 하였다. 또한 농업, 공업 등 경제적 기반이 서로 달라 이로 인한 갈등도 심각해지고 있었다. 정치적인 측면에서도 이러한 갈등과 반목을 해결할 만한 강력한 지도자가 부재하였기에, 분쟁의 가능성은 점차 깊어져 갔다. 이러한 갈등의 양상은 지리적으로 볼 때 크게 남부와 북부로 나뉘는 모습을 띄었다[270].

남부와 북부의 갈등 요인 중 가장 중요한 부분은 경제적 기반의 차이였다. 영국으로부터 독립 이후 19세기에 들어서면서 미 연방 정부는 산업화를 추진하였는데, 이는 주로 북부 지방에서 이루어졌다. 이에 따라 미 북부 지방은 많은 공장들이 설립되어 제조업을 중심으로 하는 공업이 성행하였으나, 남부 지방은 목화 생산을 중심으로 하는 농업이 성행하였다. 산업과 농업으로 대비되는 격차는 1861년 남북전쟁이 발발할 때까지 점차 커지게 되어 또 다른 문제들을 야기하는 원인이 되었다. 1800년과 1860년에 북부와 남부의 제조업 종사자를 비교해 보면, 북부가 69%에서 84%로 증가한 반면, 남부는 31%에서 16%로 감소하였다[271]. 연방 정부가 공업화를 추진함에도 불구하고 남부에서의 농업화가 활발히 유지된 것은 바로 목화산업 때문이었다. 유럽에서의 초기 산업혁명은 섬유산업을 중심으로 이루어졌는데, 남부는 섬유산업의 주 원료인 목화를 재배하기에 최적의 기후와 토양을 가지고 있었다. 그렇기 때문에 토지의 소유주들은 목화 재배를 통해 부를 더욱 축적하기를 원했던 것이다. 하지만 목화의 대량 생산을 위해서는 엄청난 인력이 필요하였고, 이는 남부 권력자들에게 흑인 노예제를 존속해야 하는 이유로 작용하였다. 한편, 북부 또한 공장들을 가동시키기 위해 많은 인력들이 필요하였다. 북부는 미국이 건국된 이후 많은 주들이 노예제도를 폐지하여 노예들이 자유민이 되었기 때문에, 이들을 값 싼 노동력으로 활용할 수 있었다. 그럼에도, 여전히 노동력이 턱없이 부족했기 때문에 그들은 노예제도를 유지하고 있는 남부의 주들까지 노예제도를 폐지해야 한다고 목소리를 높였다. 그래야 해방된 흑인들이 북부로 건너와 적은 임금만 받고도 공장에서 일할 수 있기 때문이었다. 당연히 남부에서는 크게 반발하였다. 1776년 미국이 독립하던 해부터 이미 노예제도는 그 폐지와 존속을 두고 미국 내 정치가들과 부자들 사이에서 격론을 불러일으켰다. 이러한 논쟁은 남부와 북부의 경제적 기반의 차이로 인해 더욱 더 심각해졌던 것이다[272].

남북 간의 경제적 갈등은 정치적 갈등으로 이어졌다. 기존에 정치적으로 강세를 보이던 민주당은 노예제 폐지와 존속에 대한 이견으로 인해 소속 의원들의 갈등이 심화되면서 세력이 크게 약화되었다. 한편, 링컨이 소속되었던 공화당은 신생 정당으로서 노예제도 폐지를 찬성하는 당론을 주장하였다. 물론 공화당 내에서도 노예제도의 존속을 찬성하는 세력도 있었고, 링컨과 같이 폐지를 찬성하기는 하지만 신중한 입장을 유지하는 세력도 있었다. 하지만 공식적인 당론 자체가 노예제도 폐지 찬성이었기 때문에 북부에서 많은 지지자들을 확보할 수 있었다. 당시 북부에서 활발하게 이루어지던 공업화로 인해 이민자가 크게 늘었기 때문에 노예제도 폐지의 당론은 공화당에게 유리하게 작용하였다. 이는 1860년 대통령 선거에 큰 영향을 끼쳤다. 당시 가장 큰 인기를 누리던 민주당 소속 일리노이 주의 상원의원 스테픈 더글러스(Stephen Douglas)는 민주당의 분열로 인해 지지율이 크게 하락하였으며, 반대로 공화당의 대통령 후보로 선출된 애이브러햄 링컨(Abraham Lincoln)은 북부에서 압도적인 지지를 받게 되었다. 결국 링컨이 미국의 제16대 대통령에 당선되었으며, 이는 남부의 큰 반발과 함께 분리주의 운동을 촉발하였다[273].

링컨 또한 이를 확실히 인지하고 있었다. 그는 남부의 반발을 줄이고 궁극적으로 그들의 연방 이탈을 막고자, 취임사를 통해 그가 노예제를 유지하고 있는 모든 주에 노예제도에 대한 직간접적 간섭을 할 의도가 없다는 점을 밝혔다[274]. 하지만, 위기는 사그러들지 않았으며, 결국 1860년이 채 지나가기도 전에 사우스캐롤라이나 주가 연방으로부터 탈퇴를 결정하게 된다. 당시 사우스캐롤라이나 주의 찰스턴 항구 인근에는 연방 정부의 군이 주둔하는 몰트리 요새(Fort Moultree)와 섬터 요새(Fort Sumter)가 있었는데, 사우스캐롤라이나 정부는 탈퇴 선언 이전부터 이 요새들을 포위하기 시작하였으며, 탈퇴 선언 이후에는 이들 요새에 주둔 중인 연방 정부 군 병력들의 철수를 요구하였다. 북부는 이를 거부하였으며, 오히려 병력을 모두 섬터 요새로 이동시켜 병력을 집중시키고 방어력을 강화하였다. 이와 동시에 남부의 7개 주(알라바마, 플로리다, 조지아, 루이지애나, 미시시피, 사우스캐롤라이나, 텍사스)는 제퍼슨 데이비스를 중심으로 남부 연합 정부(Confederacy)를 구성하고 미 연방 정부로부터 탈퇴와 독립을 인정받기 위해 링컨과의 협상을 시도하였다. 링컨은 이를 거절하였고, 연방 정부가 섬터 요새에 식량을 포함한 보급품을 지원하려 시도하자 결국 남부군은 섬터 요새를 포격하기 시작한다. 이것이 바로 남북전쟁의 시작이었던 것이다. 이후 노예제도 찬성주이지만 중립을 유지하던 7개 주 중 4개 주(알칸소, 노스캐롤라이나, 테네시, 버지니아)가 추가로 남부 연합에 가담하면서 전쟁의 규모는 더욱 커지게 되었다[275].

이 전쟁에서 링컨의 정치적 목적은 분명했다. 바로 남부연합의 미합중국 연방 탈퇴를 저지하는 것이었다. 이러한 정치적 목적 때문에 노예제도 폐지를 찬성하던 링컨이 취임사를 통해 노예제도를 찬성하는 주들의 노예제도 존속에 대해 간섭하지 않겠다는 정치적 메시지를 보냈던 것이다. 링컨은 연방을 현재대로 유지할 수만 있다면 노예제도를 존속시킬 의향도 있었다. 하지만, 그 모든 것이 물거품이 되고 남부의 연방 탈퇴 선언으로 전쟁이 불가피해지자, 그는 전쟁이라는 수단을 통해 정치적 목적을 달성하고자 했던 것이다. 그는 결국 1863년 1월 1일에 노예해방을 선언함으로써 남부군의 세력을 크게 약화시키는 등 연방 유지라는 정치적 목적을 달성하기 위해 다시 한 번 입장을 번복한다[276]. 또한, 앞선 제3장, '전략과 작전술'에서 살펴본 대로 전쟁법 제정 및 적용을 통해 북부군의 전쟁수행에 정당성을 부여하는 한편 남부군의 정당성을 약화시켜 전쟁을 정치적으로 유리하게 이끌어 나간다[277]. 한편, 남부 연합의 대통령이 된 데이비스의 정치적 목적도 분명했다. 남부연합을 미 합중국 연방으로부터 탈퇴시키고 노예제도를 존속시키는 것이었다. 그 또한 링컨처럼 연성 권력을 통해 협상으로 문제를 해결하고자 하였으나, 이 같은 전략이 무산되자 경성 권력을 통해 전쟁으로 정치적 목표를 달성하려 하였던 것이다[278].

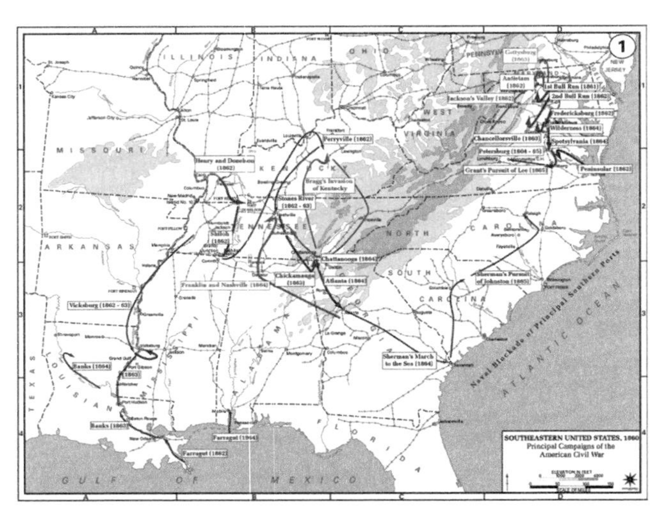

그림 11. 미국 남북전쟁 당시 주요 전투 지역

출처: 미 육사 전쟁사 지도

▶ 빅스버그 전투와 작전술

미국 남북전쟁에서 북군의 수장을 맡은 사람은 바로 미국-멕시코 전쟁의 영웅인 윈필드 스캇(Winfield Scott) 장군이었다. 미국-멕시코 전쟁 당시 포크 대통령의 정치적 목적 달성을 위해 군사력을 운용하면서 많은 정치적 장벽에 부딪혔던 스캇 장군의 상황은 이번 남북전쟁에서도 유사했다. 당시 정치권에서는 남부군을 오합지졸로 판단하여 북군이 공격을 개시하기만 하면 단기간 내에 손쉽게 승리를 거머쥘 수 있을 것으로 판단하였고, 언론은 국민들의 요구를 대변하여 남부군에 대한 공격을 종용하는 기사들을 연일 계속해서 쏟아내었다. 하지만 스캇의 생각은 달랐다. 그는 남부군의 장교들 중 상당 수가 자신과 함께 미국-멕시코 전쟁에 참전했던 베테랑들인데다 미 육사의 정규 군사교육을 받았다는 점, 병사들의 사기가 높다는 점 등을 들어 장기전을 염두에 두고 있었다. 이에 따라 그는 남부연합의 해양 교역로와 미시시피강 교역로를 차단함으로써 남부군의 항복을 받아 내고자 하는 '아나콘다 작전'을 계획하였다. 이러한 작전 수행을 위해 그는 해군 증강에 전력을 다하여 1860년 당시 42척이던 주력함선이 1862년에는 282척의 증기함과 102척의 범선으로 증강되는 성과를 달성하였다. 또한 육군 차원에서는 동부전선의 동북 버지니아군 사령관에 버지니아 고향 후배인 로버트 리(Robert E. Lee) 장군을 임명하고자 하였으나, 리 장군은 자신의 고향이 버지니아였기 때문에 전쟁이 일어나면 고향을 상대로 전쟁을 치러야 한다는 생각 때문에 이를 수락하지 못하였다. 리 장군은 결국 남부군에 가담하게 되며, 북군의 사령관은 야전 지휘관 경험이 전무한 어빈 맥도웰(Irvin McDowell) 장군으로 임명된다[279].

하지만 경험이 부족한 맥도웰 장군은 1861년 7월 21일 하루동안 벌어진 불런 전투에서 남부군에게 대패하게 되면서 경질되었으며, 동북 버지니아군은 명칭을 포토맥군(Army of the Potomac)으로 하여 새로이 창설되고 그 사령관에 조지 매클렐런(George B. McClellan)이 임명되었다. 그는 배경이 좋고 미 육사를 2등으로 졸업한 수재였으며, 남북전쟁 이전에는 철도사 사장을 역임했던 공병장교 출신 사업가였다. 조직관리에 능하고 정치적 수완이 뛰어났던 그는 정치가들과 원만한 관계를 유지하며 많은 지원을 받아 포토맥군을 단기간에 재건하는 데 성공한다. 그러나 야전 지휘관으로서 그는 지나치게 신중하여 스캇의 의도와 다르게 승기를 놓치는 일이 수차례 발생하게 된다. 따라서 이 두 사람 사이에 마찰이 지속되지만 정치가들은 맥클렐런의 편이었고, 결국 맥클렐런이 스캇을 대신하여 미합중국 총사령관에 임명되게 된다. 하지만 맥클렐런은 그 신중한 성격 탓에 동부전선에서의 승기를 계속 놓치기 일쑤였으며 결국 링컨 대통령에 의해 다시 포토맥군 사령관으로 강등된다[280].

한편, 서부전선은 소규모 전선에서 북군이 연일 승리를 거두고 있었다. 그중 율리시스 그랜트(Ulysses S. Grant) 장군은 강한 추진력과 공격적 성향으로 자신의 상관인 미주리 지역 사령관 헨리 할렉(Henry W. Halleck) 소장에게 공세적 작전들을 지속 건의하여 조금씩 남부군의 영역을 점령해 나가고 있었다. 헨리 요새(Fort Henry), 도넬슨 요새(Fort Donellson) 등지를 공격하여 연승을 거둔 그랜트 장군은 얼마 지나지 않아 남부군의 반격에 직면하게 되었다. 이를 타개하기 위해 그랜트 장군은 서부전선 사령관으로 영전한 할렉 장군에게 남부군이 미시시피강을 통제하기 위해 점령한 빅스버그 요새를 공격할 것을 건의하고 이를 실행에 옮긴다. 이 빅스버그 전투에서 그랜트 장군의 작전술은 그 빛을 발하게 된다[281].

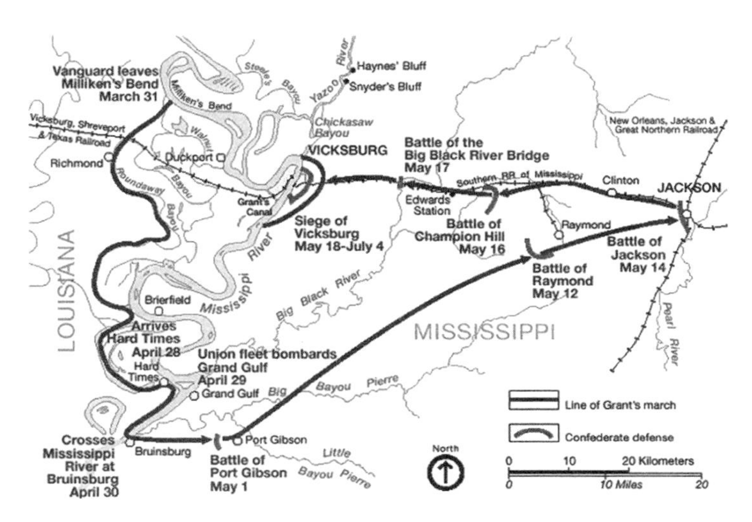

그림 12. 빅스버그 전역 당시 북군의 기동
출처: 미 육사 전쟁사 지도

먼저, 그랜트는 링컨의 정치적 목적을 명확하게 이해하고 있었다[282]. 그는 이 전쟁을 수행함에 있어 무엇보다도 가장 중요한 것은 남부군의 항복을 받아 내는 것임을 알고 있었으며, 당시 전황상 동부전선에서 남부군이 우세에 있었기 때문에 서부전선에서만큼은 북군이 전황을 유리하게 전개해야 함을 알고 있었다. 또한 전략적 측면에서, 발달된 공업 덕분에 작전지속지원의 유지가 비교적 원활했던 북군과 달리 남부군은 작전지속지원이 점점 열악해져 가고 있다는 점을 간파하고 있었다. 따라서 남부군의 주 수상 보급로인 미시시피강을 북군이 통제한다면 남군의 전투력은 급감하게 될 것이라는 점을 이해하고 있었다. 따라서 남부군이 자신들의 미시시피강 보급로를 개방해 놓기 위해 점령한 빅스버그 요새를 탈취하는 것이 그랜트 장군에게는 매우 중요한 과업이었다[283]. 하지만, 이에 대해 할

렉 장군은 물론 링컨 대통령조차도 의문을 표명했다. 이는 빅스버그가 주변을 감제하는 고지에 위치한데다 남부군의 철저한 요새화로 인해 이를 탈취하기란 매우 어려워 보였으며, 미시시피강을 도하해야 한다는 점은 이를 더욱 어렵게 만드는 요인으로 여겨졌다. 하지만 손자가 "장수가 유능하고 군주가 개입하지 않으면 승리한다(장능이 군불어자 승: 張能而 君不御者 勝)"고 했듯이, 그들은 그랜트의 능력을 믿고 빅스버그 점령작전을 맡겼다[284].

그는 할렉 장군으로부터 해군 지원까지 받게 되었다. 바로 데이비드 포터(David D. Porter) 해군제독이 이끄는 미시시피강 함대였다. 1862년 11월 26일에 이르러 그랜트는 포터 제독의 지원하 최초 공세를 시작하였으나 실패하였고, 그 이후에 12월부터 4월까지 총 다섯 차례에 걸쳐 빅스버그 주변의 늪지대에 대한 극복작전을 감행한다[285]. 하지만, 육군과 해군의 합동작전에도 불구하고 모든 늪지대 극복작전이 실패로 돌아갔다. 훗날 그랜트 장군은 자신의 회고록을 통해 이 다섯 차례의 늪지대 극복작전이 실제 늪지대 극복이라는 작전목적뿐만 아니라 부하들의 전투의지를 유지시키고 군기를 확립하기 위함이었다고 밝힌 바 있다[286]. 하지만 이러한 실패는 링컨 대통령과 할렉 장군의 신뢰를 점차 갉아먹고 있었기에 그랜트는 하루 속히 빅스버그를 점령할 다른 방법을 찾아야 했다. 미 육사에서 조미니의 이론과 나폴레옹 전쟁사를 심도 깊게 연구했던 그랜트는 빅스버그를 우회하기로 결정하고, 이를 점령하기 위한 결정적 지점들을 판단하여 작전선을 구상하였다.

그 결과 그는 부대를 남쪽으로 진격시켜 그랜드 걸프(Grand Gulf)를 통해 미시시피강을 도하하고, 도하 이후에도 동쪽으로 우회하여 빅스버그를 공략한다는 계획을 수립하였다. 또한 그는 나폴레옹이 그러하였듯이 적의 병참선을 차단하면서도 아군의 병참선을 확보 및 유지하기 위하여 노력하였다. 미시시피강을 도하하여 적진에 들어간 이후에도 작전지속지원 대책을 철저히 구상하였는데, 보급품을 실어나를 수 있는 마차의 수와 필요한 보급품의 양을 계산하되, 장교들의 개인 소장품을 최소화하고 작전수행에 필수적인 보급품과 비상 물품만을 수송토록 하였다. 또한 빅스버그를 공격하면서도 북쪽에서의 병참선을 개방하기 위해 신더 절벽(Synder's Bluff) 일대를 점령하여 주요 도로를 확보하는 등의 노력을 병행하였다[287].

또한 리더십 측면에서도 그는 부하들의 특성을 잘 파악하고 그들의 장점을 극대화시킬 수 있도록 지휘하였다. 그랜트는 당시 13, 15, 17군단을 거느리고 있었다. 각각의 지휘관은 13군단의 맥클레난드(McClenand), 15군단의 셔먼(Sherman), 17군단의 맥퍼슨(McPherson)이었으며 그들의 특성은 매우 달랐다. 13군단의 맥클레난드는 상당히 정치적이어서 그랜트와 다소 마찰을 빚기도 하였지만 공적을 세우기 위해서라면 위험도 마다 않는 용맹함을 지니고 있었다. 15군단의 셔먼은 그랜트가 가장 신뢰하는 장군으로서 충성심이 강하고 전술적으로 뛰어났다. 마지막으로 17군단의 맥퍼슨은 실전 경험이 가장 적으나 세 군단장 중 가장 젊고 머리가 비상한 장군이었다. 따라서 그랜트는 미시시피강을 도하하기 위한 작전에서 가장 용맹한 13군단장을 선두에 두고 경험이 적은 17군단을 기습에 안전하도록 중앙에 두었으며, 가장 신뢰하는 15군단장을 후미에 두고 독립임무를 부여하며 동시에 결정적 작전에 운용될 수 있도록 대비시켰다. 이러한 노력들을 통해 빅스버그에 도달할 때까지 결정적 작전을 위한 전투력을 유지시킬 수 있었던 것이다[288].

이에 더하여 그랜트는 자신의 작전계획에 융통성을 충분히 확보함으로써 작전실시간 상황 변화에 따라 유연하게 대처하였다. 전술하였듯이, 그는 최초 11월 공세부터 다섯 차례의 늪지대 극복작전에 이르기까지 실패를 거듭하였으나, 이러한 실패를 교훈삼아 더욱 성공 가능성이 높은 계획을 수립할 수 있게 되었다. 또한, 대우회기동을 통한 빅스버그 점령 작전 간에는 미시시피 도하지점의 선정으로부터 도하 이후 기동로 선정, 남부군이 빅스버그를 지원할 수 있는 주요 거점 도시인 잭슨에 대한 공격 등이 모든 주요 결정들이 작전 실시간 상황변화를 철저히 고려하여 이루어졌다는 점에서 그랜트가 복잡한 작전환경에 유연하게 잘 대처하였음을 알 수 있다.

이렇듯, 그랜트 장군은 전쟁의 종결조건, 최종상태, 중심, 결정적 목표, 작전선, 작전범위, 작전한계점 등 작전구상의 제반요소들을 철저히 구상하였다[289]. 또한 손자가 "적을 알고 나를 알면 승리는 위태롭지 않으며, 하늘을 알고 땅을 알면 승리는 비로소 완전해진다(지피지기 승내불태, 지천지지 승내가전: 知彼知己 勝乃不殆, 知天知地 勝乃可全)"라고 강조했듯이 그는 미시시피강 일대의 지형과 기상, 적 상황 및 아 행동에 대한 적 대응 등을 면밀히 파악하여 대처하였다[290]. 뿐만 아니라 그는 예하 군단장들의 특성을 잘 파악한 가운데 그들의 장점을 극대화시켜 조직의 목표 달성에 기여할 수 있도록 하는 리더십을 보여 주었다[291]. 이에 더하여, 그는 민츠버그가 제시한 대로 의도된 전략(intended strategy)과 숙고된 전략(deliberate strategy) 을 기초로 하되, 작전 실시간 상황의 변화에 따라 창발적 전략(emergent strategy)을 활용하여 자신의 전략을 조정함으로써 실현된 전략(realized strategy)을 구사할 줄 아는 장군이었다[292]. 이러한 그랜트 장군의 면모가 작전술을 연구하는 독자들에게 시사하는 바가 크다고 생각된다.

5. 보불 전쟁: 국가의 부흥을 위한 전쟁

▶ 전략적 상황

1866년 미 남북전쟁에서 북부연맹이 남부연합을 제압하고 다시금 통일된 미합중국을 이루던 시기에 유럽에서도 큰 변화가 일어나고 있었다. 이 변화는 바로 프로이센의 팽창으로부터 시작된 것으로, 유럽의 세력균형과 질서를 뒤흔드는 계기가 되었다. 1866년 이전까지만 해도 프로이센은 유럽대륙에서 강대국의 지위에 있지 못하였다[293]. 오히려 프랑스, 오스트리아, 러시아 3강에 둘러싸여 자신의 목소리를 제대로 내지 못하던 상황이었다. 물론, 18세기 중반 프리드리히 대왕 시절에 잠시 유럽대륙의 패권에 가까워지긴 했으나, 이마저 예나 전역과 아우어스테트 전역에서 나폴레옹이 이끄는 프랑스에 대패하면서 그 기세는 꺾이고 말았다. 프로이센은 당시 독일 연방 국가들사이에서는 가장 많은 영토를 가지고 있었으나 여전히 2인자에 머물러 있었다. 1806년 신성로마제국이 해체되었음에도 불구하고 오스트리아는 여전히 게르만 민족 중 가장 강대국으로 남아 있었다[294].

하지만 프로이센은 그 지정학적 위치로 인해 현상유지만을 고수할 수는 없는 입장이었다. 프랑스, 오스트리아, 러시아 등으로부터 언제 발생할지 모를 위협에 대비하기 위해 프로이센은 군사력을 끊임없이 강화하였다. 그러던 중, 프로이센과 오스트리아는 게르만 민족 사이에서 자연스럽게 경쟁구도로 가게 되었고, 서로가 자기 중심으로 독일을 통일하고자 함으로써 그 경쟁은 심화되었다. 당시 두 국가 모두 통일정책에 대한 국가 내 다양한 의견들이 있었지만, 일반적으로 볼 때 오스트리아는 게르만 민족 전체를 통일하고자 하는 '대독일(Grossdeutschland)' 정책을 추진한 반면, 프로이센은 오스트리아를 제외한 독일 즉, '소독일(Kleindeutschland)'을 꿈꾸고 있었다[295].

이러한 상황에서 1849년 덴마크가 독일 연방 소속의 공국인 슐레스빅과 홀슈타인의 영유권을 주장하며 덴마크 왕국에 합병하려 한다. 이를 저지하기 위하여 프로이센과 오스트리아는 힘을 합쳐 덴마크의 합병 시도를 무마시켰다. 1864년 덴마크는 다시 한 번 합병을 시도하였고, 이때 프로이센과 오스트리아는 다시 한 번 힘을 합쳐 덴마크에 승리를 쟁취한다[296]. 이 전쟁이 프로이센에게 큰 의미가 있던 것은 단지 전쟁에서 승리했기 때문이 아니라 헬무트 폰 몰트케(Helmuth von Moltke)라는 걸출한 장군이 등장했기 때문이었다. 그는 나폴레옹 전쟁 패배, 덴마크와의 전쟁, 보오전쟁 등에 대한 교훈을 분석하여 유능한 참모장교들을 길러내는 일반참모제도(Großer Generalstab: Great General Staff)의 기틀을 닦고 이를 활용하여 임무형 지휘(Auftragstaktik: Mission command)를 정착시켰으며, 훗날 전격전(Bewegungskrieg 또는 Blitzkrieg)이라 칭하게 되는 독일군 특유의 기동전 개념을 발전시킨다[297].

1866년이 되자, 프로이센의 철혈재상 비스마르크(Otto von Bismarck)는 오스트리아와의 갈등이 깊어져 조만간 전쟁이 일어날 수밖에 없음을 느낀다[298]. 프로이센 중심의 소독일 통일을 위해서는 반드시 오스트리아를 굴복시켜야 했다. 하지만, 더 큰 문제는 프로이센과 프랑스 또한 각국의 팽창주의로 인해 오랜 갈등을 겪고 있었기에 자칫 잘못하면 양면전쟁에 직면할 수도 있다는 것이었다. 또한 프로이센 중심의 독일 통일을 유럽 강대국들에게 인정받는 데 있어 프랑스가 가장 걸림돌이었던 만큼 프랑스와 전쟁은 피할 수 없을 것이라는 점이 비스마르크에게는 해결해야 할 문제였다. 이에 비스마르크는 먼저 오스트리아와의 전쟁을 통해 소독일 통일을 위한 발판을 마련하고, 그런 다음 독일 연맹국가들과 힘을 합쳐 프랑스를 굴복시킴으로써 독일 통일을 인정받아 유럽대륙의 패권국가로 발돋움 하고자 하였다[299].

비스마르크는 유능한 외교관이었다. 전쟁 발발의 책임을 면하고 전쟁의 정당성을 확보하고자 오스트리아가 먼저 선전포고를 하도록 유도하였다. 당시 이탈리아 왕 엠마누엘 2세(Vittorio Emmanuele II)는 오스트리아가 지배 중인 베네치아와 프랑스 지배하에 있던 교황령(Papal States)을 이탈리아로 귀속시킬 것임을 공표하였으며, 이에 따라 군을 베네치아 인근으로 추진시켰다. 비스마르크는 이러한 점을 이용하였는데, 먼저 이탈리아와의 비밀 조약을 체결하여 만약 프로이센이 오스트리아와 전쟁을 할 경우 프로이센을 도울 것을 확약받았다. 또한, 오스트리아가 이탈리아의 위협에 대비하기 위해 부분 동원을 실시하자 비스마르크는 이탈리아가 전쟁을 위해 동원을 실시하도록 종용하였다. 그 결과, 양면전쟁의 위협을 느낀 오스트리아는 프랑스가 자신들에게 협력해 줄 것을 기대하면서 1866년 6월 프로이센에 전쟁을 선포하게 된다[300].

오스트리아 전쟁 선포와 동시에 프로이센 군대는 몰트케의 지휘 아래 외선작전을 통해 오스트리아로 진격해 들어갔고 결정적 전투였던 쾨니히그레츠(Königgrätz) 전투를 승리로 장식하며 단 7주 만에 오스트리아의 항복을 받아 낸다. 이는 앞서 말한 일반참모제도, 임무형 지휘, 기동전, 섬멸전 개념들의 적용을 통해 이루어 낸 성과였다. 이에 더하여, 몰트케는 당시의 산업기술들을 전쟁에 적극 활용하였는데, 그 대표적인 것이 철도, 전신, 후장식 소총 개발 등이었으며, 이러한 기술의 적용으로 오스트리아에 기습을 달성할 수 있었다. 여기서 얻어진 교훈들과 주요 성과들은 추후 보불전쟁에서도 그대로 적용된다[301].

비스마르크와 몰트케가 쾨니히그레츠 전투 승리 이후 계속 진격하였다면 오스트리아를 완전히 점령할 수 있는 가능성도 있었다. 하지만 비스마르크는 프랑스와의 전쟁에 대비하기 위해서는 전투력을 보존해야 하며, 프로이센에 대한 오스트리아 국민들의 적개심을 최소화할 필요성이 있었다. 이러한 전략적 판단 하 비스마르크는 오스트리아의 항복을 받는 선에서 전쟁을 종결시켰던 것이다. 이렇듯, 보오전쟁의 신속한 승리로 이제 비스마르크는 프랑스의 전쟁에 대비할 수 있게 되었다.

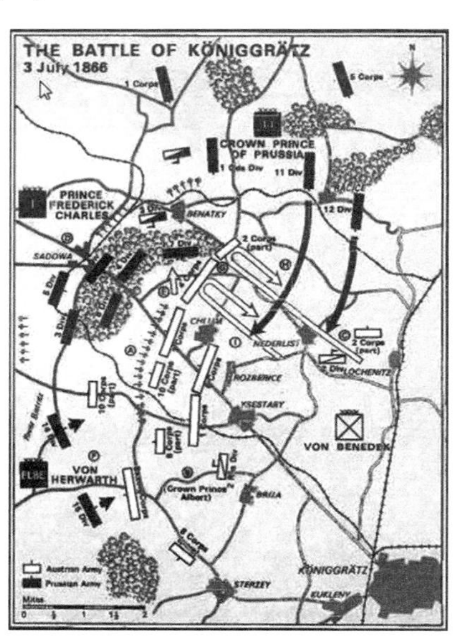

그림 13. 쾨니히그레츠 전투 상황도
출처: 미 육사 전쟁사 지도

보오전쟁이 종료되자, 프랑스의 나폴레옹 3세는 오스트리아를 돕지 않은 대가로 룩셈부르크를 프랑스로 병합하도록 프로이센에 요구한다. 그러나 이를 양보한다고 해도 프랑스가 독일의 통일을 인정해 주지 않을 것이라고 굳게 믿고 있던 비스마르크는 프랑스의 요구를 거절한다. 이에 양국의 갈등은 더욱 깊어졌으며, 비스마르크는 전쟁 시작전 유리한 여건을 조성하고자 외교적 노력을 기울인다. 오스트리아의 팽창을 예의주시하고 있던 러시아와 협약을 맺어, 프로이센이 프랑스와 전쟁을 하게 되면 러시아가 오스트리아를 견제하도록 하였다. 반면 프랑스는 비스마르크의 교묘한 외교전략으로 인해 영국으로부터 마저도 외면당하는 등 외교적으로 고립되어 갔으며, 보오전쟁을 방관했던 만큼 이제는 프로이센과의 전쟁에서 오스트리아의 지원조차 기대하기 힘든 상황이 되었다. 이러한 상황속에서 엠스전보(Ems Telegraph) 사건을 통해 프랑스와 프로이센 양국의 국민들의 전쟁에 대한 열망은 커져만 갔고, 결국 1870년 7월 19일 프랑스가 먼저 선전포고를 하기에 이른다[302].

이와 같이 비스마르크는 정치가로서 국가의 이익을 위해 국력의 제 요소를 잘 활용할 줄 알았다. 그는 군사력 사용의 장단점과 자국 군사력의 강약점을 잘 이해하고 있었으며, 이를 바탕으로 군사력을 정치적 목적 달성에 잘 활용할 수 있었다[303]. 또한 보오전쟁 시 '오스트리아의 항복', 보불전쟁 시 '프랑스의 독일 통일 인정'이라는 명확한 정치적 목표와 전쟁의 종결조건을 제시하여 몰트케가 군사력을 운용하는 데 있어 혼란이 없도록 하였다[304]. 그는 전쟁을 수행하기 전에 아군에 유리한 조건을 형성하기 위해 외교, 경제, 정보 분야에서의 노력을 철저히 하는 등 경성 권력와 연성 권력를 결합한 스마트파워를 잘 발휘하는 정치가였다[305]. 마지막으로, 그는 상대가 먼저 선전포고를 하도록 유도하는 외교활동에 능하였으며,

이를 통해 자신이 원하는 전쟁에 대한 정당성을 확보할 수 있었다[306].

▶ 프로이센의 진격과 작전술

이제 전쟁의 수행은 몰트케의 몫이었다. 그는 비스마르크의 정치적 목적이 프로이센 중심의 독일 통일이며, 이를 프랑스로부터 인정받음으로써 유럽대륙뿐만 아니라 영국에게까지도 정당성을 인정받기 위함임을 잘 이해하고 있었다. 비스마르크가 프랑스와의 전쟁을 결심한 이상, 몰트케는 이 전쟁을 통해 비스마르크의 정치적 목적을 달성해야 했다. 하지만 프로이센은 자원이 풍부하지 않고 많은 강대국들로 둘러싸여 있는 만큼, 전쟁은 속전속결로 이루어져야 했다. 따라서 몰트케는 소모전(attrition)보다는 섬멸전(annihilation)을 추구할 수밖에 없었던 것이다. 즉, 시간을 오래 끌면서 적의 전투력을 서서히 소모시키기보다는 소수의 결정적 전투를 통해 적의 주요 부대를 섬멸하고 적에게 심리적 충격을 가함으로써 항복을 받아 내는 것이 프로이센에게 더 적절한 작전개념이었다. 이는 춘추전국시대에 강대국에 둘러싸여 있던 오나라를 강대국의 지위에 올려놓고 이를 오랫동안 유지시켰던 손자가 '전쟁은 오래 끄는 것이 중요한 것이 아니라 신속히 승리하는 것이 중요한 것이다(병귀승 불귀구: 兵貴勝 不貴久)'라고 한 말과 일맥상통한다[307].

이를 위해 몰트케는 그동안 나폴레옹 전투에서부터 보오전쟁에 이르기까지 프로이센군이 범한 오류와 교훈들을 기초로 군을 정예화하고 각종 산업화 기술들을 전쟁에 활용하는 연구를 실시하였다. 먼저, 군 징병제도를 통해 많은 병력을 확보하되, 이들을 3년 동안 매우 강도높게 훈련시켜 최정예 직업군인 정도의 수준을 유지할 수 있도록 하였으며, 예비군 제도를 통해 이들이 전역 후 생업에 돌아가도 주기적으로 전투력을 유지할 수 있도록 하는 등, 현재 우리나라가 적용하고 있는 방식과 유사하게 인적 자원을 관리하였다. 또한, 일반참모제도를 통해 군의 수뇌부를 정예화하고, 그들로 하여금 작전계획을 수립하게 함으로써 실행 가능성이 높은 계획을 완성토록 하였다. 몰트케는 그의 저서 『전쟁술(The Art of War)』에서 "어떠한 계획도 적과의 최초 접촉 이후에는 살아남을 수 없다"라고 이야기했지만 이것은 계획의 무용성을 의미하는 것이 아니라 실시간 변화하는 전장상황에 대한 적응이 중요함을 일깨워 주기 위한 것이었다. 오히려 그는 "계획을 철저히 세우고 모험을 하라"고 말하였고, "계획을 세울 때에는 최대한 자세히 구체화하라"고 강조하였다는 점에서 계획수립의 중요성을 설파했다고 볼 수 있다. 일반참모제도의 운용 또한 이러한 양질의 계획을 수립하고, 또 작전 실시간에는 그 계획을 기초로 유연하게 대처하기 위함이었을 것이다[308]. 이러한 측면에서, 미군들도 계획관(planners) 양성에 힘을 쏟으면서 'plan is nothing, but planning is everything'이라고 강조하고 있다.

작전지속지원 측면에서 몰트케는 당시 상업적으로 개발되기 시작하였던 철도를 최대한 활용하고자 하였다. 그는 먼저 프로이센 내의 철도를 군사적으로 활용하기 용이하게 정비하였으며, 동맹국인 이탈리아와의 원활한 지원을 위해 스위스의 철도를 자국의 철도와 연결하는 작업을 실시하였다. 그 결과 프로이센군은 하루동안 철로당 열차 50량을 이동시킬 수 있는 능력을 갖추게 되었다. 또한 그는 일반참모들을 통해 프랑스 내의 철도 현황을 면밀히 분석토록 하여 물리적 작전선을 구상하는 데 반영함으로써 작전 실시간 작전지속지원이 원활히 이루어지도록 조치하였다. 화기 측면에서는, 보오전쟁에서 사용되었던 니들 건(Niddle Gun), 즉 드라이제(Dreyse) 후장식 소총을 사용하였으나 이는 프랑스의 체스폿(Chassepot) 소총보다 사거리가 짧고 분당 발사속도가 느려 더 불리하였다. 하지만 포병화력은 프로이센이 비교적 우세하였으며, 무엇보다도 몰트케는 강력한 화력지원을 바탕으로 한 신속한 기동전을 추구하였던 만큼 이러한 포병화력의 우세는 프로이센에 매우 유리하게 작용하였다[309].

지휘 및 통제 측면에서는 새로 개발된 전신(telegram)을 지휘통제 수단으로 활용하기 위해 장교들을 훈련시켰다. 당시 전신은 요즘의 전화와 달리 간단한 메시지만을 전달할 수 있었고, 모르스 부호를 이용하다 보니 내용이 길어지면 그만큼 발신자의 암호화 시간과 수신자의 해독화 시간이 더 많이 소요되었기 때문에 자세한 내용을 서로 주고 받기에는 제한이 있었다. 이러한 전신의 특성과 맞물려 몰트케는 '임무형 명령'을 착안하고 이를 적용하기에 이른다. 즉, 예하부대에 반드시 달성해야 할 임무만 간결하고 명확하게 부여하고, 그 세부적인 달성방법과 추가적으로 달성해야 하는 추정과업들은 예하부대의 재량에 맡기는 것이었다. 이는 프로이센이 일반참모 제도를 주축으로 장교의 정예화를 추진해 왔기에 가능한 일이었다. 그들은 임무수행 시 항상 상급 부대의 임무와 지휘관 의도를 고민하면서 자신의 부대가 해야 할 일들과 그 달성 방법을 구상하게 되었다[310].

한편, 프랑스군은 프로이센군과 달리 전문직업군 제도를 유지하고 있었으며, 이에 따라 소수 정예의 고급인력으로 구성된 강한 군대를 표방하였다. 하지만 실제로는 소수의 엘리트 장교들이 부패하여 개인적인 부를 축적하는 데만 혈안이 되어 있었다. 최고 사령부는 실제 야전부대와 긴밀한 지휘통제 및 협조체계를 유지하지 못하였으며, 사령부 내부적으로는 여러 세력으로 분리되어 유기적인 활동이 제한되었다. 이들은 프로이센을 잠재적 적국으로 상정하고는 있었으나 이에 대한 구체적인 계획을 수립해 놓지 못하였다. 작전지속지원 측면에서도 철도를 활용하기는 하였으나 하루 동안 철로당 열차 12량까지 수송이 가능하여, 동일 조건에 50량을 수송할 수 있는 프로이센에 비해 미흡하였다.

프랑스군은 소총 분야에서만큼은 프로이센군에 비해 훨씬 우세하였다. 전술한 대로 채스폿 소총은 드라이제 소총에 비해 사거리와 정확도가 훨씬 높았던 것이다. 하지만 화기의 우세가 전투의 승리를 보장하지는 않는다. 그들은 이러한 화기의 장점을 극대화할 수 있는 전술을 심도 있게 연구하지 못하였다. 프랑스도 보오전쟁 이전까지는 나폴레옹 등장 이후 유럽대륙에 유행처럼 번졌던 공격 우위 사상과 분진합격의 개념에 입각하여 전쟁을 준비하고 있었다. 하지만 보오전쟁에서 오스트리아의 공격전략이 프로이센의 신속한 기동에 무너지자 프랑스는 방어 전략으로 선회하고 병력의 분산 대신에 병력의 밀집배치를 통해 프로이센의 신속한 기동을 저지하고자 하였다. 이러한 조치는 실제 전장에서 화기의 우세를 무용지물로 만드는 결과를 초래한다[311].

프로이센과 프랑스의 이러한 작전준비는 전쟁이 발발한 후 비상부르(Wissembourg) 전투에서 전투의 승패를 결정짓는 요인으로 나타난다. 프로이센은 부대를 3개 군으로 나누어 북쪽에 제1군, 중앙에 제2군, 남쪽에 제3군을 배치하였으며, 배치된 프랑스군을 신속히 우회하여 적을 포위격멸하고자 하였다. 전황은 몰트케의 계획대로 쉽게 흘러가지는 않았다. 프랑스는 프로이센군의 예상 접근로 상에 병력을 밀집배치하여 프로이센군의 진격을 차단하고자 하였던 것이다. 하지만, 소총의 정확도와 사거리로 인해 정면공격이 불리함을 알고 있던 프로이센군은 먼저 포병의 공격준비 사격으로 밀집된 프랑스군에게 최대한의 피해를 강요하고 그 이후 우회기동 또는 포위기동을 통해 프랑스군을 손쉽게 제압할 수 있었다[312].

역설적이게도, 프랑스의 장교들보다도 더 나폴레옹 전투를 심도 깊게 연구했던 프로이센군 장교들이 프랑스군을 상대로 기동전을 적용하여 적보다 상대적으로 유리한 위치를 점령, 적을 포위 격멸하였던 것이다. 이는 또한 임무형 명령을 적용하였기에 가능한 일이었다. 프랑스군은 점차 파리 방향으로 퇴각하였으며, 몰트케는 최초 전투에서 확보한 주도권을 확대하기 위해 템포를 늦추지 않았다. 프로이센군은 항상 자신들이 원하는 시간과 장소에서 프랑스군보다 상대적으로 유리한 조건을 만들고자 하였으며, 프랑스의 철도까지도 활용하여 지속적으로 병력과 보급품을 증강함으로써 상대적 전투력 우세를 지속적으로 유지할 수 있었다[313]. 이에 일부 프랑스군은 게릴라전으로 전환하여 프로이센의 기동을 저지하고자 하였으나, 프랑스의 도시와 마을을 점령하고 급기야 나폴레옹 3세까지도 포로가 되자 프로이센군의 사기는 날이 갈수록 높아졌다. 실로 손자가 말한 '적에게 승리하면서 더욱 강해진다(승적이익강: 勝敵而益强)'라는 문구가 떠오르는 대목이다[314].

하지만 몰트케에게 있어 골치 아픈 문제점이 있었는데, 바로 비스마르크와의 갈등이었다. 프로이센군이 파리에 다다르자 비스마르크와 몰트케의 의견이 엇갈리게 되었다. 비스마르크는 신속하게 파리를 폭격하여 적을 최대한 격멸함으로써 적의 항복을 받아 내자고 주장하였다. 하지만 몰트케는 파리를 폭격하게 되면 수많은 민간인 사상자가 나타나게 되어 국제적 비난을 면치 못할 것이라는 점, 신장된 병참선으로 인해 적을 항복하게 할 만한 충분한 포격을 당장은 실시할 수 없다는 점 등을 들어 파리를 포위한 채 적이 더 이상 버티지 못하게 하는 전략을 건의한다[315]. 이러한 모습은 몇가지 이유에서 매우 특이한 경우라고 할 수 있다.

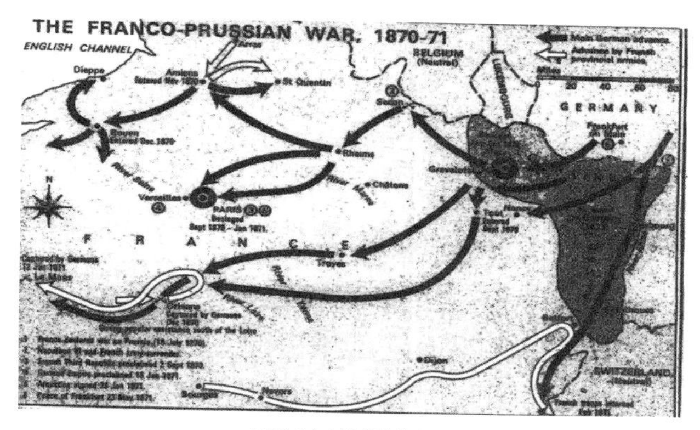

그림 14. 보불전쟁 요도
출처: 미 육사 전쟁사 지도

첫째, 정치지도자와 군사지도자의 대화에 있어 이 둘의 역할이 바뀐 듯한 착각을 불러일으킨다는 점이다. 군사지도자인 몰트케가 당장 정치적 목적을 달성할 수 있다고 하더라도 국제사회의 비난 등 수반되는 부작용을 걱정한 반면, 정치지도자인 비스마르크가 다른 고려요소에 우선하여 군사력의 사용을 극대화함으로써 신속히 정치적 목적을 달성하고자 했기 때문이다. 둘째는, 몰트케의 건의가 기존의 몰트케의 군사사상과 정반대라는 점이다. 몰트케는 소모전보다는 섬멸전을 기초로 한 속전속결 전략을 추구하던 장군이었으나 이번에는 섬멸전이 아닌 소모전을 통한 지구전을 말하고 있기 때문이다. 하지만, 이러한 두 지도자의 대화는 그 속내를 들여다보면 충분히 이해할 수 있는 내용이었다. 먼저 비스마르크가 파리의 포격을 주장한 이유는 비스마르크의 정치적 목적이 프로이센군의 손쉬운 승리에 힘입어 프로이센 주도의 독일 통일에 그치지 않고 알사스 로렌 지방의 획득으로 확장되었기 때문이다. 이를 위해서는 프랑스를 더욱 가혹하게 몰아쳐야 할 필요성이 있었던 것이다. 반면, 몰트케 입장에서는 너무 신속하게 파리에 진격한 만큼 병참선이 과도하게 길어졌기 때문에 비스마르크가 원하는 정치적 목적을 달성할 정도의 충분한 작전수행 능력이 당장 없다고 판단했기 때문이었다. 그럼에도 비스마르크와 몰트케의 상호 지속적인 대화를 통하여 의견을 교환하였으며, 결과적으로 프로이센은 파리를 함락하고 바라던 대로 1871년 1월 18일 베르사유 궁전에서 독일의 통일을 선포하였으며, 알사스 로렌 지방까지도 할양 받게 되었다[316].

이렇듯, 몰트케는 비스마르크의 정치적 목표 달성을 위해 프로이센군을 정예화하고 산업화 기술을 최대한 활용하였으며, 일반참모제도, 독일 특유의 기동전, 임무형 명령 등의 획기적인 방식들을 적용하였다. 계획 수립 중에는 나폴레옹 전쟁을 통해 교훈을 도출한 조미니의 사상들을 최대한 수용하여 결정적 전투와 작전선, 보급체계의 개념을 적용하였으며, 이에 과학적으로 철도를 접목시켜 그 효율성을 극대화하였다. 작전 준비 중에는 일반참모 제도를 활용하여 군을 정예화하고 각종 산업화 기술들을 최대한 활용하여 전투력을 극대화하였다. 또한 작전 실시간에는 기동전을 통해 적보다 상대적으로 유리한 상황을 조성하였고, 전신을 활용하여 지휘통제체계의 효율성을 높였으며, 임무형 명령을 접목하여 예하부대의 융통성을 확보하고 변화되는 전장상황 속에서도 필수과업을 달성할 수 있도록 여건을 보장하였다. 이에 더하여, 몰트케는 군사지도자로서 정치지도자와의 지속적인 대화를 통해 정치지도자의 변화하는 의도를 지속 파악하고, 이를 달성하기 위한 군사력의 운용 측면에서 정치지도자가 건전한 결심을 할 수 있도록 조력하는 등 작전술가로서의 역할을 충실히 수행했다[317].

6. 제1차 세계대전: 이론과 실제의 괴리

▶ 전략적 상황

흔히, 1차 세계대전은 세르비아의 한 청년이 오스트리아의 황태자를 저격한 사라예보 사건을 계기로 촉발되었다고 한다. 하지만 1차 세계대전은 결코 한두 가지의 원인에 의해서 일어난 것이 아니며, 복잡한 유럽의 정세 속에서 다양한 원인들에 의해 발생하게 되었다. 가장 먼저 눈 여겨 보아야 할 것은 오랜 시간 동안 내재되어 있던 민족적 갈등이다. 게르만 민족의 독일은 비록 한 민족으로 이루어져 있었으나 오랜기간 동안 각기 다른 나라로 분리되어 있었다. 이는 독일이 통일 이후 강력한 힘을 보유하게 될 것을 두려워한 유럽 열강들이 독일의 통일을 방해해 왔기 때문이며, 프랑스와 슬라브 민족의 러시아는 이러한 방해 세력의 주축이었다. 다른 원인은 열강국가 간 제국주의적 팽창정책의 충돌이다. 1871년 보불전쟁을 기점으로 오랜기간 동안의 숙원이던 통일을 달성한 독일의 비스마르크는 영국, 프랑스 등 다른 열강들과 같이 식민지 팽창정책을 추진하게 된다. 이를 위해 독일은 1882년 오스트리아, 이탈리아와 삼국 동맹

(Triple Alliance)을 맺게 되며, 이와 동시에 러시아의 영향력 아래 있던 우크라이나를 탐내게 되면서 러시아와 마찰을 빚게 되었다[318]. 또한 독일이 식민지 확장을 위해 베를린, 비잔티움, 바그다드를 잇고자 하는3B 정책을 펼치자 영국의 3C 정책(카이로, 케이프타운, 콜카타를 잇는 식민지 정책)과 충돌하게 되어 영국과의 갈등도 깊어지게 되었다. 이러한 독일의 행보에 위협을 느낀 영국, 프랑스, 러시아 3강은 1907년 삼국 협상(Triple Entente)을 결성하여 독일 주도의 삼국 동맹을 견제하고자 한다[319].

이에 더하여, 비스마르크에 의한 독일의 통일 방식도 제1차 세계대전의 발발에 적지 않은 영향을 끼쳤다. 보불전쟁의 승리로 프랑스의 항복을 받아 낸 비스마르크는 프랑스의 자존심과도 같은 베르사유 궁전에서 독일의 통일 선포식을 거행함으로써 프랑스인들에게 씻을 수 없는 치욕을 안겨 주었다. 게다가, 알자스-로렌 지방을 강제로 합병한 것은 프랑스인에게 더 큰 분노를 사기에 충분했다. 한편, 독일은 통일 이후 국내적으로 과학의 발전이 두드러지게 이루어졌는데, 이러한 점은 독일의 전쟁 승리에 대한 낙관과 호전성을 부추겼다. 당시 세계의 노벨 과학상 수상자의 약 30%가 독일인이었다는 점은 그 발전 정도를 대변해 주고 있으며, 특히 화약 분야의 발전은 군 수뇌부에게는 매우 큰 희소식이었다. 대(大) 몰트케가 과학기술을 활용하여 보어전쟁 및 보불전쟁에서 크게 승리한 이후 독일군은 전쟁에 있어 과학기술의 활용을 더욱 중요시하게 되었으며, 독일의 과학기술 발달은 전쟁을 준비하던 독일군에게 승리에 대한 확신을 갖게 하였던 것이다[320].

요약해 보면, 1차 세계대전의 원인을 민족주의, 사회적 다윈주의, 제국주의, 군사주의 등으로 표현할 수 있는데, 이는 1장에서 유럽의 영토확장

방식을 설명한 틸리의 강제-자본-국가의 상관관계 이론이 적용되는 부분이다[321]. 하지만, 일부 학자들은 이러한 전쟁원인에 대해 회의적인 평가를 하기도 한다. 존 스토신저(John G. Stoessinger)는 모든 전쟁의 원인이 지도자의 오판에서 비롯된다고 본 『전쟁의 탄생(Why Nations Go to War)』이란 책에서 1차 세계대전의 원인을 독일의 빌헬름 2세의 잘못된 가정과 선부른 판단 때문이라고 분석한다[322]. 빌헬름 2세는 당시 잠재적 적국의 황제이지만 자신의 사촌이기도 한 니콜라이 2세가 독일과의 대규모 전쟁을 원하지 않을 것이라는 가정을 했으나, 러시아는 결국 세르비아를 지원하기 위해 참전한다.

또한, 리처드 해밀턴(Richard F. Hamilton)과 홀거 허윅(Holger H. Herwig)는 『전쟁을 위한 결심, 1914-1917(Decisions for War, 1914-1917)』이란 책에서 전쟁의 결심이 각 국가의 합리적인 의사결정이 아니라 일부 소수 권력자들의 탁상공론에서 비롯되었으며, 승리에 대한 낙관적 믿음, 불완전한 정보 속에서의 잘못된 상황인식 등에 있다고 보았다[323]. 이러한 의견들 또한 매우 타당하다. 하지만 그렇다고 해서 앞서 밝힌 여러 이유들이 맞지 않다는 것은 아니다. 여기서 기존의 정설과 더불어, 이와 다소 차이가 있는 학자들의 의견까지도 제시하는 것은 전쟁이 이만큼 다양한 원인들의 복잡한 상호작용 속에서 발생하게 되는 것임을 다시 한 번 강조하기 위함이다[324]. 따라서 작전술을 연구하는 독자들은 어떠한 현상을 볼 때, 그 현상의 원인을 단순화하는 환원주의(reductionism)에 빠지지 않도록 주의해야 할 것이다[325].

▶ 독일의 프랑스 침공과 작전술

제1차 세계대전 초기의 주인공들은 단연 프랑스의 조프르와 독일의 소(小) 몰트케일 것이다. 이 둘은 분명 작전술을 적용해야 할 위치에 있는 사람들이다. 그렇기에 그들의 분석과 결심에 대한 우리의 판단은 작전술에 초점을 맞추는 것이 좋겠다. 하지만 우리는 흔히 이 두 장군의 전술적 과오에 대해 이야기를 많이 한다. 나중에 자세히 설명하겠지만, 슐리펜 계획을 수정하여 적용한 소몰트케의 과오에 대해 흔히 '그가 우익을 약화시킴으로써 그 충격력이 약해져 작전을 실패했다'라고 전술적 수준에서만 평가해서는 안된다. 이를 작전술의 관점에서 평가하려면, 이러한 결심이 어떠한 전략적 가정들을 바탕으로 이루어졌는지, 빌헬름 2세의 정치적 목표 달성에 미치는 영향이 무엇이었는지, 전략적 상황을 어떻게 변화시켰는지, 전술활동을 조직 및 운용함에 있어 어떠한 부작용들이 나타나게 되었는지 등을 고려한 종합적이고 다면적인 평가를 해야 한다.

당시 독일의 참모총장 소몰트케는 전쟁에 관해서 자신의 삼촌인 대몰트케와 조금 다른 견해를 가지고 있다. '전쟁은 또 다른 수단에 의한 정치의 연속'이라는 클라우제비츠의 사상에 입각하여, 빌헬름 2세가 전쟁을 원하기 때문에 이를 반드시 수행해야 한다고 생각했다[326]. 그는 막연하게 전쟁이 당시 빌헬름 2세가 처한 복잡한 정치적 상황을 해결해 줄 수 있을 것이라 생각하였다. 하지만 제3장, '전략과 작전술'에서 살펴본 민군관계 이론들에서 알 수 있듯이, 군 지도자는 정치지도자가 정치적 목적을 달성하기 위해 전쟁을 올바르게 사용할 수 있도록 조언해야 하며, 만약 전쟁이 정치적 목적을 달성할 수 있는 적절한 수단이 될 수 없다고 판단되면 이를 과감히 보고할 수 있어야 한다. 또한, 소몰트케는 투키디데스의 고전적 현실주의 사상에 입각하여 이제는 유럽의 2인자 독일이 전쟁을 통해 영국, 프랑스, 러시아 등을 제치고 1인자의 자리에 오를 차례라고 생각하고 있었다[327]. 또한, 보오전쟁, 보불전쟁 등과 같이 독일이 통일되기 이전 최근 1세기 동안 프로이센이 겪었던 전쟁들을 떠올리며 전쟁의 국지화가 가능할 것이라고 생각했다[328]. 소몰트케는 슐리펜과 동일하게 양면전쟁의 위험성을 경계하고 있었으나, 어떻게 이를 극복할지에 대해서는 의견을 달리 했다.

이러한 가정을 기초로 소몰트케는 슐리펜 계획을 어떻게 적용할 것인가를 고민하였다. 슐리펜 계획은 '전쟁 계획'이라고 부르기보다는 사실 '군사작전 계획'이라고 해야 옳았다. 즉, 국력의 제 요소 전반에 대한 고려보다는 군사력의 운용에만 초점이 맞추어져 있었던 것이다. 또한, 러시아가 전쟁을 위한 동원을 마치기 전 단시간에 프랑스의 항복을 받기 위해서는 우익을 강화하여 대 우회기동을 해야 한다는 공격기동의 한 형태에 치중하였다. 이는 최상의 상황을 염두에 둔 계획이었다. 벨기에를 거쳐 파리까지 약 450km를 단숨에 우회해야 하는데, 슐리펜은 프랑스군이 독일군의 기동력과 충격력에 놀라 전열이 흐트러지고, 따라서 파리까지 단숨에 진격할 수 있으리라 믿었다.

당시 독일은 과학적 사고에 심취해 있었던 만큼 슐리펜 계획도 수학적 계산을 기초로 한 잘 짜인 시간표를 기초로 하고 있었다. 철도와 차량 등의 수송 시간 및 능력 등을 가장 중요한 요소로 하여, 클라우제비츠가 말한 공포, 육체적 피로, 불확실성, 마찰 등 전쟁의 속성을 소홀히 여긴 채 기동, 화력, 작전지속지원 계획을 수립하였다. 이러한 과학적 접근에 대하여 소몰트케 또한 유사한 입장이었다. 다만 그는 기존의 슐리펜 계획은 네덜란드와 같은 중립국을 기동공간으로 선정하고 있는데, 만약 이를 실행하게 되면 영국마저 자극하게 되어 영국군의 대규모 참전을 야기할 수 있음을 걱정하였다. 또한, 남부 국경선 일대의 전력이 너무 약하면 프랑스의 역공으로 인해 독일 최대의 공업지대이자 독일 지주층 융커(Junker: 프로이센 귀족을 일컫는 말)가 터를 잡고 있는 라인란트가 공격당할 것을 두려워하였다. 한편으로는 러시아가 동원을 마치려면 최소 6주 가량이 소요될 것이라는 참모들의 분석에 의심을 품고 있었다. 이러한 판단으로 인해 소몰트케는 네덜란드의 영토를 기동로에서 제외하고 우익의 집중도를 7:1에서 3:1로 약화시켰다[329].

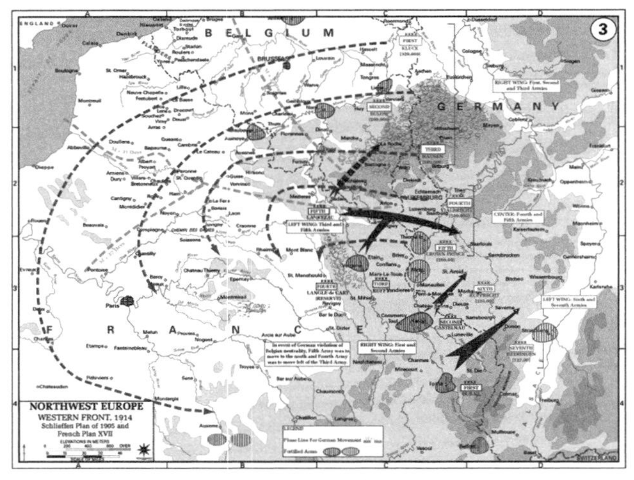

그림 15. 독일의 슐리펜 계획과 프랑스의 17계획
출처: 미 육사 전쟁사 지도

한편, 프랑스의 조프르도 다소 안일한 생각을 하고 있었다. 먼저, 그는 항상 독일과의 전쟁을 염두에 두고 있었지만, 독일과 러시아의 갈등이 커지고 있는 상황에서 독일이 프랑스를 먼저 공격할 것이라고 생각하지 않았다. 또한, 독일의 병력 구조에 주목하였는데, 그는 독일이 상비군 전력만으로 프랑스를 공격하기에는 역부족이며, 뮤즈강 서안에 이르기 전에 작전한계점에 도달할 것이라고 판단하였다. 이는 독일 예비군의 능력을 오판한 것이었다. 물론 슐리펜 계획을 실현하기에는 병력이 부족했다는 전문가들의 평이 많이 있으나, 독일은 예비군을 체계적으로 양성 및 교육하고 있었기 때문에 조프르가 판단한 정도로 취약하지는 않았다. 이에 더하여, 그는 독일이 만약 프랑스를 공격한다고 할지라도 영국의 참전을 의식하여 벨기에를 통과하는 기동로를 택하지는 않을 것이라고 판단하였다[330].

이러한 가정들을 기초로 조프르는 17계획을 수립하였다[331]. 프랑스는 15계획부터 독일을 유일한 적국으로 상정하고 계획을 수립하였는데, 이 때는 독일군이 알자스-로렌 지방으로 공격해 올 것을 대비하여 이를 방어하고 공세 이전의 여건을 조성한 이후 반격하여 적을 무찌르는 계획이었다. 이어서 수립된 16계획은 여전히 알자스-로렌 지방을 대비하면서도 벨기에 국경지대에 대한 준비도 실시하는 것이 특징이었다. 하지만 이러한 두 계획은 '전략적 방어 이후 공세전환'이라는 큰 틀에서 작성된 것이었고, 참모총장이 된 조프르는 이러한 방어 위주의 개념에 대해 회의적이었다. 따라서 그는 알자스-로렌 지방에서의 공세를 계획하기에 이른다. 이를 위해 그는 총 5개 군 중 3개 군을 알자스-로렌 지방에 배치하였다. 비록 독일이 벨기에를 횡단하지 않을 것이라 가정하였지만, 그는 만약의 사태를 대비해 1개 군을 벨기에 및 룩셈부르크 국경지대에 배치하였다. 사실 그는 벨기에에서의 공세적인 군사작전을 통해 독일군의 조공을 고착시키고자 하였으나 영국의 강력한 반발로 인해 그러한 조치를 취할 수는 없었다. 이러한 상황에서, 5개 군 중 나머지 1개 군은 후방에 배치하여 전략적 예비 임무를 수행하도록 하였다[332].

실제 1차 세계대전의 전개 양상은 양측 정치 및 군사지도자들의 생각과는 판이했다. 조금 더 정확히 표현하자면, 양측 다 그들이 원하는 대로 전쟁을 이끌어 나갈 수 없었던 것이다. 독일이 프랑스에 선전포고를 한 바로 다음 날인 1914년 8월 4일, 독일은 당시 중립국이던 벨기에를 침공하게 되고, 이에 따라 영국은 독일에 선전포고를 하게 된다. 독일은 벨기에에서부터 영국과 프랑스 연합군의 저항에 부딪쳐야 했으며, 더군다나 3:1로 약화된 우익은 예상보다 강화된 적을 돌파하기에 역부족이었다. 알자스-로렌 지방에서는 프랑스의 공격과 독일의 방어가 이루어지고 있었다. 프랑스는 여전히 알자스-로렌 지방이 독일군의 주력 부대라고 판단하고 있었으며, 무엇보다 과거 프랑스의 전투패배로 잃어버린 영토를 회복시키는 국가적 자존심이 걸린 지역이라서, 17계획을 그대로 시행하여 실행하였다[333].

실제로 그곳은 독일군의 조공이었으나, 워낙 요새화가 잘되어 있어 독일군을 제압하고 진출하는 데에 큰 어려움을 겪고 있었다. 프랑스군은 알자스-로렌 요새 지역에 집중하다 보니 차후 벨기에 국경 지역에서 닥칠 위기를 감지하지 못하고 있었다. 한편, 독일군 입장에서 프랑스군의 알자스-로렌 지방 공격은 최초의 슐리펜 계획의 시나리오와 맞아떨어지는 것이었다. 하지만 몰트케는 이를 수정하였고, 알자스-로렌 지방에서 한치의 땅도 내어줄 수 없다고 판단하여 강력하게 방어하였다. 결국, 벨기에 국경 지역이 독일군의 주공임을 알아차린 프랑스군은 일부 병력을 북쪽으로 전환하고, 이에 독일 주력의 진격은 더욱 난항을 겪게 된다. 설상가상으로 몰트케는 예상하였던 속도보다 빠르게 진행된 러시아의 동원에 위기감을 느끼고 4개 사단을 서부에서 동부로 전환시킴으로써, 서부전선에서 전력을 줄이는 효과를 가져와 최초 슐리펜 계획이 목표로 하였던 작전적 성공의 가능성이 낮아지게 되었다. 군사작전계획은 소몰트케의 지속적인 수정으로 계획과는 다른 방향으로 실현되었다.

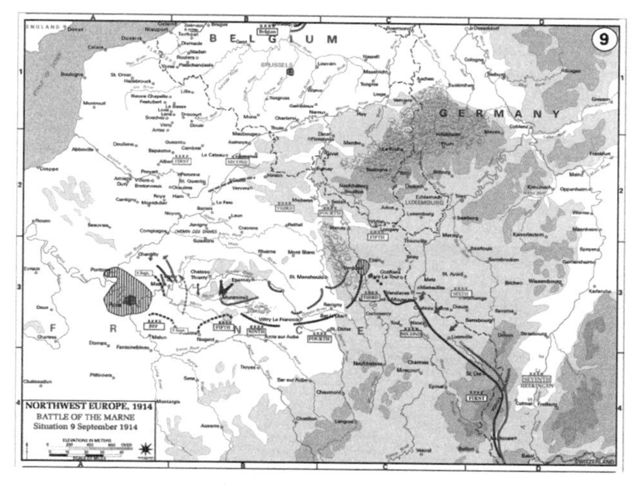

그림 16. 제1차 마른전투 상황도
출처: 미 육사 전쟁사 지도

본 사례에서 알 수 있듯이, 작전술가에게 있어서 가정(assumptions)은 매우 중요하다. 이는 단순한 희망사항이 되어서는 안 되며, 주도면밀한 분석을 통한 상황이해를 바탕으로 계획수립에 꼭 필요한 범위 내에서 가정을 두어야 한다. 또한, 가정을 끊임없이 사실화하려는 노력이 필요하며, 일부 가정들이 사실이 아닌 것으로 판명될 경우 그것이 작전에 미치게 될 영향들도 미리 판단해 두어야 한다. 하지만 전쟁은 예정된 각본대로 흘러갈 수 없기에, 사전에 판단했던 사항들도 작전 실시간 직감적 사고 시스템(시스템 I)과 이성적 사고 시스템(시스템 II)을 최대한 발휘하여 계획을 조정해 나아가야 한다. 이러한 노력들을 통해 작전술가는 이론(계획)과 실재(작전실시) 간의 괴리를 타파할 수 있을 것이다[334].

7. 제2차 세계대전: 정치적 목표와 총력전

▶ 전략적 상황

독일의 패배와 함께 1919년 6월 베르사유 조약으로 막을 내린 제1차 세계대전은 완전한 평화를 가져오는 듯하였으나, 실상은 전범인 독일, 오스트리아, 헝가리 등에 대해 전승국들이 과도한 보복을 함으로써 또 다른 분쟁의 씨앗을 만들었다[335]. 특히, 앞서 살펴본 보불전쟁에서 독일에게 치욕을 당했던 프랑스는 독일에 대한 국민적 분노를 담아 가혹한 배상금을 요구하였다. 이 조약으로 인해 독일은 알자스-로렌 지방을 다시 프랑스에 할양하였으며, 전승국들에게 약 10억 마르크(약 100조 원의 가치)의 전쟁 배상금을 지불해야 하였다. 이에 더하여 독일군의 규모와 능력을 제한하였다. 즉, 독일은 육군을 10만 명 이상 유지하지 못하게 되었고, 1차 세계대전 당시 연합군에게 가장 큰 위협이 되었던 전차, 군용 항공기, 잠수함, 화학무기 등을 보유할 수 없게 되었으며, 나아가 이러한 무기를 더 이상 제조하지 못하도록 무기 제조공장을 패쇄하고 이에 대한 수출입마저도 할 수 없도록 통제되었다. 독일 군부에 있어 더욱 문제가 되었던 것은 바로 일반참모제도를 폐지시켜 정예장교를 육성할 수 없도록 만든 조치였다. 이로 인해 베르사유 조약은 독일의 호전성을 억제하기보다는 오히려 독일 국민들의 분노를 더욱 자극했다[336].

상당 수의 독일 시민들은 이러한 분노로 인해 자신들이 일으켰던 전쟁 자체에 대해 죄책감을 갖기보다는 오히려 전쟁의 패배와 베르사유 조약 체결의 책임을 돌릴 대상을 찾았다. 이에 바이마르 공화국 정부는 베르사유 조약을 체결했다는 이유로 국민적 공분의 대상이 되었으며, 일부 시민 단체 및 언론들은 전쟁 패배의 책임을 유태인과 공산주의자들에게 있다고 주장하기도 하였다. 특히, 1917년 11월 2일 영국 외무장관 밸푸어가 중동에서 영국의 영향력을 키우기 위해 유대인이 이스라엘을 재건하고자 했던 시온주의(Zionism)를 지지하는 선언을 함으로써 유대인들을 연합국 측으로 끌어들였다는 점은, 종전 이후 독일 내에서 유대인에 대한 여론을 더욱 악화시켰다[337]. 독일은 1929년 세계 경제 대공황을 기점으로 바이마르 공화정 체계가 혼란을 맞이하자, 그동안 탁월한 연설 솜씨로 현 체제에 불만을 가지고 있던 국민들의 공감을 이끌어 내던 아돌프 히틀러가 결국 정권을 장악하게 된다. 그는 당시의 국제질서와 독일에 대한 제재에 강한 불만을 품고 있었으며, 게르만 민족에 대한 우월주의에 사로잡혀 있었다. 그는 자서전 『나의 투쟁(Mein Kampf)』을 통해 그의 유년시절을 묘사하였는데, 가난하고 화목하지 못한 가정에서 태어난 그의 유년시절은 불행하였으며, 재정적 궁핍으로 인해 그가 원하던 화가의 꿈을 이루지 못하고 유대인들의 고리대금을 갚아 나가기 위해 전전긍긍해야 했다[338]. 유년시절 사회적으로 구성된 히틀러의 주관적 실재로 인해, 이미 성인이 된 그에게 있어서 현실은 여전히 악몽이었으며, 이를 깨뜨리고 새로운 질서를 만들어 내야 한다는 집착을 하게 된 것이다[339]. 그는 많은 연설과 자서전에서 슬라브 민족인 소련에 대한 적개심을 분출하였고, 슬라브 민족은 게르만 민족에 비해 열등한 민족이라고 여겨 소련을 정복해야 한다고 역설했다. 이에 더하여, 영국의 할포드 매킨더(Halford John Mackinder)가 1904년 지리학 저널(Geographical Journal)에 기고한 "역사의 지리적 추축(The Geographical Pivot of History)"에 등장하는 '대륙중심부 이론(Heartland theory)'은 유라시아 대륙이 세계의 중심이며, 이를 차지하는 민족이 세계를 지배한다고 주장함으로써 히틀러의 야욕을 부채질 하였다[340].

전쟁의 야욕에 사로잡힌 히틀러는 결국 1935년 독일군의 재군비를 선언한다. 그로부터 4년 후인 1939년 독일은 막강한 군사력을 바탕으로 제2차 세계대전을 일으키는데, 그 이면에는 1919년 독일군 육군 참모총장에 취임했던 젝트(Hans von Seeckt)의 비밀 재군비 노력이 숨어 있었다. 젝트는 1차 세계대전을 분석하여 그 교훈을 도출하였으며, 이를 바탕으로 하여 승전국들의 감시 속에서도 항공기와 전차 개발에 힘썼다. 항공기의 경우 민항기를 유사시 군용기로 개조 가능하도록 설계할 것을 지시하였으며, 전차의 경우 농업용 트랙터 개발을 빙자하여 전차 생산 기술을 축적해 나갔다. 또한, 일반참모제도를 비밀리에 부활시켜 정예 장교를 육성하였으며, 1922년 소련이 탄생한 이후 지속적으로 소련에 병력을 파견하여 항공기 및 전차 훈련을 진행하였다. 이러한 노력으로 독일군은 점차 강해져 갔으며, 1939년에는 히틀러의 재군비 선언 이후 4년 만에 유럽 최강의 군대로 탈바꿈하게 된다[341].

히틀러의 정치적 목표는 당시의 국제질서를 뒤집고 독일에 의한 유럽 통일을 달성하는 것이었다. 그는 군사력을 주축으로 전쟁을 일으켜 이를 달성하고자 하였다. 이는 젝트가 히틀러보다 앞서, 국가의 정치지도자가 언제든 정치적 목표 달성을 위해 군사력을 사용할 수 있도록 비밀리에 재군비를 진행했기 때문에 고려할 수 있는 전략이었다. 히틀러는 군사력을 준비함과 동시에 외교력, 정보력, 경제력을 총동원하여 전쟁을 시작하기에 유리한 조건을 마련하기 위해 노력하였다. 그는 소련을 견제하고 프랑스와 폴란드의 사이를 멀어지게 하기 위하여 1934년 1월 26일 폴란드와 불가침 조약을 맺었으나, 나중에는 폴란드를 침공하기 위해 1939년 4월 28일에 이를 파기하였으며, 4개월 후인 8월 23일에는 소련과 독소 불가침 조약을 체결하여 소련의 위협을 잠정 제거함으로써1939년 9월 1일 별다른 위협 없이 폴란드 침공을 실시한다[342]. 또한, 히틀러는 영국을 비롯한 유럽 사회에 지속적으로 평화 메시지를 전달하여 그 전쟁의도를 숨김으로써 주변국들의 경계심을 흐트러뜨릴 수 있었다.

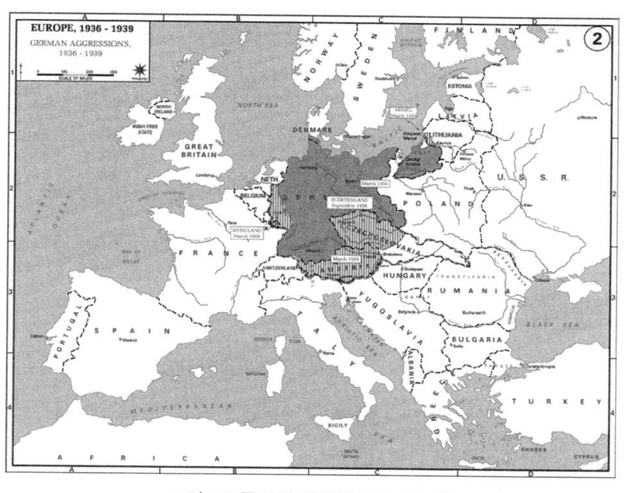

그림 17. 독일의 팽창(1936-1939년)
출처: 미 육사 전쟁사 지도

한편, 비슷한 시기 동아시아에서는 일본이 제국주의를 바탕으로 주변국들을 점령해 나가고 있었다. 청일전쟁(1894-1895), 러일전쟁(1904-1905)을 승리로 이끈 일본은 한반도를 강제 점령하였으며, 영일동맹을 빌미로 1차 세계대전에 간접적으로 참전하여 승전국의 지위를 얻게 되면서 제국주의적 열망은 더욱 커져가게 된다[343]. 호시탐탐 중국 대륙으로의 진출을 꿈꾸던 일본은 1931년 중국에 남만주 철로 폭파를 거짓 위장하여, 이를 응징하겠다며 만주사변을 일으킴으로써 만주를 침략한다[344]. 이를 통해 요령, 길림, 흑룡강성에 이르는 동북 3성을 점령하고 만주 일대에 만주국의 수립을 선포한다. 이에 더하여1937년에는 일본군이 야간 훈련을 하던 중 총소리가 나더니 병사 한 명이 잠시 행방불명되었다가 다시 나타나는 사건이 발생한다. 이를 노구교 사건이라 하는데, 이때 일본군 지휘관은 이를 중국군의 사격으로 단정짓고 보복 공격에 나선다. 이는 본격적인 중일전쟁의 시작이 되었으며, 중일전쟁은 2차 세계대전이 종료되기 전까지 지속된다[345].

북만주 일대까지 진출한 일본 관동군은 이제 소련과 국경을 마주하게 되었으며, 이에 따라 국경분쟁이 지속되게 된다. 그러던 중 1939년 5월에 소련의 지원을 받던 몽골과 일본의 영향력 아래 있던 만주국의 국경지대 노몬한 일대에서 일본군과 소련군이 다시 한 번 국경 분쟁을 일으키게 된다. 하지만, 이전의 국경분쟁 사건들과 다르게 양측이 추가적인 전투력을 지속 투입함으로써 격전을 벌이게 되었으며, 결국 주코프(Georgy Konstantinovich Zhukov) 장군이 이끄는 소련군에 의해 일본 관동군이 대패하게 된다. 당시 관동군은 이 전투의 패배에도 불구하고 지속적으로 국경 분쟁을 일으켜 만주국의 영토를 확장해 나갈 것을 주장하였다. 이 전투 이전까지만 해도 대본영에서는 소련과의 전쟁을 염두에 두었다. 하지만, 소련군의 막강함을 몸소 체험한 일본은 독소 불가침 조약 체결, 동맹국인 독일의 폴란드 침공 등 유럽의 정세 변화를 예의주시하는 동시에, 중국 대륙으로의 진출에 병력을 증강하고 자원이 풍부한 태평양 지역으로 관심을 돌리기 위해 소련과의 전쟁을 포기하게 된다[346].

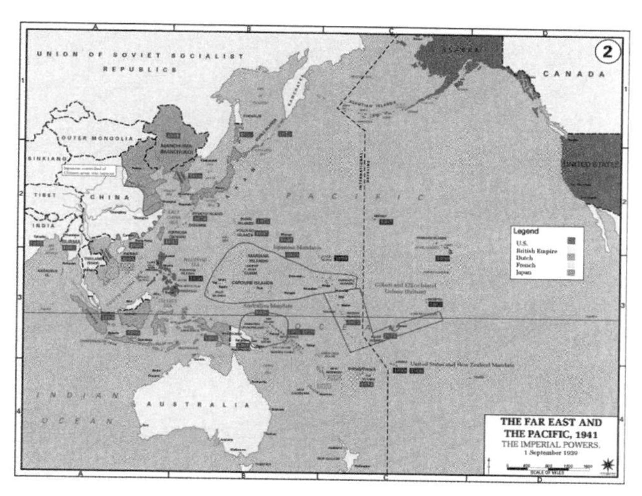

그림 18. 제2차 세계대전 당시 태평양에서의 제국주의적 팽창
출처: 미 육사 전쟁사 지도

▶ 과달카날 전역과 작전술

중일전쟁이 발발하면서 중국에서는 장개석의 국민당과 모택동의 공산당이 일본의 침략을 물리치기 위한 목적으로 제2차 국공합작을 실시하게 된다. 일본은 더욱 강해진 중국군과 마주하게 되었으며, 특히 농촌 지역을 중심으로 게릴라전을 펼치는 모택동의 중공군으로 인해 전쟁은 장기화될 가능성을 보이고 있었다. 이에 따라 석유, 고무, 철, 목재 등 일본의 전쟁 긴요물자들은 점차 고갈되어 갔으며, 미국과 영국 등이 일본에 대한

수출금지령을 내림에 따라 일본의 상황은 더욱 악화되어 갔다. 노몬한에서의 패배와 자원 수급을 이유로 일본은 소련이 위치한 북쪽보다는 동남아시아, 인도차이나 반도 일대로 관심을 돌리게 된다. 유럽에서의 전쟁으로 영국과 프랑스가 인도차이나 식민지의 병력을 철수시키자 해당 지역은 권력의 공백상태가 되었으며, 일본에게는 절호의 기회가 되었던 것이다. 하지만 일본과 인도차이나 반도 사이에는 미국의 식민지였던 필리핀이 자리하고 있었기 때문에, 인도차이나를 점령한다고 해도 미국으로부터 위협을 제거하지 않으면 안정적인 자원 획득을 보장할 수 없었다[347].

일본이 처음부터 미국과의 전쟁을 추구하였던 것은 아니었다. 추후 태평양전쟁을 지휘하게 되는 일본 해군 제독 야마모토 이소로쿠는 제1차 세계대전 직후 미국 하버드대에서 유학을 했던 엘리트로서, 미국의 제철능력과 조선능력을 간파하여 미국과의 전쟁에 반대하였다. 그러나 당시 제국주의적 팽창주의에 사로잡혀 있던 일본제국의 국가 목표는 중국 대륙의 점령에 있었으며, 이를 달성하기 위해서는 우선적으로 자원을 확보해야 했다. 그러나 미국은 일본의 제국주의적 야욕을 견제하기 위해 유류 수출 금지 조치를 취한다. 따라서 일본에게 동남아 지역 점령은 반드시 필요하였으며, 동시에 미국의 수출 금지 조치를 철회할 특단의 조치가 필요하였다. 결국 일본은 미국의 중간 전초기지인 진주만을 기습하여 미국의 대일 수출금지령을 철회 시키고, 이와 더불어 동남아시아 지역 일대 점령에 대한 미국의 동의를 이끌어 내고자 하였던 것이다[348].

1941년 12월 7일 감행된 일본의 진주만 공습은 전술적으로 큰 승리를 거두었다. 비교적 경미했던 일본의 피해에 비해 미국은 전함 4척 침몰을 포함하여 약 16척의 배가 손상을 입었으며, 항공기 188대가 파괴되고 159

대가 손상되었다. 하지만, 이는 일본에게 전략적으로 크나큰 손실을 불러 일으키게 된다[349]. 미국은 일본의 의도와는 반대로, 대일 수출금지령을 철회시키고 일본의 동남아 점령을 동의하기보다는 오히려 일본에 전쟁을 선포하였다. 진주만에서 미국이 상당한 피해를 입었기 때문에 당시 태평양에서의 전세는 일본에게 유리해 보였으나, 장기적으로는 엄청난 군수 생산력을 지닌 미국이 절대적으로 유리할 수밖에 없었다. 게다가 1942년 6월 미드웨이 해전에서 일본의 통신 암호를 해독하여 그 의도를 파악한 미국이 일본을 대파함으로써 전세는 미국 쪽으로 기울어 갔다[350].

미국은 이제 방어에서 공세로의 전환을 할 수 있는 여건이 조성되었다. 미군을 중심으로 한 연합군은 전초기지로써 솔로몬 제도 일대의 전략적 중요성을 간파하였으며, 이에 따라 그 인근의 과달카날과 툴라기 섬을 공격목표로 선정하였다. 당시 태평양전쟁에 있어 미국의 목표는 일본의 무조건 항복이었으며, 이를 위해 과달카날을 점령하고자 했던 것이다. 하지만, 미국과 마찬가지로 전초기지가 필요했던 일본군은 이미 과달카날에 상륙하여 비행장을 건설하고 있었다. 솔로몬 제도 점령 작전을 착안했던 미국의 어네스트 킹(Ernest Joseph King) 제독은 미 해군 함대사령관으로서 일본을 굴복시키기 위해서는 본 작전이 반드시 필요하다는 점을 역설하여 이를 강행하고자 하였다[351]. 육군으로부터 상륙병력의 지원을 받고자 하였으나, 유럽을 중시하던 육군 참모총장 조지 마셜(George Catlett Marshall) 장군이 이를 반대한다. 킹 제독은 해군 및 해병대로만 작전을 준비함과 동시에 지속적으로 마셜 장군을 설득하여 실제 작전은 미 합동군 차원에서 실시될 수 있도록 하였다. 역사적 사건에 있어서 가정이란 있을 수 없지만, 만약 미군이 과달카날에 대한 공격작전을 감행하지 않았다면 태평양전쟁은 어떻게 되었을까? 이것은 과거의 역사적 사건에 대한 가설적 물음이다. 21세기를 살아가고 있는 우리는 역사적 사실에 대한 결과를 바꿀 수는 없다. 하지만, 당시 미 해군의 수장이었던 킹 제독에게 있어서 '만약 미군이 과달카날을 공격하면, 혹은 하지 않으면 어떻게 될까?'라는 물음은 미래에 대한 가설적 물음이었다. 그는 국가의 목표를 달성하기 위해서 미래를 예측하고, 타당한 가정을 통해 필요한 조치들이 무엇인지 파악하여, 이를 과감하게 실행에 옮겨야 했다. 이러한 것들이 바로 클라우제비츠가 강조한 군사적 천재의 조건, 즉, 통찰력(Coup d'oeil)과 결단력, 용기 등이라 할 수 있다[352].

이러한 킹 제독의 구상에 따라, 당시 태평양 방면 연합군사령관으로 임명된 체스터 니미츠(Chester William Nimitz) 제독은 구체적인 작전을 계획하고, 로버트 곰리(Robert L. Ghormley) 제독을 남태평양 사령관으로 추천하였다[353]. 이후1942년 8월 7일, 툴라기 섬에 대한 상륙작전과 함께 과달카날 전역이 시작되었다. 전역 초기에는 일본군의 큰 저항 없이 상륙에 성공할 수 있었다. 하지만, 미군의 상륙 소식을 접한 일본 해군 및 육군은 과달카날에 지속적으로 병력을 투입하였으며, 이에 따라 곰리 제독은 점차 작전에 대한 부정적인 입장을 갖게 된다. 그는 미국의 전략적 이익이 유럽 지역에 더 비중을 둔 만큼, 과달카날에 투입된 전력, 특히 항공모함과 전투기들을 잃고 싶지 않아, 적시적절한 전력투입의 기회를 놓치는 경우가 빈번히 발생하였다[354]. 하지만, 과달카날에 상륙한 미 해병대를 지휘하던 알렉산더 반더그리프트(Alexander Vandegrift) 소장은 일본 특유의 반자이 돌격(일제히 만세를 부르며 무작정 돌격하는 전술)에도 불구하고, 전의를 불태우며 과달카날 섬 내 비행장을 지키기 위해 고군분투한다

[355]. 지속적인 병력, 물자 지원요청에도 상급부대의 지원은 늘 턱없이 부족했지만, 과달카날의 중요성을 아는 그는 불굴의 의지로 병력들을 독려하면서 임무를 수행했다.

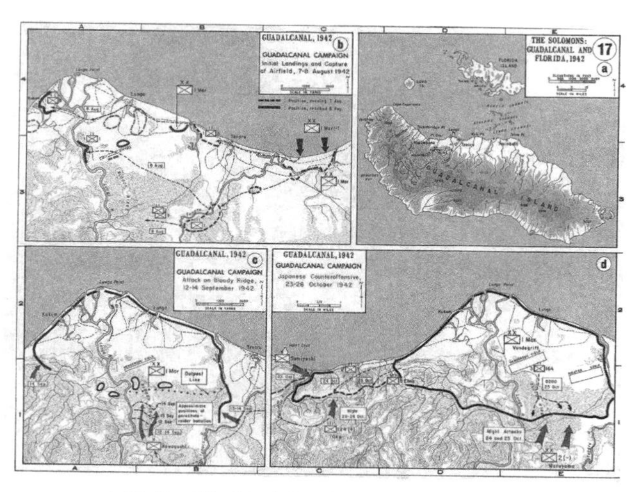

그림 19. 과달카날 전역 초기 상황도(1942.8.-10.)
출처: 미 육사 전쟁사 지도

곰리 제독의 소극적인 모습은 작전이 진행될수록 계속되었다. 그는 사령부가 설치되었던 뉴 칼레도니아의 누메아에서 지속적으로 머물면서 실제 작전지역인 과달카날은 시찰조차 하지 않았다[356]. 이러한 소극주의는 그가 직접 말을 하지 않아도 일선의 병력들에게 쉽게 전달이 되었으며, 부대의 사기는 급격히 저하된다. 이에 더하여, 곰리의 예하지휘관인 프랭크 플레처(Frank Jack Fletcher) 제독과 리치몬드 터너(Richmond K. Turner) 제독은 작전 초기부터 항공모함 지원 등 여러 가지 문제들로 대립각을 세웠음에도 불구하고 곰리는 이를 중재하지 못하였으며, 오히려 우유부단한 모습으로 분란을 더하기만 했다[357].

곰리 제독이 10월 15일 전격 해임되면서 그 분위기는 반전되었다[358]. 당시 니미츠 제독은 작전지속지원 능력에 있어 미국이 일본보다 훨씬 우위에 있다는 판단하에 과달카날의 미 해병대가 핸더슨 비행장을 잘 고수하면서 시간을 벌어 주면 곧 일본은 자진해서 병력을 철수시킬 수밖에 없을 것이라고 믿었다. 하지만, 누메아에서 만난 곰리 제독의 부정적인 브리핑은 니미츠의 이러한 생각과 판이하게 달랐다. 니미츠는 이러한 곰리제독의 태도에 불신을 갖게 되었으며, 누메아에 많은 항공모함과 전투기들이 적절히 운용되지 못한 채 유휴화되어 있는 것을 본 그는 곰리 제독을 꾸짖었다[359]. 니미츠는 예하 지휘관인 곰리 제독이 제대로 하지 않았던 현장 시찰을 실시하였다. 과달카날 현지에서 만난 밴더그리프트 소장은 곰리 제독과는 달랐다. 그는 앞서 밝힌 대로, 비행장 사수를 굳게 결의하고 있었으며, 일부 만나 본 해병대원들의 굳은 의지를 보고 니미츠 제독은 곰리 제독의 경질을 마음먹는다[360].

니미츠에게는 곰리 제독과는 반대 성격의 지휘관, 즉, 적극적이고 승리를 확신하는 지휘관이 필요했다. 이에 따라 터너 제독과 윌리엄 할지(William F. Halsey, Jr.) 제독을 그 후보로 두고 고민하였다. 하지만, 당시 소장이었던 터너 제독은 작전 초기 사보 섬 해전에서 일본군에게 대패한 전력이 있어 선불리 중장으로 승진을 시키기가 다소 부담되었기 때문에 할지 제독이 곰리 제독의 후임으로 임명되었다[361]. 이 소식이 일선에 전해지자 해병대 병력들은 일제히 기뻐하였다. 당시 전략이 무엇인지를 묻는 기자의 질문에 대한 할지의 '일본군을 죽이고, 죽이고, 더 죽인다'는 답변은 미군들의 사기를 드높였다[362]. 그는 곰리 제독와 달리 가용한 모든 자산을 밴더그리프트 소장에게 지원하였으며, 계속되는 공방 끝에 1943년 새해가 되자 일본군은 점차 철수하기 시작하였고, 1943년 2월 9일 과달카날로 부터 일본군이 완전히 철수했음을 확인한 미군은 결국 과달카날의 점령을 선언하였다[363].

사실, 과달카날에서 보여 준 일본의 전투력은 미군들의 전투력과 비교하여 전혀 뒤떨어지지 않았었다. 하지만, 앞서 언급한 대로 작전지속능력의 차이로 인해 전투의 지속은 일본군에게 결코 유리할 수 없었다. 일본군은 작전지속능력 차이를 정확히 판단하지 못하고, 무리하게 작전을 지속하였으며, 이로 인해 추후에 귀중하게 활용될 수 있는 전력을 너무 많이 소비하게 되었다. 다른 한편으로, 미군은 장기적으로 유리한 상황이었음에도 불구하고, 작전 초기 일본군의 강력한 공세에 눌린 지휘관의 부정적 태도로 인해 자칫 작전을 실패하게 될 위기에 놓였던 것이다.

과날카날에서의 전투는 작전술을 연구하는 이들에게 몇 가지 시사점을 준다. 먼저, 우리는 곰리와 할지의 사례에서 지휘관의 역할이 얼마나 중요한지를 알 수 있다. 지휘관의 소극적인 사고방식은 말단 부대에까지 전해질 수 있으며, 이는 실제 전투에서의 패배로 직결될 수 있다. 게다가, 상급지휘관의 의도를 명확히 통찰하지 못하고 책임을 회피하려고만 하면 전략적 맥락에서 상급부대의 목표 달성에 결코 기여할 수 없다. 반면 할지 제독처럼 상급지휘관의 의도에 대한 명확한 이해를 바탕으로 병력들을 독려하고 가용한 모든 수단을 최대한 활용한다면, 상급부대의 작전에 기여할 수 있는 가능성은 더욱 커질 것이다. 또한, 우리는 전략적 성공에 기여하지 못하는 전술적 승리는 큰 의미가 없음을 다시 한 번 유념해야 한다. 일본군의 진주만 공습은 미군에 대해 큰 전술적 승리를 거두었지만, 오히려 전략적으로는 미군을 전쟁에 참전시키는 우를 범하게 되었다. 이에 더하여, 과달카날 전역 기간에 일본군은 수차례의 육상 및 해상 전투에서 미군에 전술적 승리를 거두었다. 하지만, 미군의 회복 속도는 매우 빨랐으며, 일본의 작전지속지원 능력은 그 피해를 감당하지 못하였기에 결국 소중한 전력들을 잃게 되었다. 일본군의 실패사례를 통하여 작전술가는 가용한 수단(means)에 대한 이해를 바탕으로, 목표(ends)를 달성하기 위한 방법(ways)을 선정할 때, 위험(risks)의 정도를 고려하여, 균형있게 선정할 수 있는 능력을 갖추어야 한다는 점을 알 수 있다.

▶ 독소 전쟁과 작전술

일본이 진주만 공습을 감행하기 약 6개월 전인 1941년 6월 22일, 독일은 소련을 침공하여 독소전쟁을 일으킨다[364]. 앞서 언급한 대로, 히틀러는 소련 영토로의 진출을 꿈꿔 왔으며, 한편으로는 영국의 전쟁 의지를 꺾고 향후 잠재적 위협을 제거하기 위해서는 소련의 점령이 필요하다고 판단하였다. 1940년 5월 10일 프랑스를 침공하여 단 5주 만에 파리를 점령한 독일은 이제 소련으로 눈을 돌리게 된다[365]. 독일은 앞서 1939년에 소련과 불가침 조약을 맺었으나, 이는 역설적으로 소련을 침공하기 위한 전략이었다[366]. 히틀러는 소련과의 불가침 조약을 통해 폴란드를 손쉽게 점령하고, 프랑스 침공 시에도 동유럽으로부터 위협 없이 서유럽 전역에만 집중할 수 있었다. 이러한 외교적, 군사적 조치로 소련 침공의 여건은 조성되었으며, 이제는 주력을 소련 방향으로 전환하여 2년 전 맺은 불가침 조약을 파기하고 소련을 침공하고자 하였다. 당시에 육군사령부는 최초 히틀러의 계획이 양면전쟁을 야기한다는 이유로 반대하였으나, 최고 권력자

히틀러의 의지를 꺾을 수는 없었다[367].

히틀러는 나폴레옹이 1812년 러시아 원정 당시 범했던 실수를 잘 알고 있었다. 당시 나폴레옹은 겨울이 오기 전에 모스크바를 점령한다는 목표로 6월에 러시아 원정을 출발하였다. 나폴레옹은 약 3주 분의 보급물자를 준비하였으며, 부족분에 대해서는 현지조달의 방식으로 충당하고자 하였다. 이러한 나폴레옹의 전략은 러시아군이 국토 사수의 정신으로 전투에 임해야 가능한 일이었다. 나폴레옹 입장에서는 그래야만이 러시아군의 전투력을 감소시켜 더 이상 저항할 수 없도록 할 수 있으며, 동시에 러시아군의 군수물자를 획득하여 프랑스군의 작전범위를 확장할 수 있기 때문이었다. 하지만, 당시 러시아는 광활한 영토를 십분 활용하여 '공간을 내어주고 시간을 획득'하는 전략을 구사함으로써 이러한 나폴레옹의 전략을 무너뜨렸다. 러시아군은 전투력을 최대한 보존한 채 프랑스군이 군수품으로 사용할 수 있는 모든 물자를 파괴하면서 지속적으로 철수하였다. 이에 따라 프랑스군은 러시아의 영토를 빠르게 점령해 나갈 수 있었으나, 반면에 병참선은 과도하게 신장되었고 식량은 고갈되어 갔다. 프랑스-러시아 국경선과 모스크바의 중간지점인, 보르디노 전투에서 가까스로 러시아군에 승리한 나폴레옹은, 드디어 모스크바에 입성하게 되었으나, 모스크바 또한 이전에 거쳐왔던 도시들과 마찬가지로 모두 황폐화되어 프랑스군이 식량으로 사용할 수 있는 것은 남아 있지 않았다. 나폴레옹이 모스크바까지 오는 동안 각각의 전투의 승패는 분명했다. 나폴레옹은 항상 전투를 승리로 이끌었고, 피해 측면에서도 러시아군의 피해가 훨씬 많았다. 하지만, 러시아군은 자국의 후방으로 퇴각하면서 지속적으로 병력과 물자를 보강한 반면, 프랑스군은 신장된 병참선으로 인해 보급이 제한되어 전투력이 지속적으로 약화될 수밖에 없었다[368].

히틀러는 나폴레옹 전역의 교훈들을 토대로 작전을 수립 및 시행하고자 하였다. 그는 나폴레옹보다 조금 더 빠른 시기에 작전을 개시하기 위해 러시아의 지형과 기상을 연구하였다. 러시아의 도로사정은 봄, 가을이 가장 좋지 않았는데, 대부분이 진흙 상태여서 기동속도를 저하시키는 요인이 되었다. 따라서, 나폴레옹보다는 먼저 작전을 개시하되, 도로사정이 비교적 양호해지는 5월을 작전개시 시기로 판단하였다[369]. 결국 작전준비에 예상보다 시간이 더 소요되어 히틀러도 나폴레옹처럼 6월에 작전을 개시하였지만, 히틀러는 나폴레옹과 동일한 우를 범하지 않기 위해 노력했던 것이다. 또한, 나폴레옹처럼 모스크바 점령에 병력을 집중하지 않고, 북부, 중부, 남부 집단군으로 부대를 편성하여 모스크바 방면을 주공으로 작전을 계획하였다[370]. 이에 더하여, 우리에게는 전격전으로 더 잘 알려진 더욱 빠른 기동과 제병협동작전을 통해 소련군이 미처 철수하기 전에 주력부대를 파괴하고, 보급품을 획득하고자 하였다[371]. 공산주의를 바탕으로 한 스탈린의 공포정치에 염증을 느낀 소련 주민들이 독일군의 침공을 환영할 것이라고 판단한 히틀러는 이러한 작전이 충분히 가능하리라고 판단하였다.

한편, 소련의 스탈린은 여러 출처로부터 독일군의 공격이 임박했다는 정보를 입수하고 있었다. 하지만, 동북아에서 일본의 위협이 지속되고 있는 가운데 독일과 전쟁을 벌이는 것은 현명하지 못하다고 판단하였으며, 독일이 소련과 맺은 불가침 조약이 아직 유효하다는 점, 서부전선에서 연합군의 위협이 지속되는 상황에서 독일군이 동부전선으로 전력을 전환하기 어려울 것이라는 점 등을 들어 독일이 소련을 공격할 가능성은 낮다고 낙관하고 있었다. 게다가, 1937년 스탈린은 미하일 니콜라예비치 투하쳅스키(Михаи́л Никола́евич Тухаче́вский)를 포함한 훌륭한 군사 이론가 및 장군들을 모두 숙청하였기 때문에 2차 세계대전 발발당시 소련은 실전에서 검증된 유능한 장군들이 거의 부재하였다[372]. 이러한 이유로, '바바로사 작전'으로 명명된 독일의 소련 침공은 초기에 큰 성과를 거두었다. 철저한 기습으로 800대가량의 소련군 항공기들을 파괴하였으며, 지상군 방어망 또한 독일의 전격전에 금세 무너져 내렸다. 브레스트 요새 전투, 오데사 전투, 민스크 전투 등 독일군은 계속해서 승전보를 올렸으며, 특히 민스크 전투에서는 약 40만 명에 달하는 소련군이 독일 중부집단군에 포위되어 항복을 함으로써 히틀러의 자신감을 북돋아 주었다. 이는 독일군의 작전 개시 약 12일 만에 거둔 대 성과였기에 히틀러는 겨울이 오기 전에 목표달성이 가능하리라 판단하였다[373].

하지만 독일군의 피해도 상당하였으며, 병참선이 점차 길어지고 독일군 내에서 불협화음이 일기 시작하면서 상황은 조금씩 변해 갔다. 독일군이 작전을 지속하기 위해서는 본국으로부터의 보급지원과 소련 영토 내에서의 현지 조달이 적절히 이루어져야 했다. 하지만, 독일군의 진격이 계속될수록 병참선 또한 신장되었던 반면 철도망은 점차 줄어들었으며, 이에 따라 본국으로부터 이송되는 보급품의 양 또한 줄어들게 되었다. 게다가 소련군은 1812년 나폴레옹의 공격을 받았던 러시아가 그러하였듯이 철수 시에 독일군이 사용할 수 있는 보금품을 남겨 두지 않으려 노력하였다[374]. 이러한 이유로 인해 독일은 점차 작전한계점에 도달해 가고 있었다. 또한, 구데리안 등 전차부대 지휘관들과 클루게 등 보병부대 지휘관들은 전투력 운용에 관해 대립하였다[375]. 전차부대 지휘관들은 일단 포위에 성공한 적 부대에 대해서는 후속하는 보병부대들이 처리하고, 전차 부대는 공격기세를 지속 유지하여 적 후방으로 종심 깊게 진격함으로써 적 부대의 전투의지를 말살해야 한다고 주장하였다. 반면, 보병부대 지휘관들은 전차부대와 보병부대의 벌어지는 간격을 염려하여, 작전적 정지(operational pause)를 통해 작전지속지원 활동을 실시함으로써 전열을 가다듬어야 한다고 주장하였다. 전쟁이 지속됨에 따라 히틀러의 간섭은 점차 심해졌고, 급기야 히틀러와 군부 간의 갈등도 심화되게 되며, 군사작전은 히틀러의 직접적인 지침에 의존하게 된다.

스몰렌스크에서 승리한 독일군은 즉각 모스크바로 진격하지만 모스크바 전투에서 패배하면서 전쟁은 새로운 국면을 맞게 된다. 계획보다 시간이 지연되고 겨울이 오자 전쟁은 소강상태가 되었으며, 독일군은 점차 약해져 갔다. 반면, 소련군은 풍부한 인적, 물적 자원을 바탕으로 전투력을 회복하여 갔다. 특히, 리하르트 조르게(Richard Sorge)라는 걸출한 스파이를 통해 일본이 소련을 공격하지 않을 것이라는 점을 간파한 스탈린은 동부의 전력을 서부로 전환하여 독일군을 상대하는 전력을 강화한다[376]. 이때 독일은 일본으로 하여금 소련을 공격하여 소련의 양면전쟁을 강요하는 외교적 노력을 기울이지 않음으로써 소련의 병력 전용을 막지 못하였다. 소강상태가 끝나고 이듬해인 1942년 봄이 되자 독일군은 주공을 남부로 전환하여 공격을 개시한다.

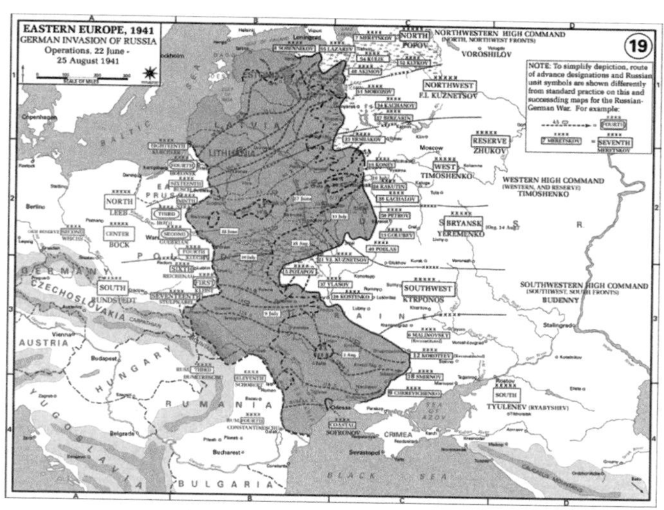

그림 20. 독일의 소련 침공(1941.6.22.-8.25)

출처: 미 육사 전쟁사 지도

모스크바를 지향하는 중부 접근로를 주공으로 주장하였던 군부와 달리, 작전 개시 이전부터 히틀러는 풍부한 자원이 있는 남부 유전 및 곡창 지대를 더 중요하게 여겼다. 군부에서는 이를 반대하였으나 히틀러는 적의 정치적 상징이 아닌 실질적인 자원을 탈취하는 것이 전략적으로 소련의 항복을 받아 내기에 더 유리하다고 판단하여 이를 감행한다. 군 지휘관들의 통찰력과 현장판단은 더 이상 히틀러에게 중요한 요소가 아니었다. 독일의 건전한 민군대화는 이렇게 무너져 내렸던 것이다. 그리하여, 최초 계획과는 달리 1942년으로 작전이 연장되면서 독소전쟁이 종료되는 1945년 4월까지, 소련군은 스탈린그라드 전투, 쿠르스크 전투 등 치열한 전투를 지속하면서 독일군을 계속 추격하다가 결국 1945년 4월에 베를린을 포위하고 5월 8일에 독일의 무조건 항복을 받게 된다[377].

독소전쟁을 전략 및 작전술 수준에서 살펴보면 다음과 같다. 먼저, 카리스마 있는 리더는 조직의 노력을 하나로 결집시킬 수 있다. 하지만 리더가 눈과 귀를 닫고 자신의 카리스마를 오용하여 조직을 자신의 마음대로 끌어 나가면 조직은 다양한 구성원들이 가진 잠재역량을 결코 발휘할 수 없으며, 진화하는 다른 조직들에 의해 금세 무너질 수밖에 없다. 히틀러가 설정한 국가 목표가 비록 보편적 시각에서 잘못된 것이었지만, 그가 목표를 달성하기 위해 수단과 방법을 결정하고 이를 추진력 있게 시행했던 점은 잘한 점이다. 하지만, 전략가는 단순히 수단과 방법을 잘 고안해 낸다고 해서 만들어지는 것이 아니다. 앞서도 이야기했듯이 진정한 전략가는 목표, 수단, 방법, 위험의 균형을 잘 유지할 수 있어야 하며, 만약 목표가 달성할 수 없거나 윤리적, 법적인 정당성이 인정되지 않는 것이라면 이를 과감히 조정할 수 있어야 한다[378]. 히틀러의 소련 침공은 달성 가능성 측면에서 상당히 어려운 것이었으며, 정당성 측면에서는 더욱 목표로 설정하면 안 되는 것이었다.

이에 더하여, 히틀러는 자신 스스로 작전술의 영역까지 침범하고자 하였으나, 이는 자신의 능력에 벗어난 무모한 행동이었으며, 예하의 우수한 장군들을 적절히 활용 못하는 결과를 낳았다. 특히, 히틀러는 예하 지휘관들에 대한 지나친 간섭(micromanagement)으로 독일군의 강점인 임무형 지휘를 오히려 제한하였다. 전략적 측면에서 전쟁의 성공을 보장하기 위해서는 동맹국에 대한 외교적 노력 또한 매우 중요하다. 히틀러는 유럽 방면에서의 외교적 노력을 통해 소련을 침공하기 위한 여건을 잘 조성하였다. 하지만 결정적으로 일본이 소련에게 양면전쟁의 위협을 강요하도록 유도하지 않음으로써 소련이 독일군을 격퇴하는 데 전력을 집중하도록 하는 결과를 낳았던 것이다.

작전술의 측면에서도 앞서 언급한 바와 같이, 목표, 수단, 방법, 위험의 균형은 여전히 중요하다. 작전술가는 상급지휘관 또는 정치지도자의 의도가 자신이 부여 받은 수단으로 달성하기 어려운 것이라면 이를 분명하게 보고하여야 한다. 방법 측면에서도 상급자가 제시한 것보다 더 좋은 안이 있다면 이를 면밀히 검토하여 상급자에게 알림으로써 상급자가 더 많은 방안을 두고 고민할 수 있도록 보좌해야 한다[379]. 이는 제3장 '전략과 작전술'에서 살펴본 민군대화의 중요성을 다시 한 번 상기시킨다[380]. 또한, 작전술가는 적과의 상호작용이라는 전쟁의 속성을 이해하고 이를 작전에 적용해야 한다. 독일군은 철저한 기습을 통해 전쟁 초기 큰 성공을 거둘 수 있었다. 하지만 점차 소련군의 공간을 내어주고 시간을 획득하는 전술에 말려들어 갔으며, 각 거점에서의 강력한 저항에 전투력을 점차 소모시킴으로써 급기야 철수할 수밖에 없는 상황에 이르게 된 것이다. 반면, 소련군은 전쟁 초기의 피해를 딛고 일어서 점차 '시간, 공간, 전투력'의 적절한 조화를 통해 전장에서의 주도권을 확보, 확대하게 되었다.

중간 정리

본 장에서는 제2장 '이론과 작전술', 제3장 '전략과 작전술'에서 살펴본 각종 이론들을 바탕으로 새로운 시각에서 총 7가지의 전쟁을 살펴보았다. 미국 독립전쟁, 미국-멕시코 전쟁, 미국 남북전쟁, 보불전쟁 등 한국의 전쟁사 연구에서 비교적 친숙하게 다루지 않았던 전쟁사들부터, 나폴레옹 전쟁, 제1, 2차 세계대전 등 비교적 친숙한 전쟁사들에 앞서 살펴본 다양한 이론들을 적용해 볼 수 있었다.

이 책에 수록할 전쟁사를 선정함에 있어 개디스가 표현한 대로 선택적인 영역화(scoping)를 하였지만, 이는 독자들에게 각종 이론들을 어떻게 적용할지 하나의 예를 보여 주기 위한 목적으로 제시한 것이다[381]. 이 외에도 연구할 수 있는 전쟁사는 무궁무진하기 때문에, 그리고 환원주의(reductionism)를 탈피하기 위해서라도, 가능한 다양한 전쟁사를 연구해 보기를 권한다. 시간과 공간을 넘어서 다양한 전들에 대해 많은 이론들을 적용해 봄으로써 사고의 폭을 넓히고, 전쟁사를 작전술적 입장에서 분석할 수 있어야 진정한 내면화가 가능하다. 작전술에 중점을 두고 시행하는 전쟁사 연구는 차후 실전에서 작전술을 적절하게 적용할 수 있는 통찰력을 가지는 데 도움을 줄 것이다. 평소의 전쟁사 연구 노력이 시스템 II 사고방식을 훈련시킬 것이며, 이는 곧 급박한 상황에서 나타나는 시스템 I 사고방식이 시스템 II에 가까운 능력을 갖추도록 도울 수 있을 것이라 생각한다[382]. 이러한 노력들이 종합적으로 이루어질 때, 점차 작전술의 본질에 다가갈 수 있다.

제5장

디자인과 작전술

디자인은 작전술을 실제 적용하기 위한 효과적인 도구이다.

구슬이 서 말이라도 꿰어야 보배이다. 이론, 전략, 전쟁사를 통해 살펴본 작전술이라는 무기를 디자인이라는 도구를 활용해 실전에 적용해 보자.

디자인과 작전술

'디자인'은 패션, 건설, 제품 생산 등 각종 산업을 비롯하여 많은 분야에서 사용되는 용어이다. 우리는 디자인을 흔히 '설계'라고 표현하지만, 본래 디자인이란 용어는 '성취하다, 표현하다, 지시하다' 등을 의미하는 라틴어 'designare'에서 유래한 말로, 더욱 다양하게 해석될 수 있다[383]. 특히, 유래어가 의미하는 '성취하다'의 측면에서 디자인은 반드시 달성해야 할 목적이 분명해야 하고, '표현하다'의 측면에서 달성해야 할 목적과 그 목적을 달성하기 위한 방법이 언어와 그림 등을 통해 표현될 수 있어야 한다. 또한, '지시하다'의 측면에서 이렇게 표현된 산물은 관련된 사람들에게 전파되어 공동의 목표를 향해 모두가 협력할 수 있도록 하는 힘이 있어야 한다. 즉, 본질적인 의미를 놓고 본다면, 디자인은 분야를 막론하고 사용될 수 있으며, 목적을 달성하기 위하여 글과 그림을 통해 표현하는 활동들을 디자인이라 칭할 수 있는 것이다. 이와 같은 측면에서 디자인을 '의상, 공업 제품, 건축 따위 실용적인 목적을 가진 조형 작품의 설계나 도안'이라고 정의하고 있는 표준국어대사전은 디자인의 의미를 지나치게 한정하고 있다고 볼 수 있다[384].

미군은 1982년도에 FM 100-5에서 용병술체계를 정립하고, '작전적 수준'을 교리에 반영한 이후, 1986년 개정된 FM 100-5는 작전술이라는 용어를 사용하면서 그와 관련된 용어로 '디자인의 주요 개념(key concepts of operational design)'을 제시하였다. 이는 작전구상요소(elements of operational design)의 출발점으로, 당시 디자인이라는 용어는 그 자체가 의미 있기보다는 계획수립 시 고려해야 할 요소들의 집합체 개념으로 사용되었다[385]. 2001년에 들어서 미 육군은 "작전술은 디자인을 통해 작전계획으로 전환된다"라고 하며 디자인 자체에 관심을 가지기 시작하였다[386]. 그 이후 디자인의 개념은 연구를 거듭하며 다양화, 구체화되었고, 2009년에 미 육군은FMI(Field Manual-Interim) 5-2, 「Design」을 발간하고 이를 미 지참대 산하 샘스의 교과목으로 반영함으로써 디자인을 구체적으로 교리화하기 위한 초석을 마련하였다[387]. 이후 2011년에 이르러 작전 디자인(operational design)이라는 용어가 미 육군교리보다 먼저, 미 합동 교범 JP 5-0「합동작전 계획수립(Joint Operation Planning)」에서 체계적으로 정립되었다.

우리 군은 'operational design'을 '작전구상(作戰具象)'이라는 용어로 번역하여 사용하고 있지만, 한자가 주는 의미가 원래의 디자인이 가지는 본질적인 의미를 전달하는 데 제한사항을 가지고 있다고 생각된다. 이를 극복하기 위해서는 디자인이 왜 필요한지를 먼저 생각해 보아야 한다. 클라우제비츠가 전쟁의 특성으로 인간의 공포심, 육체적 피로, 우연, 불확실성, 마찰 등을 제시하였듯이, 전쟁은 인간의 노력만으로는 모든 것을 통제할 수 없는 복잡한 작전환경을 가지고 있다[388]. 또한 과학기술의 발전, 대량살상무기의 확산, 소셜미디어의 증가, 비국가행위자 및 개인 행위자들의 영향력 강화 등으로 인해 앞으로의 작전환경은 더욱더 복잡해질 것이다. 복잡한 작전환경에서, 국가 이익을 증진시키기 위해 진정 군사적으로 해결해야 할 문제점이 무엇이고, 어떠한 접근방법을 가지고 해결해야 하며, 결과적으로 달성해야 할 상태가 무엇인지 명확하는 것이 매우 중요하다. 그렇지 않고 단순히 적 부대 격멸만을 생각해서는 안된다는 것이다. 이러한 상황 속에서, 디자인은 우리로 하여금 한 발 뒤로 물러나 큰 그림을 보게 하고, 창의력과 비판적 사고에 기초한 시스템 II의 사고체계를 작동시키며, 복잡한 환경 속에서 유연하게 문제 해결을 해 나아갈 수 있는 틀을 제공한다는 점에서 매우 중요하다.

따라서, 본 장에서는 잠시 '작전구상'이라는 용어를 내려 놓고, 대신 '디자인'을 사용할 것이다. 먼저 디자인을 본질적으로 이해하기 위하여 미 육군의 디자인 교리를 여러가지 이론과 함께 깊이 있게 분석할 것이다. 그런 다음, 디자인의 필수 구성요소라 할 수 있는 (1) 작전환경 이해, (2) 문제점 이해, (3) 작전적 접근방법 발전에 대해 알아보고, 마지막에는 계획수립의 개념적 접근인 디자인을 계획수립의 구체적 접근인 전술적 계획수립 절차와 연계하여 어떻게 실천적으로 적용할 수 있는지에 대해 알아보려 한다.

1. 미 육군의 디자인 방법론 개요

▶ 미 육군 디자인 방법론(ADM)

앞서 밝혔듯이, 미 육군은 1986년 디자인을 처음으로 자군 교리에 도입한 이래 지속적으로 개념을 발전시켜 왔다. 그 후 2011년 미 육군 교범 ADP 3-0「통합 지상작전(Unified Land Operations)」교범을 발간하면서 미 육군디자인방법론 교리를 체계적으로 제시하였다[389]. 그 후 ADM 교리는 미 육군의 관련 교범들에 차례로 반영되기 시작하였으며, 2015년에 이르러 미 육군 기술 교범 ATP 5-0.1「육군 디자인 방법론(Army Design Methodology)」을 발간하면서 연구의 깊이를 한층 더했다. 이 책은 다른 학문분야에서 연구된 각종 디자인 이론들을 집대성하여 각 제대 지휘관 및 참모들이 큰 틀에서 작전환경을 이해하고 문제의 근본 원인들을 찾아 이를 해결할 수 있도록 그 방법론을 제시하였다. 미 육군 디자인 방법론은 익숙하지 않은 문제를 이해하고 이를 해결하기 위한 과정에 있어서 창의적이고 비판적인 사고를 적용하는 것이다[390]. 미 육군 디자인 방법론은 근시안적인 문제가 아닌 근본적인 문제 해결을 위한 방법론이며, 이때 단순한 시스템 I의 사고체계가 아니라, 시스템 II의 사고체계를 작동시켜 창의적, 비판적 사고를 이끌어 내는 하나의 도구라고 볼 수 있다. 그렇기 때문에 미 육군 디자인 방법론은 방향을 제시하는 '방법론'이라는 점과, 이를 적용하는 데 있어 어느 한 가지 방식 또는 절차만 존재하는 것이 아니라는 점을 강조한다[391].

하지만, 미 육군 디자인 방법론에는 반드시 고려해야 하는 요소들이 있다. 첫째로, 작전환경의 분석 및 이해(framing operational environment)이다. 손자가 피아, 작전환경 이해의 중요성을 강조했듯이[392], 디자인을 적용할 때는 가장 먼저 우리가 처한 환경 속에서의 주요 행위자(actors), 그들 간의 관계(relationships), 각 행위자의 기능(functions), 행위자 사이에 존재하는 긴장 요소(tensions) 등을 잘 확인해야 한다(이러한 분석틀을 각 단어의 알파벳 앞글자를 따서 통상 'RAFT'라고 부른다)[393]. 그런 다음, 과연 미래에 우리가 지향하는 작전환경은 어떤 모습인지를 이해해야 한다. 정치적, 또는 전략적 목표를 달성하기 위해 우리가 만들어야 할 미래의 모습, 즉, 최종상태를 면밀히 따져보아야 하는 것이다. 이를 통해, 우리는 두 번째 요소인 문제점의 분석 및 이해(framing problems)를 위한 발판을 마련하게 된다. 현재의 상태(current state)와 요망하는 최종 상태(desired end state)를 비교하여 어떠한 차이점(gap)이 있는지를 파악함으로써 우리는 무엇이 근본적인 문제인지를 확인할 수 있다. 그런 다음, 파악된 문제점을 해결하기 위한 작전적 접근방법을 발전(framing solution)시켜야 한다. 여기서는 아주 구체적인 해결책들을 제시하는 것이 아니라, 문제를 해결하기 위한 기본 방향을 설정할 수 있어야 한다. 마지막으로, 지속적인 상황의 변화로 현재까지의 분석이 더 이상 유효하지 않거나, 혹은 지금까지의 분석에 오류가 발견되는 등의 상황이 발생한다면 앞선 과정들을 다시 적용하는 노력(reframing)이 필요하다[394]. 이러한 디자인의 과정을 도식화하면 다음과 같다.

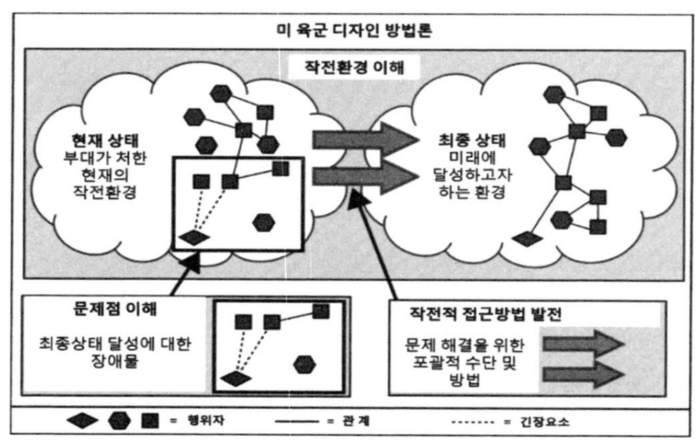

그림 21. 미 육군의 육군 디자인 방법론(ADM)

출처: US Army ATP 5-0.1(2015), 5-1.

여기서 언급한 디자인의 주요 요소들은 추후에 더 자세히 살펴보도록 하겠다. 한편, 미 육군은 이러한 디자인의 과정에 반드시 지휘관이 중심이 되어야 한다고 강조한다. 미 육군 교육사 팸플릿 525-5-500「지휘관의 이해와 전역(戰役) 디자인(Commander's Appreciation and Campaign Design)」의 서문에서, 예비역 미 육군 중장 마이클 베인(LTG Michael Vane)은 "디자인은 심도 깊은 귀납적 추론 과정이며, 이에는 지휘관이 반드시 직접 참여하여야 한다"고 하였다[395]. 그는 지휘관의 직접적인 관여가 이루어져야 거시적 관점에서의 상황 및 문제점 인식, 인식된 상황 및 문제점의 공유, 포괄적인 해결책 마련 등이 가능해질 수 있다고 강조하였다. 이에 더하여, 그는 상급자와 하급자 간의 지속적인 대화를 강조하였는데, "작전명령은 상급부대로부터 하급부대로 하달되지만, 작전환경이 복잡하면 복잡할수록 이에 대한 이해는 종종 하급부대로부터 더욱 잘 이루어져 상급부대로 전달된다"라고 하면서 예하부대 지휘관들의 역할 또한 매우 중요함을 역설하였다[396].

이렇듯 디자인에 지휘관의 역할이 매우 중요하지만, 지휘관 혼자서 모든 것을 이끌어 나갈 수는 없다. 참모들은 지휘관과 지속적인 대화와 토의를 통해 상황을 이해해 나가야 한다. 때로는 아무도 인식하지 못한 사실을 참모들 중 어느 한 사람이 찾아내어, 그것이 전체적인 디자인에 매우 중요하게 작용하기도 한다. 1973년 제4차 중동전쟁 당시 이스라엘의 바레브 모래방벽을 무너뜨린 것은 이집트 공병 대위 유세프(Baki Zaki Youssef)의 번뜩이는 아이디어였으며[397], 1979년 이란의 테헤란에 억류되어 있던 미 대사관 직원 구출작전 당시 CIA가 영화 제작사를 가장하여 이란에 침투한 후 성공적으로 직원들을 구출해 냈던 아이디어 또한 토니 멘데즈라는 한 CIA 요원에게서 나온 것이었다[398]. 미시건 대학의 경영학 교수 칼 와익(Karl E. Weick)은 한 기고문에서 이러한 아이디어가 조직 차원에서 공감을 얻고 행동으로 실천되기 위해서는 센스 메이킹(sensemaking)이 필요하다고 강조한다. 즉, 어느 한 개인이 감지한 상황이나 문제점, 아이디어 등에 스스로 의미를 부여하고(noticing), 무엇에 주목하고 그 개념들을 어떻게 그룹화할지를 고민하며(bracketing), 과거와 현재의 변화 추이를 지속적으로 관찰해 미래를 예측한다(retrospect and prospect). 이를 기초로 가설을 설정한 이후(presumption), 주변 사람들과의 대화를 통해(interdependence and articulation) 자신의 생각이 다른 사람들 입장에서도 말이 되게 만드는(sensemaking) 것이다[399].

위와 같은 과정을 통해 공감대가 형성되기란 사실 쉽지 않다. 와익 교수의 이론은 주로 센스 메이킹을 주도하는 개인의 노력에 집중하고 있기 때문에 더더욱 실현되는 것이 쉽지 않다. 하지만, 만약 도널드 쇤(Donald A. Schoen) 교수의 '반성적 실천가(reflective practitioner)' 개념을 적용한다면 이 상황은 개선될 가능성이 높아진다[400]. 쇤 교수는 그의 책『반성적 실천가, 전문가는 어떻게 생각하는가(Educating the Reflective Practitioner: Toward a New Design for Teaching and Learning in the Professions)』라는 책에서 학생들은 '행동하는 중에 학습(reflection in action)'하고 '행동에 대하여 학습(reflection on action)' 함으로써 끊임없이 자신의 사고방식과 행동을 개선해 나가야 한다고 말한다. 이에 더하여, 교사는 학생들이 이렇게 행동하면서 배우고, 특정 행동이 종료된 이후에 그에 대해서 연구하고 또 배울 수 있도록 그러한 '반성적 실천의 환경(reflective practicum)'을 조성해 주어야 한다고 말한다. 이를 군 조직에 접목한다면, 지휘관은 참모 및 예하 부대원들이 사후 강평(after action review)뿐만 아니라 교육훈련 및 작전수행 과정 속에서도 스스로 배워 나갈 수 있는 환경을 조성해야 한다. 또한 각 참모 및 전투원들은 끊임없이 배우고 스스로를 지속 발전시켜 나갈 수 있도록 노력해야 한다. 그리고 그러한 내용들이 지휘관과 참모, 예하 전투원 간에 활발히 토의되어야 한다. 만약 이러한 환경 속에서 각 구성원들이 와익 교수가 말한 센스 메이킹을 위해 노력한다면 그 조직의 디자인은 당면한 근본적인 문제를 해결하는 데 있어 실로 무궁무진한 잠재력을 발휘할 수 있을 것이다.

▶ 디자인 관련 이론

디자인 관련 이론을 살펴보기에 앞서서 디자인이 무엇인지 다시 한 번 생각해 보자. 디자인이라는 단어는 일상생활에서 상당히 많이 사용된다. 앞서 국어사전 및 백과사전에서 말하는 디자인의 정의에 대하여 언급하였지만, 여기서는 좀 더 이론적인 관점에서 살펴보도록 하자. 브라이언 러슨(Bryan Lawson)은 『디자이너들은 어떻게 생각하는가(How Designers Think)』라는 책에서 디자인이란 단어가 명사 및 동사로 사용될 수 있다고 말한다. 즉, 명사로써 '최종 산물' 혹은 동사로써 '산물을 만드는 과정'을 의미하는 것이다[401]. 여기서 디자인이라고 하는 행동, 즉 최종산물을 만드는 과정은 교육을 통하여 가르친다고 모두가 디자인을 잘할 수 있는 것은 아니다[402]. 그리고 때로는 디자인 교육을 받지 않은 사람들이 훌륭한 디자인 제품을 만드는 경우도 있다[403]. 디자인을 가르치기 위하여 만든 교육이 생각의 벽을 만들어서 창의적인 제품을 만드는 데 걸림돌이 될 수도 있다는 것이다. 디자인은 상당히 복잡하고 정교한 기술이다[404]. 훌륭한 음악가는 악기를 다루는 세부기술에 집중하기보다는 악보가 지닌 '웅장하다', '슬프다' 등의 느낌을 얼마나 잘 표현할 것인가에 집중한다. 김연아와 같은 우수한 피겨 선수는 기술적인 공중 점프 기술 자체보다는 연주되는 음악에 녹아들어 연기를 표현하는 데 집중할 것이다. 그렇게 김연아 선수는 이미 기본적인 기술 습득을 완료하고 난 후, 대중들에게 자신만의 느낌을 최대한 살려 최고의 무대를 선보인다. 러슨은 디자인도 마찬가지로 정교한 기술이 중요하지만, 실제 제품을 만들어 갈 때는 배웠던 것에 집착하기보다는 영감에 맞게 작품을 만들어야 한다고 주장한다[405].

미 육군디자인 방법론에서 시각적인 모델을 제시한 것과 같이, 디자인은 그림으로서 표현된다. 디자이너의 머리 속에 있는 생각들은 '발표를 위한 디자인'의 형태로 나타나는데, 이를 통하여 다른 사람과 효과적으로 의사소통을 할 수 있는 것이다[406]. 자신이 디자인한 결과물을 보고서 디자이너 스스로 생각을 더 정교하게 해 나갈 수 있으며 또한 그림은 정확성과 현실성 있는 모델을 만드는 데 도움을 줄 수 있다[407]. 때로는 백 마디의 말보다 직접 한 번 보는 것이 이해를 더 쉽게 도울 수 있다. 군에서 지휘관에게 참모가 아무리 설명을 하더라도 이해가 어려운 것이 있는데, 이때 간단하게 모형을 그려서 설명하거나 현장에 직접 가서 보면 명확하게 이해되는 것들이 있다. 마치 실제 자동차를 양산하기 전에 컨셉트 카(concept car)를 그려서 의사소통을 돕는 것과 같다.

디자인은 문제를 해결하기 위하여 시행하는 것이지만, 해결책은 다시 또 다른 문제를 만든다. 따라서 디자인이라는 것은 끊임 없이 반복되는 행동이다[408]. 디자인에 있어서 이상적인 해결책은 존재하지 않으며, 해결책은 다시 다른 디자인 문제의 일부가 될 수 있다[409]. 강력한 화력을 동반한 전차를 만들고자 필요 이상의 대형 화포를 장착하면, 무게가 도로지수(도로가 견딜 수 있는 하중) 혹은 교량지수(다리가 견딜 수 있는 하중)를 넘어서 기동을 하지 못하는 전차가 양산될 수 있다. 만일 방호 장갑을 지나치게 적용하면 안전하기는 하지만, 엔진의 마력수가 부족하여 원하는 기동속도를 내지 못할 수도 있다. 그렇기에 적절한 지점을 찾아가는 디자인은 끝이 없는 과정이다[410].

디자인은 시스템의 관점에서 이해해야 한다. 구름이 끼고 하늘이 어두워지면 인간은 비가 올 것이라고 예측을 한다. 그리고 비가 오고 나면 하늘이 파랗게 나타나고 다시 좋은 날씨가 올 것이라는 것을 안다. 이러한 일상의 현실은 시간과 공간 그리고 모든 것이 연계되어 일정한 패턴의 형태로 나타난다는 것을 알 수 있다. 하나의 현상은 서로 다른 것에 영향을 준다. 그러나 이러한 상호연계성은 잘 보이지 않으며 가려져 있는 경우가 많다. 인간이 속한 사회는 시스템에 의하여 움직인다. 인간은 시스템 속에 하나의 부속으로 속해져 있기 때문에, 스스로를 시스템과 분리시켜 전체의 패턴의 변화를 정확히 인식하기 어렵다. 이런 이유로 인간은 디자인을 통하여 문제를 해결하고자 하지만, 오히려 문제점의 한 단면(snap shot)만 보고 그 부분만 고친 뒤 왜 문제가 해결되지 않는지 불평하는 경우가 발생할 수 있다[411].

한편, 피터 센게이(Peter M. Senge)는 『제5경영(The Fifth Discipline)』이라는 책을 통하여 회사를 통제하는 다섯 가지 규율, 즉, 개인적 숙달, 정신적 모델, 비전 공유, 팀 학습, 시스템적 사고를 제시한다[412]. 그는 시스템에서 조직 내의 팀 학습은 필수적이라고 주장하는데, 팀이 배우지 않으면 조직이 배우지 못하기 때문이다. 여기서 학습은 단순하게 정보를 가지는 것이 아니라 상황에 따라 적응하는 방법을 배워가는 것이다. 이것이 바로 학습조직(learning organization)인데, 정보는 넘쳐나더라도 가진 정보를 어떻게 변화되는 상황에 적응하여 승리를 만들어 낼 것인가가 더 중요하다[413]. 이후에 과거의 전투 결과를 사후검토를 통하여 조직의 지식창고에 축적하고, 추후에 창의적으로 적용하여 승리를 이끌어 내야 한다. 타산지석(他山之石)이라는 말과 같이 다른 조직, 심지어 적의 실수까지도 교훈 삼아 배워 나가는 조직을 만드는 것이다.

센게이는 다섯 번째 규율인 시스템적 사고에 법칙이 존재한다고 주장하면서 다음과 같은 의견을 제시한다. 먼저, 시스템적 사고에서 본다면 과거의 문제 해결책은 현재의 문제가 될 수 있다. 또한 문제의 해결책은 오히려 기존의 문제보다 더 상황을 악화시킬 수도 있다. 거북이가 토끼보다 빨리 목적지에 도달한 것과 같이, 느린 것이 더 빠른 것일 수 있다. 원인과 결과는 시간과 공간 측면에서 가까이 있지 않을 수도 있다. 작은 변화가 큰 결과를 가져올 수도 있다. 전체 문제를 둘로 나눈다고 두 개의 문제가 되는 것은 아니다. 조직은 저항을 하기 때문에 더 거세게 밀어 부치면, 더욱 거세게 저항한다[414]. 센게이가 제시한 이러한 시스템적 사고의 법칙들은 세상에는 여러 가지 원인들이 복합적으로 작용하여 어떤 한 가지의 결과를 나타내기도 하고, 반대로 어느 한 가지 원인이 여러 가지 결과에 영향을 미치기도 하며, 때론 인과관계가 명확하지 않은 일들도 많다는 것을 일깨워 준다. 그래서 모든 관계와 구조를 파악하는 것은 거의 불가능에 가깝다.

조직이라는 시스템이 인간의 상호작용에 의해 움직인다는 점은 이러한 센게이의 주장에 타당성을 더해 준다. 인간의 사고방식에 대한 카너먼의 이론을 생각해 보자. 인간은 기본적으로 자만심을 가지고 있으며, 선택을 할 때 시스템 I인 직관에 의한 판단을 한다[415]. 인간은 자신이 시스템을 이해했다는 환상에 빠질 수 있기 때문에 외부의 시각에서 객관적으로 바라보는 관점이 필요하다[416]. 미 육군에서는 레드팀(red team)이라는 부서를 두어서, 작전계획이 수립되면 그 계획에 사용된 가정사항이 적절한지 검증하는 과정을 거치는데, 이렇게 외부에서 바라보는 관점을 제공함으로써 조직이 내부적으로 발견하기 힘든 오류들을 찾아내고자 한다[417]. 시스템에 의하여 올바른 수단이 제공되었다고 하더라도 조직의 목표 달성을 위해 어떠한 방법을 사용할 것인지는 인간에게 달려 있으며, 또 그 방법이 가용한 수단을 잘 통합하여 승수효과를 낼지, 반대로 기대 이하의 결과를 낼지 여부 또한 인간에게 달려 있다. 따라서 인간을 시스템 속에서 이해하는 것이 필요하다.

▶ 디자인과 리더십

앞서 밝혔듯이, 디자인에는 반드시 목적이 있어야 한다. 어느 조직이나 조직의 비전과 목적을 가지고 있다. 디자인의 개념이 생겨나기 훨씬 이전부터 이러한 조직들은 존재해 왔다. 결국 사람들 사이의 모임인 '조직'이란 개념은 조직 구성원들 공동의 이익을 추구한다. 그 과정에서 조직이 한 방향으로 나아가기 위해서는 누군가가 조직 전체를 이끌어야 한다는 것을 사람들은 자연스럽게 느끼고 리더를 뽑게 되었다. 이렇듯, 조직은 본질적으로 목표를 달성하기 위해 리더를 필요로 한다. 리더에게 중요한 것은 바로 리더십인데, 미 육군 교범 ADRP 6-22 「육군 리더십(Army Leadership)」에서는 리더십을 "부여된 목표를 달성하고 조직을 발전시키기 위하여, 목적과 방향을 제시하고 동기를 부여함으로써 사람들에게 영향력을 행사하는 과정"이라고 정의하고 있다[418]. 그러면서 작전적 수준의 리더와 전략적 수준의 리더가 담당해야 할 역할에 대해 자세히 설명하고 있는데, 크게 '이끌기(leading)', '발전시키기(developing)', '성취하기(achieving)'로 구분하여 설명한다[419]. 이끌기 측면에서 리더는 공감대 형성, 솔선수범, 의사소통 등을 강조하며, 발전시키기 측면에서는 미래를 위해 조직의 긍정적 환경을 조성하는 것, 리더 스스로의 자기계발, 조직원들의 자기계발 여건 보장 등을 들고 있다. 이에 더하여, 성취하기 측면에서는 권한을 최대한 활용하여 적시적이고 명확한 지침 부여, 지속적인 임무수행여건 보장, 조직 운영 시스템 숙달, 지속적인 평가 및 피드백을 강조하고 있다.

여기서 알 수 있듯이, 미 육군의 리더십 교범은 수직적, 관료적인 군 조직의 구조적 특성 때문인지, 권한과 책임에 기초한 리더십을 많이 강조하고 있다. 하지만, 이러한 권한과 책임에 기초한 리더십은 조직 구성원의 조직을 위한 이행(compliance)을 이끌어 내기는 쉽지만, 조직을 위한 몰입(commitment)을 이끌어 내는 데는 한계가 있다. 여기서 이행은 '조직이 구성원들에게 요구하는 특정 요구사항을 충족하는 것'을 말하는 반면, 몰입은 조직의 목표를 이해하고 이에 헌신하는 것을 말한다. 즉, 이행은 단순한 행동의 긍정적 변화이지만, 몰입은 '구성원들의 근본적 사고의 변화를 통한 행동의 긍정적 변화'를 의미하기 때문에 리더는 구성원들이 조직에 몰입할 수 있도록 리더십을 발휘해야 한다. 이때 직위에서 오는 권력(position power)과 리더 개인에게서 오는 권력(personal power)을 적절히 사용하여야 이러한 리더십의 발휘가 가능하다. 다음은 이러한 직위권력과 개인권력, 이행과 몰입의 상관관계를 나타낸 도표이다.

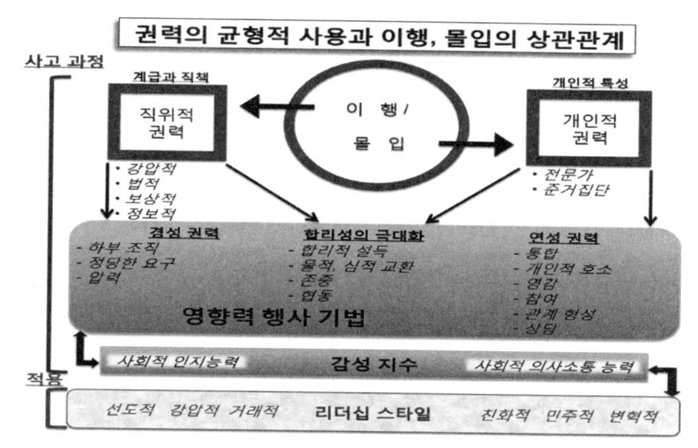

그림 22. 권력의 균형적 사용과 이행, 몰입의 상관관계
출처: 존 카터(John P. Kotter), 『공식적 권한 너머의 권력과 영향력
(Power and Influence beyond Formal Authority)』

조직원들의 몰입을 이끌어 내기는 매우 어렵지만, 그 방법은 무궁무진하다. 이에 대한 리더십의 이론 또한 매우 다양하여 어느 한 가지 이론에 고착되기보다는 여러가지 이론들을 골고루 읽고 다양한 관점들을 이해하기를 권한다. 여기서 강조하고자 하는 이론은 바로 존 카터(John P. Kotter) 교수의 이론이다. 카터 교수는 『Power and Influence beyond Formal Authority』란 책에서 리더십과 권력, 영향력의 상관관계에 대하여 이야기한다. 그는 "다양성과 상호의존성의 증대에 따라 현대의 업무환경은 복잡해졌는데, 이와 같은 복잡한 환경에서 리더십, 권력, 영향력을 잘 발휘하는 리더의 능력이 요망된다"고 주장한다[420]. 여기서 다양성이란 목표, 가치, 이익, 가정, 인식 등 각종 분야에서 사람들 사이에 나타나는 차

이를 말하며, 상호 의존성이란 둘 이상의 존재가 일정 부분 서로 영향을 끼침으로 인해 서로에게 권력을 행사할 수 있는 상태를 말한다[421]. 카터 교수는 이러한 다양성과 상호의존성이 본질적으로 의견의 충돌을 유발하며, 만약 리더가 이를 강압적인 방법으로만 해결하려 한다면 오히려 문제를 악화시킬 수 있음을 강조한다[422]. 진정한 해결책은 바로 리더가 조직구성원에게 단지 직책이나 권한에서 오는 권력뿐만 아니라 그 이상의 비공식적 영역에서까지 영향력을 미칠 수 있을 때 가능하다고 카터 교수는 말한다. 그렇다고 해서 부하 직원에게 권한 밖의 권력과 영향력을 행사해야 한다는 의미는 아니다. 공식적인 지위가 주는 권력을 사용하는 것도 중요하지만, 비공식적 영역인 인간적인 관계를 형성해야만 자발적으로 부하직원들이 자신의 리더를 따른다는 것이다[423]. 이는 위의 그림 22에서 제시한 바와 일맥 상통하는 것으로써, 직위 권력(경성 권력)과 개인적 권력(연성 권력)을 균형되게 사용하면서, 다양한 리더십 스타일을 골고루 발휘하여 조직 구성원들의 이행과 몰입을 이끌어 내는 것이 중요함을 강조한다[424]. 이는 관료적, 수직적 조직구조로 인해 상명하복 식의 문화가 뿌리 깊게 자리잡은 군 문화에도 조직의 발전을 위해 리더들에게 반드시 필요한 내용이라 하겠다.

2. 작전환경 이해

▶ 작전환경 이해의 어려움: 실패의 논리학

작전환경을 이해하는 것은 중요하지만, 이를 완전히 이해하는 것은 매우 어렵다. 작전환경을 이해하기 위해 시스템적 사고를 바탕으로 관련 행위자와 그들의 역학관계를 파악해야 한다는 것은 이미 앞서 강조한 내용이다. 하지만, 시스템 이론을 학습하더라도, 이를 실천에 옮겨 실제 디자인의 과정에서 잘 활용하는 경우가 많지 않다. 이는 대부분 사람들이 인과관계의 선형적 사고방식에 익숙해져 있기 때문이며, 사람은 시스템 I의 사고체계가 시스템 II의 사고체계보다 앞서 작동되는 경향이 있기 때문이다. 따라서, 작전환경을 보다 잘 이해하기 위해서는 단지 시스템적 사고의 중요성을 인식하는 데 그쳐서는 안 되며, 왜 개인이나 조직이 반복적으로 디자인에 실패하는지에 대해 인식하는 것이 필요하다.

독일의 심리학자 디트리히 되르너(Dietrich Dörner)가 쓴 『실패의 논리학(The Logic of Failure: Why Things Go Wrong and What We Can Do to Make Them Right)』이란 책은 책의 원제에서도 알 수 있듯이, 디자인이 반복적으로 실패하는 원인을 밝히고 이에 대한 해결책을 제시한다. 되르너는 이 책의 서두에 두 가지의 심리실험과 체르노빌 사태의 사례를 통해 실패는 그것만의 논리가 있어서, 개인이나 조직이 그 논리에 빠지게 되면 실패할 확률이 높아진다는 주장을 도출하였다. 첫 번째 심리실험은 12명의 참가자에게 가상의 도시(책에서는 Tanaland라고 명명)를 공동으로 운영토록 전권을 부여하고 여러 가지 문제들을 발생시켜 그들이 이를 어떻게 해결해 나가는지 관찰하였다. 그러는 과정에서 두드러지게 나타났던 현상은, 사람들이 최초에는 상당히 깊이 있게 자신들이 처한 환경과 문제점들을 분석하려 노력했다는 점이다. 그러면서 그들은 다행히 몇 가지 문제점들을 해결하게 되었다. 하지만 초기의 이러한 성공이 학습효과가 되어, 시간이 지나 상황이 바뀌고 새로운 문제점들이 드러났음에도 불구하고, 그들은 자신들이 최초에 구성한 문제 해결방식과 절차를 고수하는 모습을 보였다[425]. 그들은 점차 환경을 분석하는 데 소홀히 하였으며, 그 결과 엉뚱한 조치를 취하고 의도치 않은 부작용들을 발생시키게 된 것이다[426]. 게다가, 어떠한 조치의 결과가 목표를 달성하지 못했음에도 불구하고, 단지 부정적인 결과를 초래하지 않았다는 사실에 만족하고 그 조치를 다음 상황에도 적용하려 하는 현상도 나타났다[427]. 그들은 최초의 성공에 도취해 상황 변화에 점차 둔감해져 갔으며, 상황이 잘못될 때에는 그 원인을 자신들에게서 찾지 않고 다른 사람들에게서 찾으려 하는 현상까지 보였다[428].

두 번째 실험에서는 2명의 참가자를 각각 시장으로 임명하여 가상의 도시 (책에서는 Greenvale이라고 명명)를 운영토록 하였다. 그 결과, 한 명은 주로 긍정적인 결과를 창출하는 의사결정들을 하고, 다른 한 명은 반대의 모습을 보였다. 실험에서 나타난 '좋은 시장'은 '나쁜 시장'에 비해 더 많은 상황에 개입하여 의사결정을 하려 했고, 사건과 사물의 상관관계를 파악하려 노력하는 모습을 보였다. 또한, 자신이 영향력을 끼칠 수 있는 예하 조직에 대해 더 고민하고 이를 적극 활용하였고, 자신이 최초에 세웠던 가설이 적절한지 지속 확인하려고 노력하였으며, 도널드 쇤이 이야기한 '반성적 실천가'가 되려고 스스로를 항상 되돌아보았다. 하지만 상대적으로 부정적 결과를 창출한 시장은 매사에 소극적이었고, 가능한 한 의사결정을 회피하려는 성향을 보였으며, 어떠한 문제에 봉착했을 때 직원들이 알아서 문제를 해결하길 바랄 뿐 어떠한 배경에서 그러한 일이 벌어지게 되었는지를 탐구하려 하지 않았다[429].

되르너는 이 두 가지 실험과 함께 체르노빌 사태의 실제 사례를 들어

'실패의 논리'에 대해 설명을 보완한다. 체르노빌 원자력 발전소에서 근무하던 과학자들은 모두가 적게는 수년에서 많게는 수십 년 동안 유사한 일에 종사한 전문가들이었다. 그럼에도 불구하고 1986년 체르노빌 원자력 발전소에서 원자로가 폭발하여 방사능이 누출되었던 비극적인 사태가 벌어진 이유는 단지 몇 사람의 실수 때문만은 아니라는 것이 되르너의 주장이다. 그는 먼저, 단편적인 상황에 과도하게 집중하는 현상을 그 원인 중 하나로 꼽았다[430]. 즉, 당시 전문가들은 원자로 안전시스템 점검 중 원자로의 온도가 과도하게 오르락내리락하자 그 상황에 고착되었다. 그들은 그 상황이 일어난 전후 사정을 시간적 흐름 속에서 찾으려고 노력하지 않았고 단편적인 상황만 보고 문제점을 진단하려 하였던 것이다. 둘째로, 그는 매너리즘을 또 하나의 원인으로 제시하였다. 당시 전문가들은 원자로의 온도가 오르락내리락하는 문제를 해결하기 위해 기초적인 안전수칙들을 어기기 시작하였다. 과거 이러한 안전수칙들을 조금 위반해도 아무런 문제가 없었던 경험으로 인해 '지금은 당장 온도문제부터 해결해야 하니, 이번에도 안전수칙은 조금 무시해도 괜찮겠지'라는 생각을 하게 되었던 것이다[431]. 또한, 그는 체르노빌 사태가 집단적 사고의 위험성이 그대로 드러난 참사라고 설명한다. 원자력분야 전문가들이 모인 엘리트 집단으로서 각각의 구성원들은 자신들의 판단과 조치가 올바르다고 생각하는 경향이 강하게 생겨났으며, 이로 인해 집단의 외부에서 바라보는 객관적 시각을 전혀 고려할 수 없었다는 것이다[432].

이러한 두 가지 실험과 체르노빌의 실제 사례를 바탕으로 그는 다섯 가지 실패의 논리를 제시한다[433]. 먼저, 사람들은 환경의 복잡성(complexity)을 이해하지 못한다. 이를 이해하기 위해서는 정보를 수집, 통합, 처리하고 이를 토대로 계획을 세워야 하는데, 사람들은 대부분 눈앞의 단편적인 정보나 자신이 원하는 정보 등만 선택적으로 취합하는 경향이 있다는 것이다. 설사 초기에 복잡성을 인식하더라도 첫 번째 실험의 사례처럼 사람들은 점차 상황을 단순화하여 이해하고자 한다[434]. 둘째로, 이러한 복잡한 관계는 각 구성요소들간의 역동적인 상호작용(dynamics)을 수반한다. 이는 클라우제비츠가 말한 마찰(friction)과도 같으며, 사람들로 하여금 빨리 해결해야 한다는 시간의 압박을 느끼게 한다. 그러다 시간이 지나서 상황이 바뀌게 되어도 여전히 과거의 발상에서 벗어나지 못해 그릇된 결정을 하게 되기도 한다[435]. 셋째로, 불투명성(Intransparence)은 불확실성을 더해 주는데, 사람들은 이를 인지하지 못하고 자신이 상황에 대해 투명하게 인지하고 있다고 생각하는 경향이 있다. 체르노빌의 전문가들은 자신들의 능력을 과신한 나머지 문제의 전후 사정을 살피려 하지 않았고, 자신들이 가진 정보만으로도 충분히 문제 해결이 가능하다고 보았다[436]. 또한, 사람들은 이러한 잘못된 상황인식을 기초로 잘못된 가정을 내리는 경우가 많으며, 만약 새로운 상황이나 정보가 자신의 가설에 부합되지 않을 때에는 이를 무시하기도 한다[437]. 마지막으로, 계획 수립과 계획의 실행에 있어서 반드시 필요한 단계들이 있는데, 사람들은 이를 제대로 수행하지 못한다. 즉, 명확하고 구체적인 목표 선정, 정보 수집, 이를 바탕으로 한 미래 예측을 통해 문제 해결의 수단과 방법을 고민하여 이를 시행하면서 각각의 단계들을 평가 및 피드백해야 한다. 하지만 사람들은 이 과정을 몰라서, 혹은 알면서도 간과하는 경우가 있다는 것이다[438].

이렇듯, 되르너의 책은 사람이 얼마나 유한한 존재인지를 다시 한 번 일깨워 주면서, 개인이나 조직이 빠지기 쉬운 실패의 논리에 대해 자세히 설명하고 있다. 어느 한 분야의 전문가라고 여겨지는 사람들 중 일부는 그 많은 지식들을 습득하고 있음에도 불구하고, 자신의 능력을 과신한 나머지 이러한 실패의 논리에 빠져 일을 그르치는 경우가 종종 있다. 조직의 발전과 목표 달성, 미래에 당면하게 될 문제의 해결을 위해 디자인을 적용하는 각개 각층의 사람들은 자신들이 언제든지 이러한 실패의 논리에 빠져 디자인의 첫 단추인 '상황의 이해'부터 잘못되지 않도록 노력해야 할 것이다.

▶ 작전환경 이해의 출발점: 시스템적 사고와 적응성

되르너가 설명한 대로 인간은 언제나 실패의 논리에 노출되어 있으며, 이 실패의 논리가 카너먼이 제시한 시스템 I의 사고, 각종 논리적 오류, 편견 등과 만나게 되면 우리는 작전환경을 이해하는 데 더욱 어려움을 겪게 될 것이다. 이러한 제한사항들을 극복하고 작전환경을 최대한 정확하게 이해하기 위해서는 시스템적 사고가 필요하다. 잠시드 가라제다기(Jamshid Gharajedaghi)는 『시스템적 사고(Systems Thinking: Managing Chaos and Complexity: A Platform for Designing Business Architecture)』라는 책에서 "시스템적 사고는 바로 모든 사물과 조직, 세상, 더 나아가서는 우주까지도 유기적인 체계(system)로 바라보고 이를 이해하려는 사고방식"이라고 설명한다[439]. 즉, 사물 또는 조직을 세분하여 특정 부분들을 집중적으로 바라보기보다는, 거시적인 관점으로 전체를 바라보는 사고방식을 의미한다. 이는 분석적 사고(analytical thinking)와는 분명히 구별되는 것으로, 분석적 사고는 통상 다음의 세 단계를 거치는 사고 과정을 말한다. 먼저, 사물 또는 조직을 세분화한다. 그런 다음, 각 부분들을 별개의 것들로 간주하여 그 특성이나 행동양식을 설명한다. 이후에는, 각 부분들에 대한 충분한 이해를 바탕으로 이를 종합하여 해당 사물 또는 조직 전체를 설명한다[440]. 즉, 분석적 사고는 '1+1=2'와 같은 명쾌한 산수식과 같은 사고 방식이라고 할 수 있다.

이와는 대조적으로, 시스템적 사고는 연구할 사물이나 조직을 부분으로 나누지 않고, 오히려 반대로 그들이 속해 있는 주변 환경을 바라본다. 즉, 어떠한 사물이나 조직은 그보다 더 상위 시스템의 하위 시스템(subsystems)으로 간주하고, 이 시스템이 상위 시스템의 맥락 내에서 어떠한 목적을 가지고 있으며, 또 어떠한 역할을 하고 있는지를 파악하는 것이다[441]. 시스템적 사고의 관점에서 '1+1=2'라는 산수식은 성립되지 못하는 경우가 많다. 어떠한 시스템이든 간에 그 시스템은 각각 상위 시스템과 하위 시스템을 보유하고 있는데, 각 시스템 간에는 목표, 문화, 행동양식 등에 대해 갈등이 존재할 수 있으며, 이러한 점에서 단순히 '부분의 합은 전체'라는 등식이 성립하기 힘들기 때문이다.

사람의 몸을 예로 들어 보자. 사람도 유기체로서 하나의 시스템이다. 만약 분석적 사고의 관점에서 어떤 한 사람의 각 신체기관을 다 나누면 어떻게 될까? 당연히 그 사람은 사망할 것이다. 분리된 각 신체기관들을 다시 합하면 사람의 형상을 다시 만들 수 있지만, 거기에는 생명과 혼이 들어 있지 않다. 즉, '부분의 합은 전체'라는 등식이 성립하지 않음을 알 수 있다. 또한, 우리의 신체기관들은 각각의 존재 목적이 있으며, 때론 이러한 목적들이 상충될 때도 있다. 과중한 업무로 스트레스를 많이 받은 사람은 신체 이곳저곳에서 휴식하라는 신호를 보낸다. 이때, 상관에서 더 인정받고 싶어하는 사람의 뇌는 쉬고 싶음에도 불구하고 계속 일할 것을 신체기관에 명령할 것이다. 또 어떤 사람은 스트레스를 풀기 위해 동료들과 음주를 할 수도 있는데, 이는 결코 간, 위, 장 등의 신체기관이 원하는 일은 아닐 것이다. 하지만 우리가 시스템적 사고의 관점에서 그 사람을 바라본다면, 우리는 그가 어떠한 업무 환경에 처해 있고, 어느 정도의 스트레스를 받고 있으며, 이를 해결하기 위해 무슨 생각들을 하고 있는지 등 분석적 사고와는 다른 거시적, 맥락적 관점에서 생각할 수 있게 된다.

가라제다기는 시스템적 사고를 하기 위한 다섯 가지 원칙-개방성(openness), 합목적성(purposefulness), 다차원성(multidimensionality), 창발성(emergent properties), 반직관성(counterintuitive)-을 제시하였다[442]. 첫째, 우리는 개방성의 원칙을 토대로 어떤 시스템이든지 상위 시스템과 그 맥락 속에서 존재하고 있음을 직시해야 한다[443]. 둘째, 합목적성 측면에서 우리는 모든 시스템은 그들의 활동에 대한 목적이 있으며, 그것은 복잡하기 때문에 우리가 알고 있는 단편적인 정보와 지식으로 단순화시킬 수 없는 것임을 알아야 한다[444]. 셋째, 다차원성 측면에서 시스템은 시스템 내적, 외적으로 다양한 시스템들과 상호작용하고 있으며, 그러한 활동들에 대한 목적마저도 다양할 수 있다는 점도 인식해야 한다[445]. 넷째, 시스템은 다양한 기능들을 수행하면서도 각각의 목표가 있는 하위 시스템으로 이루어져 있으며, 그 하위 시스템들은 언제든 상위 시스템에 영향을 미칠 수 있다는 창발적 특성을 이해해야 한다[446]. 마지막으로, 한 시스템이 만들어 낸 어떠한 결과는 우리가 다 파악할 수 없는 여러가지 원인들의 지속적이고 반복적인 작용들로 인해 나타난 것일 수 있기 때문에 자신의 직관에 의해 선불리 어떤 사건의 인과관계를 단정짓는 것은 매우 편협한 생각이라는 점을 인식해야 한다[447]. 가라제다기는 시스템을 비교적 올바르게 이해하기 위해서는 이러한 다섯 가지 원칙을 토대로 시스템을 바라봐야 한다고 강조한다.

이에 더하여, 메리 울빈(Mary Uhl-Bien)은 필연적으로 복잡한 환경에서 특정 시스템에 속할 수밖에 없는 조직이 잘 발전해 나아가기 위해서는 조직의 혁신과 적응력이 중요하다고 주장한다[448]. 그녀는 대부분의 조직들이 인적자원(human capital)에만 중점을 두고, 객관적으로 고학력에 뛰어난 능력을 가졌다고 평가받는 인재들을 영입하고 교육하는 데 치중하였다고 지적하면서, 이제는 패러다임의 전환이 필요하다고 말한다. 즉, 조직이 처한 복잡한 환경들은 결국 각 사람과 각 조직 간의 상호작용 속에서 비롯된 것인 만큼, 사회적 자본(social capital)에 집중해야 한다고 강조한다[449]. 즉, 어느 개인의 학문적, 업무기술적 능력보다는 그 사람이 얼마나 주변사람들과 잘 소통하고, 그것을 통해 조직의 발전에 기여하는 시너지 효과를 낼 수 있는지 여부에 더 중점을 두어야 된다는 것이다. 이렇게 사회적 자본으로서의 인재들은 그들이 가진 화합(cohesion)능력과 중개(brokerage)능력을 십분 발휘하여 조직의 혁신과 발전에 지대한 기여를 할 수 있다는 것이다[450].

이를 조금 더 자세히 설명하면, 통상적인 조직들은 그 하위에 시행조직(operational systems)과 사업조직(entrepreneurial systems)을 두고 있는데, 그림 23과 같이 사업조직과 시행조직 사이에는 통상 갈등이 존재한다. 사업조직은 새로운 아이디어 창출을 통해 조직의 혁신을 이루어 내 복잡하고 급변하는 환경에 대한 적응성을 키우고자 한다. 하지만, 시행조직의 입장에서는 업무에 변화가 많으면 그만큼 더 신경 써야 될 일이 많아져서 통상 변화를 꺼려 한다. 이러한 이유로 이 두 조직 사이에는 갈등이 존재하게 되는 것이다. 울빈은 이러한 갈등을 해결하고, 혁신을 통해 조직의 적응성을 키워 나가는 인재들이 바로 이러한 사회적 자본으로서 인재라고 강조한다.

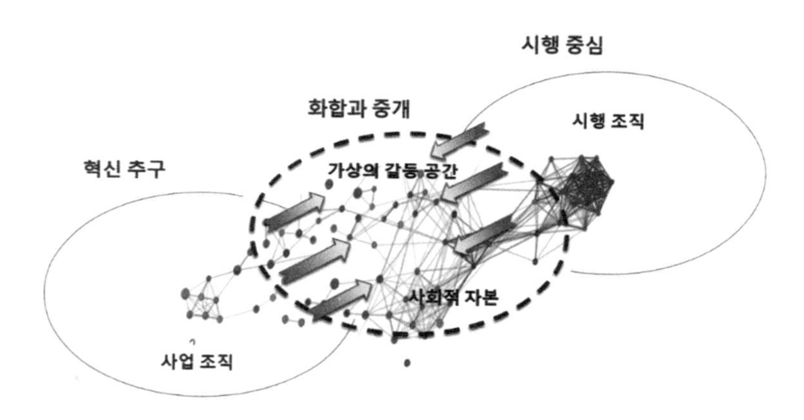

그림 23. 사업조직, 시행조직 간의 갈등, 사회적 자본의 화합·중개
출처: Michael J. Arena and Mary Uhl-Bien, "Complexity Leadership Theory: Shifting from Human Capital to Social Capital," People + Strategy 39, no 2 (Spring 2016): 23-24.

그림 23에서 알 수 있듯이 그들은 시행조직과 사업조직의 갈등이 존재하는 가상의 공간에서 화합과 중개 능력을 발휘하여 사업조직이 창출해낸 아이디어들에 대한 시행조직의 반감을 감소시키는 한편, 사업조직 내에서도 시행조직의 의견을 반영하여 아이디어의 조정을 이루어 냄으로써 결국 조직에 기여할 수 있는 절충안을 이끌어 낸다. 이러한 울빈의 이론이 시사하는 바는 바로 사회적 자본으로서 인재들과 같은 유연한 사고와 연결능력이 작전환경을 이해하는 데 매우 중요하다는 점이다. 앞서 이

야기했듯이, 작전환경은 매우 복잡하고 급변하기 때문에 이를 완전히 이해하고, 또 미래의 작전환경을 예측하는 것은 사실상 불가능하다. 그렇기 때문에 조직은 끊임없이 새로운 아이디어를 바탕으로 환경에 적응하기 위해 혁신을 이루어야 한다. 이러한 노력을 통해 작전환경의 이해, 즉, 현재 우리가 처한 환경과 미래에 우리가 바라는 환경 속에서 각각의 시스템들이 어떻게 상호작용하면서 전체를 이루고 있는지에 대해 이해할 수 있을 때, 비로소 우리가 직면한 문제점이 무엇인지를 제대로 바라볼 수 있을 것이다.

3. 문제점 이해

▶ 문제의 프레이밍

이번 절에서는 먼저 미군 교리가 '문제점(problem)'을 어떻게 설명하고 있는지 살펴보고, 엘리엇 코헨(Eliot. A. Cohen)과 센게이의 이론을 통해 문제점을 파악할 때 유념해야 할 사항들에 대해 알아보도록 하겠다.

문제를 프레이밍(framing)한다는 것은 문제를 정의한다는 의미이다. 당면한 문제를 정확히 정의하는 것은 무엇보다 중요한데, 문제의 근본 원인을 해결하지 않고 증상을 해결한다면 노력과 시간의 낭비가 되기 때문이다. 예를 들어, 신체는 하나의 시스템인데, 어떤 한 사람이 어려운 업무로 인하여 스트레스를 받는다고 하자. '스트레스'라는 표면적인 증상을 해결하기 위해 흡연을 하면, 신체가 느끼는 우울감, 불쾌감 등의 증상은 잠시나마 해결된다. 하지만 진정한 문제인 '업무에 대한 부담감'은 해결되지 않는다. 이는 오히려 '건강의 악화'라는 또 다른 문제를 야기할 수도 있다. 따라서 문제를 파악하는 것은 매우 중요하다.

미 합동 기획 교범은 앞서 살펴본 시스템 이론과 복잡계 이론 등을 토대로 작전환경은 하나의 시스템이며, 그 시스템 속에서 행위자(actors)들 사이의 관계(relationships) 및 상호작용(interactions)이 형성된다고 한다. 이렇게 형성된 현재 상태의 모습(existing conditions)을 내가 바라는 모습(desired end states)으로 바꾸는데 무엇이 방해하는지 파악해야 한다고 언급하면서, 방해 요소를 파악하는 것이 문제를 정의하는 것이라 제시한다[451]. 미 육군 교범 「육군 디자인 방법론」에 따르면, 우리가 직면하는 문제에는 잘 정의된 문제가 있는 반면에, 지휘관이 해당 문제에 대하여 어떻게 해결해야 할지, 어떤 최종상태가 될지, 최종상태가 달성가능한지에 대하여 의문을 가질 수밖에 없는 잘 정의되지 않은 문제(ill-structured problems)가 존재한다[452].

이에 대해 코헨은 다음과 같이 말한다. 전쟁사를 연구하면 전쟁의 역사는 제로섬의 역사임을 알 수 있다. 다시 말해, 한 편이 이기면 다른 편은 지기 때문이다. 모두가 승리를 쟁취하기 위해 얼마나 많은 고민과 노력을 했겠는가? 속고 속이는 상호작용 속에 상황은 더 복잡해져만 간다. 이렇듯 각각의 전쟁 경과가 고유의 복잡한 상황 속에서 이루어졌음에도 불구하고, 대부분의 전쟁사 연구는 승리 또는 패배의 원인을 지나치게 단순화하여 분석한다[453]. 그중에서 코헨은 지휘관이 모든 책임(the man in the dock)이 있다는 식의 전쟁역사 연구를 비판한다. 과거의 일부 단순한 전쟁에서는 가능할 수 있어도 현대의 전쟁사는 많은 참모들, 동맹국 군대가 함께 관계되어 있다. 따라서 지휘관이 잘못 판단하여 패배했다는 식으로 분석하는 것은 지나치게 단순화시킨 분석이라는 것이다. 다른 한편으로, 전쟁이 끝나고, 일부 지휘관들은 자신의 과오를 축소시키고 잘한 과업은 확대시키는 미화작업(the man on the couch)을 하기도 한다고 주장한다. 다시 말해, 동일한 지휘관이 과오를 만들고 또한 동시에 잘한 것이 있다면, 과오를 덮기 위해 잘한 업적을 확대해석 한다는 것이다[454]. 이와 같은 단순한 분석 혹은 확대 및 축소된 분석은 현실을 왜곡하여 제대로 된 분석결과를 제공해 주지 못한다.

추가적으로, 앞서 언급한 체르노빌 원자력 사건과 같이 모든 실패에는 인간의 오류가 연관된다. 의사소통의 문제가 있을 수도 있고, 혹은 잘못된 가정사항을 가졌을 수도 있다. 그러나 더욱 중요한 것은 인간이나 기관의 문제가 아닌, 구조적 문제점이다. 군의 실패는 구조적으로 나타나는 문제점들과 다양하게 연계된다. 특히 현대의 복잡한 체계에서 군이 왜, 언제, 어디서 싸워야 하는지에 정치가 개입된다[455]. 따라서 군의 실패를 바라볼 때는, 그 원인이 결코 단순하지 않으며 여러가지 원인들이 복합적으로 작용하는 것임을 인식해야 한다. 군의 특성상 실패는 정치, 적의 능력 및 행동, 군수물자 등 여러가지의 제한사항과 겹쳐서 발생한다.

또한, 대부분의 역사가 전술과 지휘관에 치중되어 기술된 경우가 많다[456]. 하지만, 실제 전쟁은 전술만이 아니라 작전술, 전략, 정치와 연계되어 있기 때문에 복합적으로 어떤 원인이 상호 연계되어 있는지 살펴보아야 한다[457]. 단순하게 군의 실패에 대하여 분석하는 오류를 방지하기 위해서 코헨은 클라우제비츠의 비판적 분석(critical analysis, 독일어: Kritik) 개념이 유용한 틀이라고 말한다[458]. 즉, 먼저 사실을 밝혀내고, 효과를 유발한 원인을 찾아간 후, 그 효과를 일으킨 수단을 평가하고 조사하면, 문제를 보다 복합적으로 바라볼 수 있다는 것이다. 미군이 진주만 공습 당시 막대한 피해를 입게 된 원인은 사실 단순한 문제가 아니었다. 해군과 육군 예하의 항공전력 간 원활한 의사소통이 없었다는 것, 워싱턴의 국방부와 하와이 사령부 간 연락이 적었다는 것, 당시 경보를 알리는 방공관제 시스템이 제대로 운용되지 않았다는 것 등 많은 이유들이 복합적으로 작용한 것이다.

하지만 이와 같은 비판적 분석 없이 단순히 일본의 기습이 진주만에서 미군이 대량 피해를 입은 주요 원인이라고 분석하고, 따라서 기습의 원칙이 중요하다고 주장하는 식의 분석은 지나친 단순화라는 것이다[459]. 군의 실패 원인은 복잡하다. 지휘관이 아무리 재량을 많이 가지고 있다고 하지만 단순히 지휘관의 잘못이라 평가하는 것은 아무런 문제를 찾지 않는 것보다 못할 수도 있다. 모든 상황에서 군의 실패원인은 동일하지 않다. 그렇기 때문에 정치, 전략적, 작전적, 전술적 수준에서 각종 어려움과 조직적 문제가 서로 연계된다는 사실을 인지하고 이 속에서도 보이지 않는 요소들을 밝혀내는 비판적 사고가 필요하다[460].

앞서 언급한 센게이 또한 복잡한 체계 속에서 발생하는 문제점을 해결하기 위해서는 문제점을 포괄적, 근본적으로 파악해야 한다고 강조한다. 그는 조직이 발전하기 위해서는 성장을 독려하는 것보다 방해 요소가 무엇인지 알고 이를 제거(limit the growth)하는 것이 더 중요하다고 말한다. 예를 들어 어떤 자동차 회사가 차량을 생산하다가 보니 엔진에 결함이 있다는 것을 발견하게 되었다고 가정해 보자. 이런 상황에서 회사가 이윤을 증대시키기 위하여 엔진의 결함을 고치지 않고 생산량을 늘렸다면, 이것은 차후에 차량 리콜을 포함하여 회사의 이윤을 더 낮추게 된다. 또한, 엔진의 결함 때문에 찾아온 고객에게 결함은 제대로 수리하지도 않고 상품권을 주면서 고객을 돌려보낸다면, 이는 나중에 더욱 큰 문제를 야기하게 될 것이다. 이 경우에는 엔진의 결함을 제거하는 것이 문제를 근본적으로 해결하는 것이지 생산량을 늘리거나 고객에게 상품권을 증정하는 등의 대응은 오히려 또 다른 문제를 낳을 뿐이다.

인간의 신체에 나타나는 질병 또한 마찬가지다. 우리는 뉴스를 통해 각종 암에 걸려 사망에 이르는 사람들의 사례를 많이 접한다. 그들 중 대부분은 안타깝게도 암의 초기 증상을 발견하지 못해서 그만 병이 더 깊어진 경우가 많다. 단순 감기 몸살인 줄 알고 제대로 된 진단을 받지 않은 채 감기약만 복용했다는 사례도 있다. 이렇듯, 증상을 일으킨 근본을 찾아 이를 치료해야 함에도 불구하고, 해결하기 어려운 근본은 회피한 채 상대적으로 해결하기 쉬운 증상만 해결하려 든다면(shifting the burden) 그 근본은 시간이 지날수록 문제를 더욱 심각하게 만들 것이다[461]. 이렇듯 현실의 복잡한 문제에 있어서 무엇이 진정한 문제인지 파악하는 것은 중요하다. 그렇지 않다면 정말 중요한 문제가 아닌 증상을 치료하는 데 그치기 때문이다.

앞서 살펴본 내용을 간단히 요약하면, 먼저 '문제'란 현 상태와 내가 요망하는 최종상태를 서로 비교하여 그 차이점을 파악하고, 또 내가 최종상태를 달성하는 데 방해요소가 무엇인지 파악하는 것이다. 문제에는 명확한 문제도 있지만, 쉽게 정의되지 않는 문제도 존재한다. 사람들은 쉽게 정의되지 않는 문제에 직면했을 때 문제의 표면적인 모습만 보고 이를 단순화시켜 쉽게 해결책을 마련하려는 경향이 있다. 하지만, 이렇게 쉽게 정의되지 않는 어려운 문제일수록 비판적 사고를 적용하여 구조적 문제점을 파악해야 한다. 그렇지 않으면 문제를 해결하는 것이 아니라 증상만을 치료한 것이 되거나, 혹은 문제를 단순히 회피한 것이 되기 때문이다. 문제를 정확히 파악하는 것은 매우 중요하다. 아인슈타인은 자신에게 문제 해결을 위한 1시간이 주어진다면, 55분 동안은 문제점이 무엇인지 파악하고 나머지 5분 동안 해결책을 마련하겠다 이야기했다고 한다. 우리는 아인슈타인의 이 말이 의미하는 바를 다시 한 번 생각해 봐야 할 것이다.

▶ 복잡계 이론과 복잡한 문제

배관을 수리하는 수리공은 배관의 어느 부분이 파손되었는지, 혹은 막혀서 배수가 안 되는지 그 지점을 찾아 문제를 해결한다. 그들이 마주하는 문제는 해결하는 데 많은 노력이 필요하긴 하지만 결코 복잡한 문제는 아니다. 그러나 전쟁에 대한 문제는 이러한 수리공의 접근방식으로는 이해하기 어렵다. 서로 다른 특성을 지닌 인간들 간의 사회현상 중 가장 폭력적 형태인 전쟁은 끊임없는 인간 의지의 충돌과 마찰, 불확실성 등으로 인해 본질적으로 복잡할 수밖에 없기 때문이다. 이제, 과연 복잡성이 의미하는 바가 무엇인지 다음의 이론 및 교리를 통해 알아보자.

하와이에 있는 나비 한 마리의 날갯짓이 부산 인근에서 발생된 태풍에 영향을 줄 수 있을까? 혼돈 이론(chaso theory)에서는 이러한 생각을 나비 효과(butterfly effect)라 부르는데, 초기값의 미세한 차이에 의해 결과가 완전히 달라지는 현상을 뜻한다. 따라서 혼돈이론은 개인이 결정하거나 통제할 수 없는 힘에 대한 연구에 집중한다. 이에 더하여, 복잡계 이론(complexity theory)은 혼돈이론에 기반을 하면서도, 무엇보다 근본적인 구조적 혼돈현상(structure of chaos)을 이해하는 데 집중한다[462].

2000년대 후반에 들어서면서 미군과 한국군은 합동 작전 수준에서 네트워크 중심전(network centrix warfare)를 도입하였는데, 이것은 혼돈 이론과 복잡성 이론을 전쟁 이론에 적용한 것이다[463]. 일부 군사 이론가들은 과학자들과 유사하게 전쟁에서 벌어지는 현상에 대하여 과학적 방법으로 설명이 가능하다고 생각하였다. 마키아벨리는 군대를 상호작용하는 부속들로 이루어진 정교한 시스템으로 간주하였다. 그리하여 군대라는 시스템에 병력과 물자 등을 투입하면 전투력이라는 결과가 나올 것으로 생각하였다[464]. 마키아벨리와 같은 생각들의 전제조건 혹은 가정사항은 인간이 모두 이성적이며 예측 가능하다는 것이다. 그러나 현실은 그렇지 않다. 카너만이 앞서 언급하였던 것과 같이 인간은 항상 이성적으로 행동하거나 판단하지 않는다.

미래를 정확하게 예측할 수 있는가? 정교하게 현재의 기후 상태와 관련된 데이터를 수집하고 수퍼 컴퓨터에 입력하여 날씨를 예측함에도 불구하고 항상 날씨는 정확하게 예측이 되지 않는다. 앞서 언급한 혼돈 이론과 같이 다른 예상하지 못한 요소들이 간섭하고 이에 따라 결과는 예상치와 상당한 차이를 보이는 것이다. 이런 현실을 다시 군대에 적용해서 생각해 보자. 시계를 정확히 1초 단위까지 맞추는 것과 같이 병사들을 훈련시킨다고 해서 미래의 전투에서 정확히 승리할 것이라고 장담할 수 있을까[465]? 이러한 훈련이 승리의 확률을 높일 수는 있겠지만, 클라우제비츠가 제시한 공포, 육체적 피로, 불확실성, 마찰 등의 전쟁 속성들로 인해 쉽게 승리를 장담할 수 없게 된다. 에버렛 돌만(Everett C Dolman) 또한 불확실성으로 인해 현실은 이론이나 수학공식처럼 예측한 대로 정확하게 나타날 수 없다고 강조한다[466]. 군은 이러한 불확실성을 받아들여야 하며, 그렇기 때문에 전쟁은 과학적 요소에 국한되지 않고 예술적 요소가 가미될 수밖에 없다. 국가들의 군대가 컴퓨터 워게임 등과 같은 각종 과학적 기법을 사용하여 특정 군사행동에 대한 군 및 민간 사상자를 산출해 낸다. 이러한 데이터는 전쟁 및 작전 계획을 수립하는 이들에게 유용하게 활용된다. 하지만 실제 전장에는 예측할 수 없는 변수가 무수히 많기 때문에, 이러한 과학적 기법에 더하여 인간의 술(術)적 영역이 적용되어야 한다[467]. 전쟁은 둘 이상의 적대적 단체 간의 대립이며, 그들은 각자의 목적에 따라 과학과 술(art)을 적절히 사용하기 때문에, 이로 인해 전쟁은 더욱 복잡하고 예측하기 어렵게 된다. 이러한 점이 전쟁을 수행하는 작전술가들이 명심해야 할 복잡성 이론의 시사점이다.

돌만은 군이 정확하게 예측을 하지 못하는 또 다른 이유로, 자기 참조의 역설(self-reference paradox)을 제시하였다. 자기 참조는 심리학 용어로써 자기와 관련된 현상의 정보가 다른 정보보다 잘 처리되는 것을 의미하며, 이러한 자기 참조로 인해 사람들은 개인적으로 관련 있는 사항을 더 중요하게 여기고 기억한다. 이러한 현상은 전술 제대의 지휘관과 전략가 사이에서도 나타난다. 전술가는 전략가가 크게 보고 있는 전략적 상황을 알기 어렵기 때문에 주로 전술적 수준에 국한하여 사고한다. 그들은 최초 주어진 전략적 지침에 의거하여 구체적으로 작전계획을 수립하고 이를 시행하면 승리의 가능성이 높아진다고 판단한다. 만약 시간이 지나면서 전략적 상황이 변화되고, 그에 따라 변경된 전략적 지침이 하달되어 이미 수립한 작전계획을 수정하도록 요구한다면, 전술가 입장에서는 이 상황을 이해하기가 어렵게 된다. 본인들이 생각하기에 그들은 이미 잘 수립된 계획을 가지고 있기 때문에, 전략가가 관여하지 않는다면 전쟁에서 승리할 수 있을 것이라고 여긴다[468]. 그러나, 만약 그들이 이미 변경된 전략적 상황에도 불구하고 기존의 작전계획을 그대로 시행하여 당장 눈앞의 적을 격퇴하였다면, 과연 이 승리를 전쟁의 승리라고 할 수 있을까? 물론 운이 좋으면 그 승리가 전략적 목표에 기여할 수도 있겠으나, 많은 경우에 이는 단순히 전술적 승리에서 그칠 것이며, 때로는 오히려 전략적 목표 달성에 부정적으로 작용할 수도 있을 것이다.

세상의 모든 것은 서로 연계되어 있고, 정확하게 알 수 없다. 완벽하게 알 수 없기 때문에 전쟁과 전략에 있어서 복잡성과 불확실성을 받아들여야 한다. 세상에는 가능성, 개연성(확률), 경향이 존재한다. 주사위를 던졌을 때 1이라는 숫자가 나올 가능성이 있고, 1이 나올 1/6이라는 확률적인 개연성, 그리고 던지면 어찌되었건 숫자가 나온다는 경향이 존재한다. 단순한 주사위와 달리, 복잡하고 불확실한 시스템들이 상호 연결되어 있는 현실에서는 가능성과 개연성이 항상 맞지 않는다. 알 수 없는 보이지 않는 요소가 존재하기 때문이다. 전쟁에 있어서 절대적인 법칙은 존재할 수 없고, 경향을 분석하여 일부 원칙 정도로 제시할 수 있지만, 역시 이마저도 복잡하고 불확실한 현실에서는 절대적이라고 말할 수 없다[469].

지금까지 설명한 복잡한 현실이 반영된 체계를 복합 체계라고 한다. 복합 체계(complex systems)는 비선형이다. 체계 속에는 다양한 행위자들이 관계를 맺고 있고, 서로 연결되어 영향을 주고받는다. 여기에 추가적으로 자기조직화 체계(self-organizing system)가 있을 수 있다. 예를 들면, 두뇌와 같이 신경세포들이 새로운 외부 자극에 대하여 스스로 다른 신경세포들과 연결을 해 나가는 것이다[470]. 따라서 스스로 구성을 하는 특성으로 인하여 복잡성은 더해진다. 이는 마치 테러단체들이 대테러부대와의 전투 경험을 토대로 하여, 대테러 작전을 능가하는 형태로 조직과 전술을 발전시켜 나가는 것과 같다. 시리아 및 이라크에서 벌어지는 무장단체들이 계속적으로 작전형태를 스스로 진화시켜 나가고 있는 것이 자기 조직화 체계의 예라 할 수 있다.

추가적으로 복합 체계에 자기 조직화 체계가 통합된 형태를 복합 적응체계(complex adaptive systems)라 부른다. 이 시스템은 상당한 양의 독립적인 행위자들이 다른 행위자들과 서로 지속적인 교류를 통해 영향을 주고받는다. 이런 구조에서는 초기 입력 값이 주어질 때, 시스템 속의 많은 상호작용으로 인해 시간이 지날수록 예상했던 것 극명하게 다른 결과가 나타날 수 있다. 또한, 최종 산물은 정해진 모습이 없고, 계속적으로 시간에 따라 변화할 것이다. 사회로 따진다면, 복합적응 사회 체계(complex adaptive social systems)로서, 목적을 가진 소규모 그룹들이 서로 협력 및 경쟁을 통해 체계 속에서 상호작용하는 것이다[471]. 전쟁은 사회적 현상이며 결국 복합적응 사회 체계의 한 부분으로서, 혹은 복합적응 사회 체계와 상호작용하는 하나의 복합적응체계로서 나타나는 현상이라고 생각할 수 있다. 따라서 전쟁은 많은 전사연구를 통해 도출된 원칙과 준칙을 암기하고 이를 적용하려는 노력만으로는 안 된다. 전쟁이 가지는 예측 불가능한 현상을 이해하고, 창의적, 비판적 사고를 바탕으로 이에 적응해 나가는 것이 더욱 중요하다.

지금까지 복잡성 이론을 기반으로 하여 현실이 과학의 공식과 같이 정확하게 예측되는 것이 아니라는 점을 강조하였다. 전쟁은 단순히 군대가 싸우는 행위가 아니라 다른 사회적 현상 및 기능들과 밀접하게 상호작용한다는 것을 이해해야 한다. 또한 시간이 지남에 따라 적군과 아군의 상호작용으로 전쟁의 현상은 더욱 복잡하고 불확실해지며, 변화하는 현상에 모두가 적응해 가는 과정 속에서 그 복잡성과 불확실성은 더해진다. 미군들은 흔히 전쟁의 속성을 'VUCA(Vulnerability: 취약성, Uncertainty: 불확실성, Complexity: 복잡성, Ambiguity: 모호성)'라고 표현한다. 그만큼 전쟁은 복잡한 사회적 현상이다. 통계나 숫자로 예측될 수 있는 단순한 선형적인 것이 아니다. 전쟁은 사회와 관련된 문제이다. 인간의 복잡하고도 다양한 생각과 행동이 같이 엮여 발생하기 때문에 문제는 단순하지 않다.

▶ 서사(Narrative)의 필요성

복잡한 작전환경에서 나타나는 문제점들은 대부분 그리 단순하지 않다. 사람마다 생각이 다르기 때문에, 같은 기관에 종사하는 사람들이라 할지라도 어느 특정 문제를 바라보는 관점이 완전히 일치할 수는 없다. 사람들 사이의 이러한 격차를 해결해 줄 수 있는 것이 바로 담론(discourse)이다. 즉, 특정 문제에 대해 각자의 생각을 이야기하면서 건설적인 대화를 통해 우리는 의견을 일치시켜 나아갈 수 있다. 하지만, 단순히 정제되지 않은 자기의 생각을 다른 사람들에게 나열하는 것은 그저 일상적인 대화일 뿐, 담론이라 불리울 수 없다. 따라서 미 육군 교리는 담론이 단순한 사실들의 나열이 아니라 담론에 참여하는 사람들에게 유의미한 어떠한 이야기, 즉, 서사(narrative)로부터 출발해야 한다고 말한다[472].

『서사학 강의(The Cambridge Introduction to Narrative)』의 저자 포터 애벗(Porter H. Abbott)은 다양한 각도에서 이 서사의 개념을 살펴보고,

서사의 중요성에 대해 설명하였다. 그에 따르면, 서사는 '이야기(story)'와 그 이야기를 서술자의 의도대로 전달하는 '서사담론(narrative discourse)'을 포함하는 개념이다[473]. 서사는 이 두 가지 요소가 합쳐져서 다른 사람들에게 전달된다. 여기서 이야기는 단순한 사건(event)이 아니며, 그 사건 속의 다양한 독립체(entities)들이 서술자의 생각을 통해 재구성되는 것을 의미한다. 또한, 서사담론은 서술자가 이야기를 어떻게 자신의 의도대로 전달하는지에 관한 방법론이라 할 수 있다. 따라서 이야기는 언제나 서사담론을 통해 구성되고 전달되며, 서술자는 이 과정을 통해 다른 사람의 생각과 행동에 영향을 미친다[474]. 그림 24는 이를 이해하기 쉽게 도식한 결과이다.

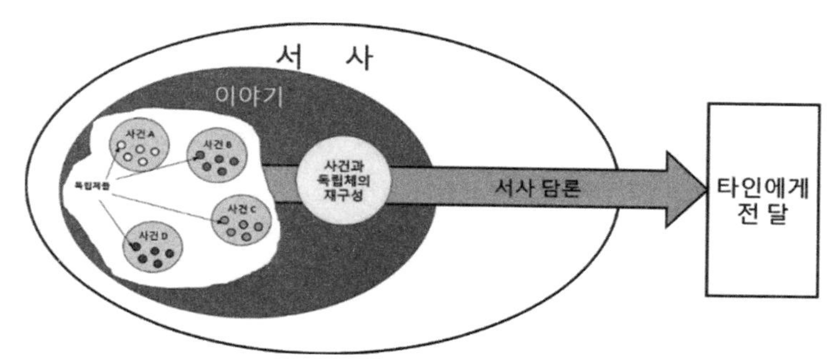

그림 24. 서사, 이야기, 서사담론의 상관관계. 저자 작성

애벗은 이러한 서사가 어떻게 하면 효과적으로 타인에게 전달될 수 있는지에 대하여도 논하고 있다. 먼저, 전달력이 강한 서사는 수사(rhetoric)적이다. 적절한 수사의 사용은 서사를 접하는 사람들로 하여금 이를 더 잘 이해할 수 있도록 돕는다[475]. 또한, 버거와 루크만이 지적한 대로, 사람들은 대부분 자신이 속한 사회의 주관적 실재 속에서 살고 있기 때문

에 그 사회가 포괄하는 각종 규범과 양식들에 대해 편안함을 느끼는 반면, 만약 그러한 규범과 양식들에서 벗어나는 상황에 놓이게 될 경우 내적 갈등이 일어나게 된다. 이러한 규범적 구조를 애벗은 총체적 줄거리(masterplot)이라 칭하였다[476]. 서술자는 자신의 서사를 구성하고 전달할 때 사람들의 총체적 줄거리를 고려하여 효과적인 방법을 구상해야 한다. 비슷한 줄거리를 가진 한국의 많은 드라마들은 그 결과가 어느 정도 예상이 가능함에도 불구하고 매번 시청자들의 인기를 이끌어 낸다. 이는 바로 드라마 작가들이 한국 사람들의 총체적 줄거리를 잘 이용하여 사람들의 편안함을 이끌어내기 때문이라고 볼 수 있다.

이와는 반대로, 긴장감(suspense)과 놀라움(surprise)의 적절한 배합은 듣는 이로 하여금 서사에 대해 더 몰입하게 한다[477]. 다시 드라마의 사례를 들면, 대부분의 연속극은 매 회를 명쾌하게 결론 내지 않는다. 마지막 장면은 웅장한 음악과 함께 다음 회에 대한 복선을 제시하면서 시청자들을 긴장시킨다. 이러한 긴장감의 활용을 통해 시청자들이 다음 회를 궁금해하면서 기다리도록 만드는 것이다. 그러면서 사람들은 다음회에 대해 상상을 하고 나름대로 앞으로 일어날 사건들에 대해 예측을 한다. 시나리오 작가들은 사람들의 이러한 심리를 노려 예상치 못한 결과들을 드라마 전개에 포함시킨다. 즉, 놀라움을 활용한 것이다. 이렇듯, 총체적 줄거리, 긴장감, 놀라움 등의 활용은 서술자가 자신의 서사를 효과적으로 전달하는 데 좋은 도구가 될 수 있다. 우리가 문제점을 분석하고, 이를 서사로 표현할 때에도 이러한 도구들은 유용하게 사용될 수 있다. 예상되는 청중이 심리적으로 가지는 총체적인 줄거리를 이해하고 여기에 긴장감과 놀라움을 적절히 가미한다면 서사를 보다 효과적으로 전달하는 데 사용할 수 있다.

서사는 일방향이 아니라 쌍방향이다. 그렇게 때문에 우리는 서사를 작성하는 입장과 받아들이는 입장을 같이 고려해야 한다. 서술자에게 서사는 공간과 시간을 해석하는 방법으로 사용된다. 시계가 가리키는 물리적인 시간은 일정한 법칙에 의해 일정한 간격을 두고 움직인다. 하지만, 서사는 사람에 의해 설명되는 것이기 때문에, 서술자의 의도와 성격, 지적 수준 등에 따라 공간과 시간이 재해석된다. 서사는 특정 공간과 시간 속 이야기에 집중할 수도 있다. 그리고, 이야기 속에는 시계의 시간과 같이 일정한 간격의 시간적 흐름이 존재하지 않는다[478]. 어떤 영화에서는 먼저 결론을 이야기하고, 이러한 결론이 어떻게 도달하게 되었는지 과거로 돌아가서 설명을 하기도 한다. 즉, 서사에서는 물리적 시간을 되돌려서 더욱 흥미롭게 청중의 관심을 사로잡기도 한다. 이는 개디스의 설명대로, 역사가가 자신의 의도와 관점에서 역사의 범위를 정하고(scoping), 어느 부분은 더 자세히, 또 다른 부분은 간단히 기술하는 모습과 유사하다[479].

역사적으로 어떤 사건이 발생한 것은 객관적이다. 그러나 동일한 사실에 대하여 서사를 하는 사람에 따라 이야기는 달라진다. 어떤 사실을 넣고, 어떤 사실을 제외시켰는지에 따라서 전혀 반대되는 이야기가 될 수 있다. 예를 들어, 미국 건국에 대해 긍정적으로 바라보면, '미국은 영국을 중심으로 여러 유럽국가에서 많은 사람들이 미지의 땅에 건너와 성공적으로 정착하여 현재는 세계 경제 1위의 영광을 누리고 있다'라는 서사로 설명할 수 있다. 이러한 동일한 역사적 사실을 원주민의 입장에서 서사로 풀어 보자. '원주민이 평화롭게 모여 살던 미국땅에 유럽인이 들어왔다. 이후 무자비한 살육을 시행하고, 평화롭고 조화로운 자연을 훼손하여 현재 미국의 땅은 사막화가 진행되고 있다. 미국에 정착한 유럽인들은 현재 세계경제 1위의 영광을 누리고 있지만, 원주민 종족들은 이제 찾아보기 힘들다'. 이 두 가지 서사는 모두 객관적으로 일어난 사건들에 대한 것이지만 서사가의 배경과 입장에 따라 달라졌다[480]. 서사는 과거 혹은 현재에 일어난 것을 서사가가 의도한 목적을 달성하기 위하여 이야기를 변화시키는 것이다. 이러한 서사의 변화는 전쟁에서도 찾아볼 수 있다.

우리가 문제점을 해결하기 위해서는 먼저 문제 자체가 무엇인지 본질적으로 파악해야 한다. 문제를 잘 알지도 못하면서 그 문제를 풀겠다고 말하는 것은 어불성설이기 때문이다. 하지만, 우리가 문제를 잘 이해했다 하더라도, 이를 효과적으로 다른 사람들에게 전달하지 못하면 그것은 그저 혼자만의 생각에 그칠 수 있다. 그렇게 되면, 문제에 대한 공감대를 형성할 수 없으며, 이는 곧 효과적인 해결책을 이끌어 낼 수 없음을 의미한다. 교리에서도 제시하고 있듯이, 서사는 도식(graphic)과 더불어 문제를 효과적으로 표현하고 전달하는 필수적인 수단이다. 앞서 제시한 애벗의 서사에 대한 구체적 설명은, 문제점 이해 과정뿐만 아니라 디자인 전반에 걸쳐 서사를 구성하고 전달해야 하는 작전술가에게 서사의 본질적 의미, 서사를 효과적으로 전달하는 방법, 서사 전달 시 유념해야 할 주관적 요소 등을 잘 알려 주고 있다. 먼저, 우리는 문제를 포괄적으로 바라보고 그 문제 안에 내재되어 있는 사건들과 독립체들의 관계를 면밀히 분석해야 할 것이며, 이를 우리가 바라는 최종상태와 부합되게 재구성해야 한다. 이때, 총체적 줄거리, 긴장감, 놀라움 등 청중의 특성을 고려하여 서사 담론을 통해 서사를 효과적으로 전달해야 한다. 이와 동시에, 서사는 일방적인 것이 아니라는 점, 각각의 서사는 서술자의 주관적 요소가 반영되어 있다는 점 등을 인식하고, 지속적인 대화와 담론을 통해 조직 전체가 공감할 수 있도록 문제점을 구성하여 제시할 수 있어야 할 것이다.

▶ 서사의 특성 및 조직문화

앞서 살펴본 서사의 필요성에 추가하여, 서사의 특성 및 활용에 대해 알아보자. 서사자에 따라 특정 사실이 다른 의도로 표현될 수 있다. 반대로, 동일한 서사라도 받아들이는 사람에 따라 그 의미가 달라질 수도 있다. 서사를 효과적으로 활용하기 위해서는 받아들이는 사람이 속한 조직의 문화 및 하위 문화를 고려해야 한다. 객관적인 사실이 존재해도 서사 속에 어떤 사실을 포함하고, 어떤 사실을 삭제하는가에 따라서 그 사실은 전혀 다른 이야기가 된다. 그래서 문제점을 파악할 때에는 여러 가지 서사를 기반으로 문제점을 파악해야 하며, 한쪽 혹은 한 개의 출처에서 나온 이야기만을 중점으로 기술해서는 안 된다. 만일 한 개의 서사에만 집중하게 된다면, 체계적 접근방법에 기반한 총체적인 문제점을 파악하는 것이 아니라, 부분적이고 지엽적인 문제 혹은 증상만을 파악하는 것이 되기 때문이다.

7년 전쟁 당시 제임스 울프(James Wolfe)라는 영국군 장군이 있었다. 울프 장군은1759년 아브라함의 언덕에서 죽음을 맞이하게 된다[481]. 사이먼 샤마(Simon Schama)가 쓴 『Dead Certainties: Unwarranted Speculations』라는 책은 여러 사람들이 각자의 관점에서 울프 장군의 죽음에 대하여 묘사한 내용을 담고 있는데, 모두 내용이 상이하다. 책의 1장에서는 울프 장군이 뛰어난 전술가임에도 불구하고 비운의 죽음을 맞이하였다고 한다. 그는 전투를 승리로 이끌 수 있는 진취적인 성격임에도 불구하고 불운의 요소가 크게 작용하였다는 것이다[482]. 반면에 4장에서는 울프 장군이 전장의 싸움꾼으로서 적과 대치하여 용감하게 싸웠다는 점에 초점을 맞춘다. 또한, 울프 장군이 전장에서 죽음을 맞이하는 순간에도 신에게 감사하는 등 종교적으로 경건한 모습을 보이는 장군이었다고 기술한다[483]. 이 책은 기존의 역사가 한 사람에 의하여 기술되는 방식에서 벗어나, 동일한 사건에 대하여 여러 사람들이 기술한 것을 모아 놓은 것이다. 여기서 주목할 것은 문제의 종합적 분석을 위해서는 여러 사람들의 서사를 균형적으로 고려해야 한다는 점이다. 하나의 객관적 사실에 대해서도 여러 사람의 서사를 통하여 무엇이 근본적인 문제인지 그 공통점을 도출해 낼 수 있어야 한다. 흡사, 논문을 작성할 때 다양한 출처에서 제시하는 내용을 종합하여 타당한 분석을 이끌어 냄으로써 신뢰성을 더하듯이 말이다.

다양한 서사를 통하여 문제점을 구체적으로 파악하였다면, 이제 서사가의 입장에서 파악한 문제점을 다른 사람에게 효과적으로 전달해야 한다. 우선적으로 청중 각 개개인의 특성을 파악하는 것도 중요하지만, 청중들이 조직을 이루고 있다면, 그 조직이 지니고 있는 문화를 이해하는 것이 중요하다[484]. 이러한 조직문화 속에는 또 다시 여러 하위 문화들이 존재한다[485]. 듣는 사람의 문화를 이해하지 못하고 서사를 전달하고자 한다면 앞서 언급한 총체적 줄거리를 고려하지 못하게 되어 듣는 사람의 입장에서 쉽게 받아들이기가 어렵다. 인간은 주변 환경의 영향을 받아 문화 및 하위 문화를 형성한다. 극단적인 예로서 한번도 눈(雪)을 보지 못한 아프리카 원주민을 대상으로 눈을 설명하는데, 에스키모인들에게 눈을 설명하듯이 간단하게 작성하였다고 하면, 청중의 문화 및 하위 문화를 고려한 서사라 할 수 없을 것이다. 따라서, 서사를 효과적으로 전달하고자 한다면 청중이 되는 대상의 조직 특성, 문화, 하위 문화를 고려하여 전달해야 한다. 어쩌면 당연한 이야기라 할 수 있지만, 군인으로서 작전환경 및 문제점에 대한 서사를 작성 시 피아 조직 문화 및 하부문화를 얼마나 파악하고 연구하였는지에 대하여서는 스스로 반문해 보아야 할 사항이라 생각된다. 작전술가로서 피아 조직이 지니는 각각의 특징적인 조직 문화를 잘 이해해야 효과적인 서사를 만들 수 있다.

문제를 정확히 파악한다는 것은 어려운 일이지만 불가능한 일은 아니다. 하나의 사건에는 연관된 여러 서사가 존재한다. 작전술가는 이러한 다양한 서사를 기반으로 하여 무엇이 진정한 문제점인지 파악해야 한다. 문제를 파악했다면 서사를 받아들이는 청중의 문화 및 하위 문화를 고려하여 줄거리를 작성해야 한다. 청중의 입장에서 거부감 없이 자연스럽게 서사를 이해하고 납득할 수 있도록 작성해야 하는 것이다.

4. 작전적 접근방법 발전

우리가 작전환경을 이해하고 문제들을 명확하게 인식하기 위해 노력하는 이유는 바로 그 문제들을 근본적으로 해결함으로써 우리가 바라는 최종상태를 달성하기 위함이다. 즉, 작전환경 이해 및 문제점 이해의 단계는 결국 최종상태 달성을 위한 올바른 해결책의 제시로 귀결되는 것이다. 이러한 해결책의 제시를 미 육군 교리에서는 '작전적 접근방법 발전(framing operational approach)'으로 명명하고 있다.

먼저, 작전적 접근방법이란 현재의 상태를 요망하는 최종상태로 변화시키기 위해 부대가 반드시 취해야 하는 일반적인 행동들을 묘사한 것이다[486]. 동시에, 지휘관이 식별된 문제점들을 해결하거나 관리하기 위해 이행되어야 할 사항들을 가시화한 결과물이다[487]. 작전적 접근방법의 발전을 통해 제시되는 결과물은 그 자체로 예하부대에 하달되거나, 추후 전술적 계획수립절차를 통해 구체화되어 작전계획 및 명령으로 예하부대에 하달되기 때문에, 본 단계 또한 작전환경 이해 및 문제점 이해 단계와 마찬가지로 서사(narrative)와 도식(graphic)으로 이해하기 쉽게 표현되어야 한다[488].

작전적 접근방법은 방책(course of action)이 아니며, 또한 방안(option)도 아니다. 방책은 전술적 계획수립절차를 통해 완성되는 임무달성을 위한 구체적인 부대운용방법이지만, 작전적 접근방법은 보다 포괄적인 개념으로 임무달성을 위해 부대가 노력을 집중해야 할 방향들을 제시함으로써 전술적 계획수립절차 적용 간 방책 발전을 촉진시키는 역할을 한다. 또한, 방안은 제3장 '전략과 작전술'에서 설명한 바 군사력 운용 방법에 따라 다르게 나타날 수 있는 여러가지 결과들까지도 포괄하는 개념이다. 즉, 방책이 동일한 목표 달성을 위한 다양한 부대운용방법이라면, 방안은 각각의 방안마다 이를 시행 시 그 결과가 달라질 수 있는 부대운용방법을 의미한다[489]. 반면에, 작전적 접근방법은 방책처럼 동일한 최종상태를 두되, 이를 달성하기 위해 부대가 전반적으로 시행해야 할 행동들을 제시하는 것이므로 방안과는 구분되어야 한다.

작전적 접근방법 발전 단계는 (1) 작전환경 및 문제점 검토, (2) 작전적 접근방법 구상, (3) 작전적 접근방법 조정의 세 가지의 하위 단계로 이루어진다[490]. 먼저, 본격적인 작전적 접근방법 구상 이전에 지휘관 및 참모들은 앞서 다룬 작전환경 및 문제점을 다시 한 번 확인하고, 만약 상황이 변화하였다면 이를 기존에 분석한 작전환경 및 문제점에 반영하여야 한다. 그런 다음, 작전적 접근방법을 구상하는데, 이때 유용한 도구들이 바로 작전구상 요소이다[491].

작전구상 요소는 최종상태 및 조건, 중심, 결정적 지점, 작전선 및 노력선, 작전범위, 주둔지 설정, 템포, 작전단계 및 전환, 작전한계점, 위험이다[492]. 이 중, 최종상태 및 조건은 작전환경 및 문제점 이해 단계에서부터 구상하는 요소이다. 그런 다음 이러한 최종상태 및 조건을 기초로 피아의 중심을 분석한다. 중심은 정신적, 물리적 강점, 행동의 자유, 또는 행동 의지를 제공하는 힘의 원천을 의미한다[493]. 이는 반드시 군부대만을 의미하는 것은 아니며, 물리적 강점에 국한되지 않고 정신적 측면에서도 분석이 가능하다. 제2장 '이론과 작전술'에서 언급하였듯이, 중심분석시 핵심능력(critical capability), 핵심 요구조건(critical requirement), 핵심 취약점(critical vulnerability)을 같이 분석하는 것은 조셉 스트레인지(Joshep Strange)가 제시한 중심분석 모델에서 나온 것이다[494].

이러한 중심분석 결과는 결정적 지점을 식별하는 데 기초가 된다. 여기서 결정적 지점이란 지리적 장소, 특정 주요사태, 핵심 요소 또는 기능으로 표현되며, 이를 조치 시 적에 대한 현저한 이점을 제공하거나 임무를 달성하는 데 결정적으로 기여하는 지점을 말한다[495]. 결정적 지점은 통상 적의 핵심요소들을 파괴하고, 아군의 핵심요소들을 보호하기 위한 일련의 조치들과 밀접하게 연관된다. 결정적 지점은 중심과 마찬가지로 물리적 지점들뿐만 아니라 무형적 요소 또한 고려될 수 있다.

결정적 지점은 작전환경과 해결해야 할 문제점의 특성 및 복잡성 정도에 따라 그 부대가 탈취, 확보, 통제, 또는 보호할 수 있는 능력보다 훨씬 더 많이 식별될 수도 있다. 따라서 지휘관 및 참모들은 이러한 결정적 지점들을 면밀히 검토하여 부대가 조치 가능한 범위 내에서 상대적으로 더 많은 이점을 제공하는 결정적 지점들을 선정하여야 한다. 이러한 결정적 지점들을 연결하게 되면 최종상태를 효율적으로 달성하는 방법이 되며, 결정적 지점들을 연결한 선이 작전선 및 노력선이 된다. 작전선은 지리적 장소나 피아 부대와 직접적으로 관련된 결정적 지점들에 대한 행동을 연결한 선으로써, '시간 및 공간' 측면에서 부대의 활동을 적 부대에 직접적으로 지향시키는 선이다[496]. 반면, 노력선은 지리적 장소보다는 '목적' 측면에서 결정적 지점들을 논리적으로 연결한 선으로, 지휘관 및 참모들은 통상 작전선의 활용이 현 작전환경에 부합되지 않을 때 노력선을 적극 활용하여야 한다[497].

중심, 결정적 지점, 작전선 및 노력선 등을 통해 작전적 접근방법을 구상하고 나면, 작전범위, 주둔지 선정, 작전한계점, 템포, 작전 단계 및 전환, 위험 등 나머지 작전구상 요소를 활용하여 작전적 접근방법을 조정 및 보완해야 한다[498]. 이러한 보완 과정을 통해 작전적 접근방법은 전술적 계획수립절차 적용 시 지침과 방향을 제공할 수 있도록 발전되는데, 이때, 지휘관 및 참모는 전체적인 디자인 과정의 산물을 서식과 도식으로 제시한다. 구체적인 계획수립 활동을 돕기 위한 디자인의 산물은 작전환경 및 문제점 이해 결과, 작전적 접근방법, 최초 지휘관 의도, 최초 계획지침 등으로 표현되며 이는 이후 임무분석에 연계된다[499].

5. 디자인의 실천적 적용

▶ 작전환경 이해의 중요성: 보스니아 전쟁 사례

작전환경은 물리적환경(지상, 해상, 공중, 우주)과 사이버 공간을 포함하는 개념이다. 우리가 군사작전을 시행하게 되는 환경은 군인들만 존재하는 독립적인 것이 아니라, 경제, 사회, 외교, 정치, 정보체계 등 우리 인간이 살아가며 마주하는 모든 요소에 영향을 받는다. 그 속에서 복잡하고 능동적인 상호관계가 계속적으로 발생하기 때문에 특정 사건에 있어서 원인과 결과를 바로 찾기가 어렵고, 혹은 효과가 숨겨지거나, 지연되어 나타나는 경우가 발생한다. 따라서 이러한 작전환경을 잘 이해하기 위해서는 앞서 언급한 시스템적 사고가 요구된다. 특정 군 부대가 부여된 과업을 수행할 때에는 단순히 과업 자체에 집중하기보다는 그보다 더 큰 배경에서 상급지휘관의 의도가 무엇인지, 관련된 행위자들은 누구인지, 그들은 어떻게 상호작용하고 있는지 등을 고려하여야 한다. 작전환경을 이해해야 자신의 임무를 보다 명확하게 이해했다고 말할 수 있다[500]. 작전환경에 대한 이해가 선행되지 않으면 아무리 과업 달성을 위해 노력한다고 해도 원하는 목적을 달성하기 어렵다.

작전환경을 이해한다는 것은 현재의 상태와 요망되는 미래의 최종상태가 무엇인지 파악하는 것인데, 그 안에 속한 여러 행위자들의 상호관계, 기능, 역할을 이해하는 것이 중요하다[501]. 이 같은 작전환경을 파악하는 기법에는 브레인 스토밍(brain storming), 마인드 맵(mind map) 그리기 등이 있다[502]. 미 합동교범 JP5-0「합동기획(Joint Planning)」에서는 작전 디자인(operational design)이 지휘관과 참모가 작전환경을 이해하는 데 도움을 주는 역할을 한다고 기술한다. 작전 디자인 프레임워크(Operational Design Framework)는 크게 4단계로 구분하여, (1) 전략적 지시의 이해, (2) 작전환경의 이해, (3) 문제의 정의, (4) 작전적 접근으로 나누어진다[503]. 여기서 작전환경은 반복되지 않으며, 고정된 것이 아니라 지속적으로 변화한다[504]. 작전환경의 행위자들이 앞서 언급한 것과 같이 시스템 속에서 서로 상호 영향을 미치면서 역동적으로 변화하기 때문이다.

어느 한 국가가 인도적 지원의 목적으로 특정 국가 빈민들에게 각종 식량 및 구호물품을 지원하였다고 하자. 이 활동을 디자인한 사람은 '해당 국가 빈민들의 목숨을 최대한 살리는 것'을 최종상태로 정했을 것이다. 하지만, 이러한 도움이 지속될수록 해당 국가는 스스로 자생능력을 키워 나가려는 노력보다는, 어떻게 하면 더 많은 구호물품을 지원받을 수 있을 것인가에 노력을 기울이게 되는 결과를 초래할 수도 있다. 이는 이 활동의 디자이너가 최초 생각했던 결과는 아닐 것이다. 피 지원 국가는 더 이상 자생능력이 없어지고, 지원국가는 더 이상 인도적 지원을 지속할 수 없게 된다면 문제는 더욱 심각해진다. 즉, 디자이너는 자신이 디자인한 활동이 또 다른 문제점을 양산해 내는 모습에 직면하게 된다. 이 같은 문제점이 발생하는 이유는 바로 디자이너가 작전환경을 제대로 이해하지 못했기 때문이다[505].

1994년 보스니아 전쟁 당시 보스니아의 수도인 사라예보 포위 작전 사례에서도 작전환경 이해의 중요성을 알 수 있다. UN군이 최초 이 전쟁에 개입할 당시에는 인도적 지원이 목적이었다. 그들은 사라예보를 물리적으로 고립시켜서 분쟁을 조기에 종료시키고자 하였다. 예상되는 작전기간은 짧았다. 그렇지만, 실제로 예상치 못한 상황들이 벌어졌고, 작전은 장기화되었다. 사라예보에는 국제기구(IGO: International Governmental Organization) 및 비정부기구(NGO: Non-Governmental Organization)들과 도시 거주민들이 있었다. 각 단체들은 서로 공식적인 조직의 목표와 입장(front stage)이 있었던 한편, 그 이면에는(back stage) 각종 부정부패가 성행하는 현상이 생겨났다. 예를 들어, 우크라이나에서 파견된 UN의 병사들의 공식적인 임무는 사라예보의 공항에서 밀거래가 진행되는 것을 막는 것이었다. 그렇지만, 병사들은 선물 명목으로 돈을 받고 밀거래를 도와주는 역할을 하게 된다. 도시 내부 주민들은 밀거래를 통해 형성된 암시장에서 물건들을 구매하고, 이러한 물건을 사라예보를 탈출하기 위한 뇌물로 활용한다[506].

예상치 못한 암시장의 형성은 작전이 금세 종료되리라는 UN군의 바람과는 달리 작전이 장기화되는 역효과를 가져오게 된다. 아이러니하게도 UN군의 도움이 암시장을 형성하게 만든 것이다[507]. 공식적인 인도적 지원 물자가 비공식적으로 적대세력들의 굶주림을 해소하고 사라예보 암시장을 확대하는 데 도움을 주었다[508]. 인도적 지원을 위해 제공한 물자가 실제로는 오히려 비인도적 목적으로 전용되었던 것이다.

돈이 된다면 암거래에 있어서 피·아 구분이 없었다. 적군의 병사라 하더라도 물건을 판매하여 이윤을 창출할 수 있다면 물건을 판매하였다[509]. 여기에 각종 국제 뉴스를 담당하는 미디어 관계자들도 관련이 된다. 취재진은 홀리데이 인이라는 모텔 숙소에 머무는데, 여기에서 암시장에서 주로 거래되는 물자인 유류, 술, 담배 등을 구입하게 되고, 그때 지불된 돈은 암시장의 원활한 유통을 돕게 된다.

이러한 과정 속에서 주카(Juka)라는 폭력배 무리가 도시를 지키는 수호

자로서 등극하게 되는 아이러니한 사태가 발생한다. 폭력배들이 군인들을 대신하여 도시를 지킨다는 이미지가 만들어지자, 사람들은 주카라는 단체를 지지하며, 심지어 찬양하는 노래를 만들어 내기도 한다. 그러나 실제로 주카라는 폭력단체는 계속적인 불법행위로 자신들의 이익을 착취하는 데 관심을 기울이게 된다[510]. 게다가, 사라예보 정부마저도 부패로 인해 문제를 더욱 복잡하게 하였다. 주민들의 생명을 위해 최선을 다해야 할 정부가 국제적 지지와 지원이 줄어들 것을 염려한 나머지, 식수가 부족한 상황을 국제사회에 지속적으로 보여 주고자, 오히려 우물을 만들려는 주민들을 돕지 않는 상황까지 이르게 된다[511].

이렇듯, 새로운 시각에서 작전환경을 조금 더 구체적으로 바라봄으로써, 우리는 기존에 가지고 있던 개략적인 이미지에서 탈피하여 보스니아 전쟁을 더욱 깊이 있게 이해할 수 있다. UN군의 공습, 보스니아 정부의 횡포와 인종학살을 막기 위한 포위망 형성 등, 우리는 UN군이 보스니아 전쟁에서 어떻게 전투작전을 수행했는지에 대해 더 관심이 많았다. 그러나 작전의 수행에 앞서 반드시 선행되어야 할 것이 작전환경을 제대로 이해하는 것이다. UN군은 사라예보에서 발생한 사태의 주요 문제점을 인종간의 갈등으로 여기고 작전을 디자인한 결과, 의도한 대로 단기간에 문제를 해결하는 데 실패하였다. 이러한 잘못된 문제점 인식은 근본적으로 작전환경을 제대로 이해하지 못했기 때문이다. UN군은 사라예보에서 활동중인 각 NGO, IGO, 기자들, 교전단체 및 그에 소속된 군인들의 공식적인 목표와 임무, 그리고 그 이면에 내재되어 있던 사적 이익 등 그 복잡한 상호작용들을 제대로 간파하지 못했다. 사실 이는 단지 사레예보 사례만의 문제가 아니다. 우리는 우리가 속한 조직에서 언제든 이러한 실수를 저지를 수 있다. 따라서, 특정 사태와 관련된 각종 행위자들의 목적과 기능, 갈등, 상호작용 등이 매우 복잡하다 하더라도, 이를 단순화시키지 않고 전반적으로 이해하려 노력할 때 비로소 진정한 문제점들이 무엇인지를 파악할 수 있을 것이다.

▶ 문제점 분석의 중요성: 샤른호르스트의 군사개혁 사례

게르하르트 요한 다피트 폰 샤른호르스트(Gerhard Johann David von Scharnhorst)는 프로이센의 군인으로서 일반참모대학(general staff college)과 전쟁 대학(war college)을 창시하는 등 프로이센군을 개혁하는 데 크게 기여한 인물이다[512]. 그는 클라우제비츠의 정신적 아버지라 일컬어지는 등 지적으로 많은 영향을 준 인물이기도 하다. 그는 프로이센이 나폴레옹과의 전투에서 패배한 이후 군을 대폭 개혁하였다.

아우어스테트(Auerstedt) 전투에서 프로이센은 프랑스에 대패하였다. 이는 여러 가지 원인이 복합적으로 작용한 결과였다. 당시 상황을 고려 시 프랑스에 전략적 이점이 있었다고는 하지만, 프로이센 자체의 문제도 많았다. 프로이센 고급지휘관들은 소대장이 명령을 따르듯이 상급지휘관의 명령을 그대로 이행만 하는 경향이 있었다[513]. 주도권을 가지고 명령을 창의적으로 적용하기보다는 책임을 지는 위험을 감수하지 않기 위해 단순히 명령을 기계적으로 이행하는 데 중점을 둔 것이다[514]. 또한 퍼레이드와 같은 겉모습에는 많은 노력을 쏟은 반면, 우수한 장병을 모집하고 실전적인 훈련체계를 정립하는 데는 별다른 관심을 두지 않았던 것도 큰 문제였다. 더욱이, 고위 장교들이 전략과 리더십에는 관심을 많이 가지고 있었던 반면, 사회 및 정치에는 관심이 없어 군대가 정치 및 사회와 연결되지 않고 격리되어 있었다[515]. 다른 한편으로 병사들에게는 경례 자세와 같은 단순하고 형식적인, 기계적 규율을 강조하였던 반면에, 전쟁터에서 주도권을 가지고 적극적으로 전투에 임하도록 하는 정신교육은 상대적으로 소홀히 하였다[516]. 겉으로 보여지는 것을 중요시 한 반면, 실질적 그리고 실전적인 것을 멀리한 결과 전투에서 패배를 하였던 것이다.

전쟁에서의 패배는 프로이센의 사회에 영향을 주었고, 총체적인 변화를 요구하였다. 이에 따라 철저한 원인분석이 이루어졌다. 사회적 계급이 아닌 인간으로서 평등해야 한다는 개념을 군에 적용하게 되고, 기존과는 다른 새로운 군을 건설해 효과적으로 전쟁에 대비하고 동일한 실수를 반복하지 말아야 한다는 생각이 대두되었다. 이후 프로이센 군대는 조직, 전술, 모병제들을 종합적으로 하여 변화를 시도한다. 배움은 모방 이상의 노력이 필요하다[517]. 비록 프랑스군에 패배하였지만, 나폴레옹의 군 개혁을 모방하여 더 큰 배움으로 승화시켰다[518]. 조직 면에서 야전군 규모의 부대를 사단, 군단 단위로 재편성했다[519]. 일반참모대학과 전쟁 대학이라는 기관을 설립하고 법제화하였다. 이로써 개인의 병과에만 한정되어 좁은 시야를 가진 장교들이 전쟁을 보다 잘 이해하고 연구할 수 있게 하였다[520]. 진급은 배경에 상관없이 능력제로 변경하고, 시민들에게 일정 훈련을 시킨 뒤 현업에 복귀시켜서 예비군을 양성하였다[521]. 전술 면에서는 선형 위주의 병력운용에서 소부대 단위 비선형적 병령운용을 꾀했으며, 적보다 유리한 여건을 조성하기 위한 기동의 개념을 적용하였다. 전반적인 모습을 보면 프랑스에서 많은 것을 도입한 것처럼 보이지만, 실제로 프로이센의 특성에 맞는 변화를 가져온 것이다. 그리고 혁신의 결과로서 1813년과 1815년에 걸쳐 나폴레옹군에 승리하고, 샤른호르스트의 노력이 결과적으로 효과적이었음을 증명하게 된다. 샤른호르스트는 이러한 개혁이 프로이센군에 대한 철저한 문제점 분석을 통해 가능했다고 회고한 바 있다[522].

이러한 개혁은 추후 클라우제비츠, 몰트케, 슐리펜의 사상에 영향을 주고, 독일의 전격전, 임무형 지휘 등의 개념이 발전하는 데 적지 않은 영향을 끼쳤다는 점에서 큰 의의가 있다.

▶ 슬림 장군의 디자인 적용 사례

작전환경 이해(framing operational environment): 현 상태

비스카운트 윌리엄 슬림(Viscount William Slim) 장군은 영국군의 명장으로서, 2차 세계대전 당시 일본군을 상대로 한 버마(Burma) 전역에서 연합군을 지휘한 장군이다[523]. 슬림 장군이 최초 버마 전역 연합군의 지휘권을 인수받았던1942년의 작전환경은 군 부대가 원활한 작전을 수행하기에 어려운 상황이었다[524]. 말라리아, 이질, 발진 티푸스 등의 각종 질병이 창궐하였으며, 몬순 기후로 인해 5월부터 7월까지는 폭우가 쏟아져 내렸다. 또한, 주 보급기지가 버마 지역이 아닌 인도와 중국에 위치하여 병참선이 과도하게 신장된 상태였고, 버마의 철도 및 도로 상태는 여의치 않았으며, 병력 및 보급품을 수송할 차량마저 부족한 실정이었기 때문이다. 이에 더하여, 대부분의 버마 현지인들은 오랜 영국의 식민지 활동으로 인하여 연합군에 대해 적대적인 모습을 보였기에 주민들에 대한 경계도 늦출 수 없었다.

슬림 장군은 버마 지역으로 이동 전에 이라크 사막 지역에서 작전을 하고 있었고, 이에 따라 버마의 작전환경에 익숙하지 않았다. 손자가 "지피지기 백전불태(知彼知己 百戰不殆)"라고 했듯이, 슬림 장군은 연합군과 일본군의 상태를 파악하기 위해 노력하였다[525]. 슬림 장군은 일본군이 제공권 측면에서 연합군에 비해 우세함을 인지하고 있었다. 또한, 버마와 같은 정글 및 산악지형에서의 일본군은 전투에 숙달된 병력들을 보유하고 있었으며, 특히 야간 전투에 강하였다. 하지만, 슬림 장군은 일본군이 특유의 일본군대 방식의 조직문화로 인해 조직이 경직되어 있다고 판단하였다. 한편, 그는 연합군이 일본군에 비하여 상대적 열세라고 판단하였다. 먼저, 연합군은 일본의 버마 침략에 대비한 계획이 수립되어 있었으나, 이는 항공력에 과도하게 의지한 계획이었다. 하지만, 당시 연합군은 소련과 아프리카에서의 독일군을 저지하는 데 우선순위를 두고 있었기 때문에 버마 전역에 충분한 항공전력을 지원할 수 없었으며, 이로 인해 1942년 1월 당시 버마전역에 투입된 일본군의 항공기가 150대였던 반면, 연합군은 35대에 불과했다[526]. 또한, 지휘통제 측면에서, 일본군의 침략에 대비해 어느 국가의 군대가 연합군을 지휘할지 명확히 설정하지 않았으며, 슬림이 부임할 당시 버마 연합군 지휘부는 산악 및 정글지형에서 기동성을 발휘할 수 있는 준비가 미흡하였다[527]. 다른 한편으로 당시 연합군은 전쟁 중립을 선언했던 버마 북부의 샨(Shan) 국가에는 정보부대를 운용하지 않았는데, 일본군은 여기로 주요 전투력을 밀고 들어왔다[528]. 게다가, 최초 일본의 공격 시 버마군단은 제17인도사단과 제1버마사단만으로 이루어져 있었다. 물론, 추후에 장개석의 중국 국민군이 중국 200사단을 파견하였지만, 이는 일반적인 사단에 비해 병력 수가 훨씬 적었으며, 포병부대는 아예 보유하고 있지 않았다[529]. 전반적으로 슬림 장군은 기존의 사막 지역과는 지형과 기후가 전혀 다른 정글과 산악 지역에서 작전을 수행해야 한다는 점, 전투력 및 작전지속능력 측면에서 상대적으로 우세에 있는 일본군에 대응해야 한다는 점, 작전지역 내 작전지속지원을 위한 충분한 도로 및 철도망이 발달되어 있지 않았다는 점, 주민들이 연합군에게 우호적이지 않다는 점 등을 근거로, 이대로 임무를 수행하기에는 많은 어려움이 따를 것이라는 판단을 하였다.

작전환경 이해(framing operational environment): 최종상태

작전환경과 피아 분석에 추가하여, 슬림 장군은 연합군의 최종상태에 대해 고민하였다. 그는 장기 및 단기 목표를 고민하였는데, 먼저 단기적으로는 1942년에 버마연합군은 영국군을 이라와디(Irrawaddy) 지역에, 그리고 중국군은 시탕(Sittang) 지역에 주둔하며 전투력을 건설하고 버마 지역을 안정시키는 것을 목표로 두었다[530]. 장기적으로는 일본군의 역습을 격퇴시키는 것을 궁극적 목표로 판단하였다[531].

문제점 이해(framing problems)

슬림 장군은 위와 같은 작전환경에 대한 이해를 바탕으로 스스로에게 '과연 우리가 직면하고 있는 문제가 무엇인가?'라고 질문을 던졌다. 이러한 과정을 통해 그는 버마 연합군에게 다음과 같은 총 여섯 가지의 문제점이 있음을 이해하였다. 첫째, 연합군의 정보능력이 극도로 미흡하였다. 몬순 기간으로 인하여 항공정찰은 제한되었으며 정찰활동을 하지 않아 일본군의 배치 및 전투력에 대하여 알고 있지 못했다. 둘째, 연합군 병력들은 산악 및 정글전에 대비한 훈련이 제대로 되지 않았으며, 장비 또한 제대로 갖추고 있지 않았다. 셋째, 버마 연합군의 전략적 우선순위가 낮았다. 전략적 수준에서 영국과 미국의 정책이 독일에 대한 전쟁승리가 최우선 순위였던 반면, 버마 지역은 현 상태 유지 수준에 불과하였다. 작전적 수준에서도 제2차 세계대전 당시 연합군의 우선순위가 유럽과 아프리카 지역에서의 독일군 제압에 있었던 만큼, 버마 전역의 전투병력은 점차 유럽과 아프리카 방면으로 전환되었으며, 이로 인해 버마 연합군의 전투력은 점차 약화되어 갔다. 넷째, 버마의 현지 주민들은 연합군에게 우호적이지 않았다. 버마 지역은 1824년부터 영국의 식민지였고, 계속적인 반식민지 투쟁이 있었다. 이때 버마 지역에 일본군의 진출은 일부 세력에 의하여 식민지에서 벗어날 수 있는 협조세력으로 인식되기도 하였다. 다섯째, 연합군의 부대는 인도군, 영국군, 중국군으로 지역적으로 가까이 위치하지 않아 통합성 및 동시성을 달성하는 데 어려움이 있었다. 마지막으로, 버마의 열악한 기후, 각종 질병 등의 원인들이 복합적으로 작용하여 병력들의 사기가 저하되어 있었다[532].

작전적 접근방법 발전(framing operational approach)

위와 같이 문제점들이 도출되었음에도 불구하고, 단기간 내에 이를 해결하기 위한 작전적 접근방법을 발전시키고 추진하기에는 많은 어려움이 있었다. 결국 슬림 장군은 이 문제점들을 해결하지 못한 채 1942년 3월부터 5월 기간 동안 일본과의 전투에 임하여 패배하고 약 900마일을 후퇴하여 버마 지역에서 물러서게 된다[533]. 이후 슬림 장군은 본격적으로 위의 문제점들을 해결하기 위한 작전적 접근방법을 발전시킨다. 그는 그림 25에서 보는 바와 같이 훈련, 지휘 및 정보, 군수, 사기로 대표되는 네 가지 작전선을 디자인하였다. 특히, 슬림 장군은 버마 연합군의 작전적 수준의 중심이 연합군의 사기라고 판단하고 역량을 여기에 집중한다.

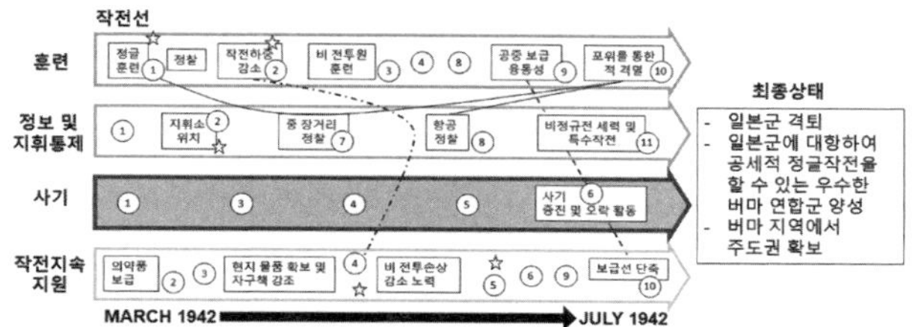

그림25. 슬림 장군의 작전적 접근방법. 저자 작성

이에 따라, 가장 먼저 훈련을 개선할 수 있도록 하였다. 영국군은 버마에 오기 전에 사막 전투에는 일부 익숙하였으나, 정글 및 산악 지역에 대한 훈련은 낮은 수준이었다. 따라서 그는 부대원들에게 자신감을 부여하는 수단으로 정글 및 산악훈련을 하도록 하였다. 하지만 부대원을 전장에서 빼내어 연병장에서 훈련을 시키는 호사를 가질 수 있는 입장은 아니었다. 따라서 부대를 작전현지의 정글 및 산악에서 정찰을 시행하면서 현지 군사훈련을 시행하도록 한다[534].

두 번째는 정보 및 지휘통제분야이다. 영국군은 일본군에 대한 지식을 많이 가지고 있지 않았다. 일본군의 강약점과 부대 배치, 현 전투력 등에 대한 정보가 부족했다. 이를 극복하기 위하여 적 후방에 코만도(commando) 특수부대를 투입하여 정보를 획득하고, 앞서 언급한 정찰활동, 항공정찰 등을 지속하여 전방의 적 상황을 파악하기로 한다. 지휘통제와 관련하여서는 지휘부의 위치가 버마 전장에서 지나치게 후방인 인도에 위치하여 적시 적절한 정보를 받지 못하는 문제점이 있었다. 이에 따라 지휘소의 위치를 재선정하였는데, 공군 지휘소와 물리적으로 지휘소를 공유함으로써 육군 및 공군 간의 합동성과 정보교환 능력을 증대시키도록 하였다[535]. 또한 기존과 달리 지휘소를 기동화시켜, 전장의 상황에 따라 현장 지휘소를 옮길 수 있도록 하였다[536]. 추가적으로 지휘소에는 현행작전과 장차 작전을 구분하여, 현 상황에 대한 추적과 동시에 전쟁 전반에 걸쳐 장기적으로 작전을 디자인하고 계획을 수립할 수 있도록 하였다[537].

세 번째 작전선은 작전지속지원 분야의 개선이다. 정글 및 산악지역의 특성으로 도로는 제한적으로 발달하였으며 몬순 우기로 인하여 노면은 항상 비에 젖어 보급 수송을 위한 차량 및 동물의 이동이 제한적이라는 것을 고려하였다. 따라서 슬림은 차량, 열차, 항공기로 수송 수단을 다양화하려고 하였는데, 그중에서 특히 항공기를 이용한 공중보급으로 보급의 부족을 해소하고자 하였다. 병사들이 고기를 잘 먹지 못하면 전투력을 발휘하기 어렵고, 많은 열량을 소비하는 군인들의 특성상 많은 양의 식량보급이 필요하였는데, 이를 공중보급으로 해결할 수 있었다. 또한, 공중보급에는 많은 양의 의료물자가 포함되었는데, 이를 통해 앞서 언급한 질병 문제를 해결할 수 있었다[538]. 슬림 장군은 싸우기 전에는 훈련을 해야 하고, 행군을 하기 전에 먹어야 하며, 전투력이 고갈되기 전에 재정비를 해야 한다는 것을 이해하였다. 슬림 장군이 부임하기 전에는 버마 지역의 기상과 지형 때문에 고기를 냉동으로 보관하거나 신선하게 운반하는 것이 제한된다는 이유로 굶주린 병사들에게 충분한 식량보급이 이루어지지 못하였다. 그러나 슬림 장군은 말린 육류 및 채소 등을 항공 보급을 통하여 병사들에게 충분히 보급하였고, 이것은 부대의 사기 증진으로 이어졌다[539]. 반면에, 일본군 지휘관인 무타구치 렌야는 몽골군이 13세기에 수행했던 것과 같이 현지 조달을 강요하면서 군수분야를 등한시했는데, 이는 초기에 연합군이 일본군을 만나면 무기와 식량을 버리고 도망갔기 때문이다. 하지만 이후 연합군이 더 이상 무기와 식량을 버려두지 않게 되면서 일본군은 보급품 조달이 어렵게 되었다.

네 번째 작전선은 사기 분야였다. 앞서 말한 세 가지는 모두 영국군을 포함한 연합군의 사기를 증진시키기 위한 것이었다. 1942년의 작전실패로 인하여 부대의 사기가 저하되었기 때문에 슬림 장군은 가장 중요한 작전적 수준의 중심인 사기 증진을 위하여 특히 노력하였다. 독일의 명장 에르빈 롬멜(Erwin Rommel)이 강조하였듯이, 병사들을 위한 가장 훌륭한 복지는 강인한 훈련을 통하여 전장에서 살아 남는 기술을 가르쳐 주는 것이다. 또한 정보를 통해 병사들이 일본군을 과장되지 않은 있는 그대로 병사들이 인식하게 해 주었다. 일본군은 정글의 닌자와 같은 상상 속의 엄청난 힘을 가진 존재가 아니라 격멸할 수 있는 대상임을 각개병사에게 알려 준 것이다. 작전지속과 관련한 필요 물자 및 음식을 보급해 주고, 무엇보다 정글의 특성상 질병에 쉽게 노출되는 점을 고려하여 말라리아 예방약과 같은 의약품을 통해 병사들과 부대의 사기를 증진시키도록 하였다[540]. 다른 한편으로, 슬림 장군 자신을 포함한 지휘관들의 현장 방문을 통해 상호 교감을 할 수 있도록 함으로써 병사들의 사기를 독려하였다[541].

슬림 장군이 네 가지 작전적 접근방법을 발전시키는 데 몇 가지 어려움이 있었다. 먼저, 그는 1942년 3월부터 5월간 일본과의 전투에서 이미 한 번 패배한 지휘관이었기 때문에, 상급부대에 자신의 접근방법을 설득하기 쉽지 않았을 것이다. 또한, 앞서 언급한 바와 같이 당시 연합군의 우선

순위는 독일군을 격퇴하는 것이었기 때문에 버마 전역에 대한 지원은 우선순위가 낮아 필요한 것을 요청하더라도 받을 가능성이 낮았다[542]. 하지만, 슬림 장군은 상급부대가 충분한 지원을 하지 않는다고 불평하는 대신, 지역 내에서 스스로 조달할 수 있는 체계를 갖추고, '하늘은 스스로 돕는자를 돕는다'라는 신념으로 스스로 할 수 있는 바를 다하였다. 결과적으로, 앞서 말한 네 가지 작전적 접근방법을 구상하고 이를 실천함으로써 그는 부대에 전투 정신을 고취시킬 수 있었고, 이는 이후에 임팔 전투에서 승리를 가져오는 주요한 계기가 되었다.

환류(reframing)

1942년에 최초 슬림 장군이 디자인한 현재 및 최종상태와 작전적 접근방법은 시간이 흐름에 따라 변화하였다. 1942년 5월의 패전 이후, 1944년 3월경 본격적인 임팔-코히마(Imphal-Kohima) 전투가 개시되기 전 슬림 장군은 일부 교전을 제외하고는 큰 전투를 회피하면서 병력의 사기를 증진시키는 데 진력을 다한다. 이 과정에서 그는 작전환경의 변화에 따라 디자인과정을 지속적으로 시행한다. 이후에 임팔-코히마 전투에서 일본군에 승리한 이후 그는 작전의 주도권을 잡았다고 판단하고 전과확대 및 추격으로 작전을 전환한다[543]. 즉, 디자인의 환류과정을 통해 개념계획을 다시 발전시킨 것이다. 계획수립에 있어 디자인은 개념계획 수립에 관한 것이고, 전술적 계획수립절차는 세부계획 수립에 관한 것이다. 그림 26은 개념 계획인 디자인과 세부계획인 전술적 계획수립절차의 통합을 나타내는데, 그 중에서 환류과정을 살펴보면 기존에 가졌던 작전환경과 문제가 변함에 따라 개념계획인 디자인이 크게 변화하는 모습을 볼 수 있다.

그림 26은 개념계획인 육군 디자인 방법론과 세부계획인 전술적 계획수립절차의 상관관계 속에서 환류 과정이 왜 필요한지를 나타낸다. 계획수립 초기 단계에는 작전환경을 이해하고 문제의 본질을 파악하기 위한 개념계획의 비율이 더 크게 작용한다. 개념계획이 차지하는 비율은 작전환경 및 문제에 대한 이해가 증진됨에 따라 점차 줄어들고, 상대적으로 세부계획의 비율이 증가한다. 이 때, 작전환경이 급격히 변화하거나 이미 구상된 작전적 접근방법으로 더 이상 문제를 해결할 수 없을 때 다시 개념계획에 중점을 두고 작전환경과 문제의 본질을 재검토하는 과정이 환류이다.

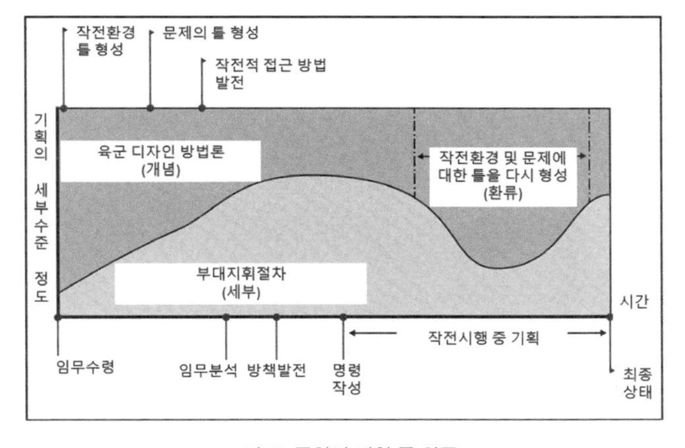

그림26. 통합된 계획 중 환류

출처: Army Techniques Publication 5-0.1, Army Design Methodology (Washington, DC: Department of the Army Headquarters, 2015), 2-2.

이러한 측면에서 슬림 장군은 눈앞의 상황조치에만 연연한 것이 아니라, 환류를 통해 전체적인 상황의 변화가 작전에 어떠한 영향을 끼칠지 판단하고 세부계획 수립을 위한 개념계획을 잘 발전시킨 것이다.

중간 정리

본 장 '디자인과 작전술'에서는 디자인의 본질적 의미를 알아보고, 미 육군이 디자인 개념을 어떻게 교리화하여 육군 디자인 방법론(ADM)을 발전시켰는지를 알아보았다. 또한, 육군 디자인 방법론의 주요 활동인 작전환경 이해, 문제점 이해, 작전적 접근방법 발전에 대해 세부적으로 살펴보았으며, 이를 토대로 보스니아 전쟁, 샤른호르스트의 프로이센 군 개혁, 제2차 세계대전 당시 버마 전역에서의 슬림 장군 사례들을 디자인의 관점에서 살펴보았다.

미 육군은 계획수립을 크게 개념적 계획수립(conceptual planning)과 구체적 계획수립(detailed planning)으로 구분하고 있다. 이러한 계획수립은 결국 전술행동을 작전적 또는 전략적 목표에 부합되도록 조직하고 운용하기 위한 활동이다. 디자인은 작전술의 실천적 도구로서 디자인의 정의는 미 육군과 한국군이 제시하는 작전술의 정의와 매우 유사하다. 즉, 지휘관 및 참모들은 작전적, 전략적 목표 달성을 위해 작전술을 적용하여 전술활동을 조직하고 이를 운용하기 위한 계획을 수립하게 되는 것이다.

여기서 디자인은 개념적 계획수립에서 사용되는 유용한 도구이다. 지휘관 및 참모들은 디자인을 통해 부대가 현재 처한 상황은 어떠하며, 미래에 달성해야 할 최종상태가 무엇인지를 파악한다. 이를 바탕으로 그들은 최종상태를 달성하는 데 어떠한 방해요소들이 있는지를 판단하며, 이를 해결하기 위해 부대가 무엇을 해야 할지 개념적인 접근방법을 마련한다. 이러한 디자인의 결과는 구체적인 계획의 수립 및 시행을 위한 기본 틀로 활용되며, 구체적 계획수립간 변화되는 상황은 다시 환류(reframing) 과정을 통해 디자인에 영향을 미친다. 이렇듯, 디자인은 반복적 과정으로써, 개념적 계획수립을 촉진하고 구체적 계획수립의 기본 틀을 제공한다는 측면에서 작전술의 실천적 도구라고 할 수 있다.

이때, 작전술의 요소(elements of operational art)는 디자인이 부대의 작전목적을 달성하는 방향에 중점을 두어 진행될 수 있도록 돕는다. 작전환경 이해 및 문제점 이해 과정에서는 최종상태 및 종결조건, 목표, 중심 등의 요소들이 활용되고, 작전적 접근방법 발전 과정에서는 결정적 지점, 작전선, 작전범위, 작전한계점, 작전배열, 동시성과 위험 등의 요소들이 활용된다. 하지만, 시간이 가용하다면 이러한 요소들에 얽매이지 않고, 우리가 무엇을 원하고, 무엇이 우리의 최종상태 달성을 방해하며, 그 방해요소들을 어떻게 제거 또는 약화시킬 것인지를 창의적, 비판적 사고를 통해 고민해야 한다.

군은 본질적으로 물리력을 행사하는 집단이다. 이러한 관점에서 보면, 고지를 점령하고 적 병력을 격멸하거나 적의 주요 무기체계를 파괴할 수 있는 능력만 있다면 군은 충분히 제 역할을 할 수 있다고 생각될 수 있다. 하지만, 군은 국가의 이익과 정치적 목표를 달성하기 위한 국력의 제 요소 중 하나라는 점에서, 군이 해결해야 할 군사적 문제(military problems)는 결국 정치적 문제(political problems)와 긴밀하게 연결되어 있다. 그렇기 때문에, 군사적 문제는 단순한 문제만 존재하는 것이 아니라, 관련 요소들이 복잡하게 얽혀 있어 쉽게 파악하기 어려운 '잘 정의되지 않은 문제(ill-structured problems)'도 존재한다. 이러한 문제들의 본질을 제대로 악하지 않고 섣부르게 해결하려 시도한다면, 이는 군사적, 정치적으로 전혀 의도치 않은 결과를 초래할 수도 있다. 디자인은 바로 이러한 복잡한 문제들을 파악하고 해결하기 위한 기틀을 제공함으로써, 적합성, 현실성, 효율성을 최상으로 구현하는 작전계획이 수립될 수 있도록 도울 것이다.

제6장

작전술의 비전

생각을 정리하며

작전술의 영역은 무궁무진하다. 훌륭한 작전술가가 되기 위해서는 이론, 역사, 교리를 기반으로 한 균형된 연구 자세를 지녀야 한다.

작전술의 비전

필자들은 서론에서 작전술을 한두 문장으로 완벽하게 정의할 수 없다고 주장한 바 있다. 작전술의 연구영역은 무궁무진하며, 개인이 이 모든 이론, 역사, 교리를 섭렵하는 것은 거의 불가능하다고도 주장하였다. 또한, 작전술은 본질적으로 전략적 목표와 전술적 행동을 연결해 주는 교량의 역할을 하기 때문에 작전술가는 전략과 전술에 대해서도 충분히 이해하고 있어야 한다. 이러한 점을 감안한다면, 작전술에 관한 연구 영역은 더욱 확장된다.

여기서 중요한 것은 이론, 역사, 교리 측면에서 작전술을 균형되게 바라보고 포괄적으로 연구해야 한다는 점이다. '이론, 역사, 교리 중 무엇이 먼저인가? 혹은 무엇을 먼저 연구해야 하는가?'라는 질문을 하는 이가 있다면, 이는 '닭이 먼저냐, 달걀이 먼저냐?'를 묻는 것과 같다고 답해 주고 싶다. 물론, 모든 이론은 역사적 사건이나 현상들에 대한 연구에서 비롯된다. 이론가들은 이러한 특정 역사적 사건이나 사회과학적 현상들을 관찰하고 분석하면서 사건이나 현상들 간의 인과관계를 찾아내고 행동양식의 패턴을 밝혀낸다. 또한 군사교리는 각종 전쟁사와 이론을 망라하여 군이 군사작전을 수행하는 데 기본적으로 숙지 및 숙달해야 할 사항들을 정리한 것이다. 따라서, 그림 27의 좌측 도표와 같이 이 세 가지 영역이 역사, 이론, 교리의 순서를 통해서만 형성된다고 생각할 수 있다. 하지만, 역사로부터 형성된 이론과 교리는 다시 현재와 미래의 행동에 영향을 미치게 되고, 이는 시간이 지나면서 다시 또 하나의 역사가 된다. 또한, 현존하는 각종 이론들은 교리를 정립하는 과정에서 수시로 재검증되며, 이를 통해 기존 이론이 보완 및 진화하거나 혹은 새로운 이론이 창출된다. 따라서 이론, 역사, 교리의 관계는 단지 일방향적 관계에서 그치지 않으며, 그림 27의 우측 도표와 같이 상호 긴밀히 영향을 미치는 관계가 된다.

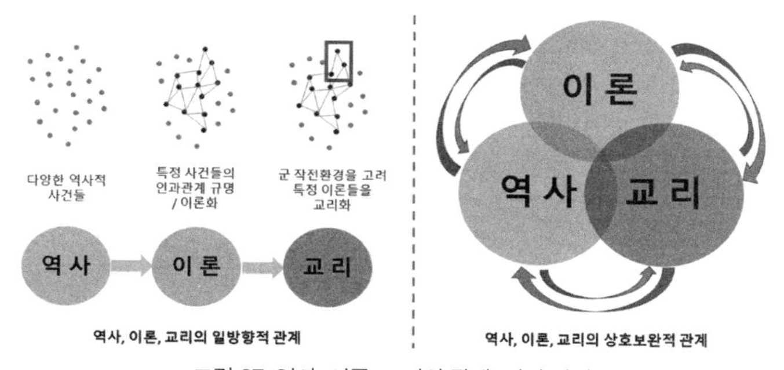

그림 27. 역사, 이론, 교리의 관계. 저자 작성

본 책은 비록 이론, 역사, 교리의 순서로 작전술을 설명하고 있지만, 필자들은 위와 같은 이유로 이 세 가지 논점을 균형되게 유지하고자 하였다. 먼저, 제2장 '이론과 작전술'에서는 군사학 외 여러 분야의 이론들을 소개하고 이를 작전술과 연결시킴으로써, 작전술의 이론적 영역이 단순히 군사학으로 한정되지 않는다는 점을 강조하였다. 제3장 '전략과 작전술'에서는 작전술을 발휘하기 위해 필수적으로 이해해야 하는 정치 및 전략과 관련된 이론들을 살펴봄으로써 작전술이 정치 및 전략적 맥락 속에서 어떻게 작용하고 있는지를 알아보았다. 이러한 이론적 기초를 바탕으로 제4장 '작전술의 진화'에서는 몇 가지 전쟁사들을 선별하고, 앞서 살펴본 이론들을 활용하여 이들을 작전술의 관점에서 해석해 보았다. 마지막, '디자인과 작전술'에서는 미군의 디자인 교리를 소개하고, 디자인 관련 이론들과 몇 가지 역사적 사례를 교리적 내용과 결합함으로써 디자인에 대한 종합적 이해를 증진시키고자 하였다. 이러한 과정을 통해, 독자들이 역사, 이론, 교리의 균형된 사고를 바탕으로 작전술의 본질을 이해하고, 향후 작전술가로서 어떻게 작전술을 연구해 나아가야 할지 자신만의 방법을 정립할 수 있기를 기대한다.

한국군 작전술 발전을 위한 제언

본 책의 제1장에서 한국군의 작전술에 대해 필자들이 생각하는 세 가지 문제점을 제시하였다. 첫째, 우리 군은 작전술 교리에 대한 심도 깊은 연구가 부족한 실정이고, 특히 작전술 관련 이론에 대한 연구는 찾아보기 힘들다. 작전술에 영향을 미칠 수 있는 이론은 군사학 이론을 포함하여 인문학, 사회과학, 자연과학, 의학, 공학에 이르기까지 무궁무진하다. 그럼에도 불구하고 우리는 이러한 이론들과 작전술 개념을 연결시키려는 (connecting dots) 노력을 많이 하지 못했다.

또한 한국군 교리가 제시하는 작전술의 개념은 매우 제한적이며, 작전술을 작전적 수준으로 한정시키고 있다. 특히, 작전술이 '작전적 수준의 지휘관 및 참모들'만 적용하는 것으로 표현하고 있다. 하지만 지금까지 살펴본 바와 같이, 작전술은 전쟁의 수준에 따라 적용여부를 결정하는 것이 아니다. 작전술은 모든 수준, 다시 말해 전략적 수준, 작전적 수준, 그리고 전술적 수준에 모두 적용된다. 따라서, 전술적 수준의 제대에 속한 지휘관 및 참모들도 작전술에 대해 평소부터 연구하고 고민해야 한다. 만약, 1개 사단이 해외로 독립작전을 수행하기 위해 파견된다면, 해당 사단장과 참모들은 전술적 행동을 계획, 준비, 시행하는 과정에서 국가전략목표, 군사전략목표가 무엇인지를 생각하고, 자신들의 행동이 미치게 될 정치적, 전략적 영향에 대해 고민해야 할 것이다.

그림 28은 작전술이 군사전략 목표, 작전적 목표, 전술적 목표를 수립하는 데 모두 적용할 수 있음을 보여 준다.

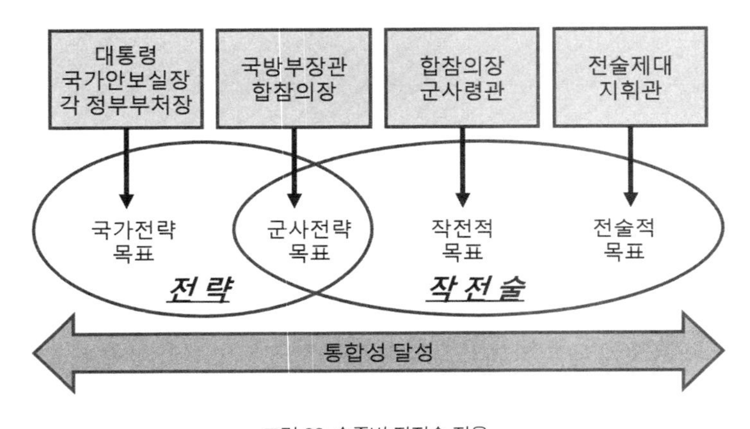

그림 28. 수준별 작전술 적용
출처: Joint Publication (JP) 3-0, Joint Operations
(Washington, DC: Government Printing Office, 2017), I-13.

이러한 문제점들을 해결하기 위해서는 작전술에 대한 심도 깊은 연구를 통해 우리 군의 작전술에 대한 전반적 인식을 전환시켜야 한다. 이는 단기간에 이루어질 수 없으며, 인식의 전환에 있어서 정답이나 최종상태는 없다. 우리는 미래를 예상(anticipate)해 볼 수는 있지만, 단언하여 예측(predict)할 수는 없기 때문에, 작전술에 대한 연구는 끊임없이, 또 변화 및 발전하는 미래상황에 적응해 가면서 이루어져야 한다. 따라서, 본 장은 작전술에 대한 한국군의 인식 전환을 위한 3단계 실천 모델을 제시하고자 한다. 이는 의식화(affective stage) - 제도화(institutionalization stage) - 행동화(behavioral stage)로 이어지는 일련의 단계들로 이루어지며, 그 과정 속에서 군 문화를 유연하게 변화시켜야 함을 강조한다. 이는 미군이 군사혁신(RMA: Revolution of Military Affair)의 틀(framework)로 활용하는 교리, 조직, 훈련, 장비, 리더십, 교육, 인력, 시설(DOTML-PF: doctrine, organization, training, materiel, leadership and education, personnel and facilities) 개념 중 리더십(leadership), 교리(doctrine), 조직(organization), 교육훈련(education and training)에 대한 변화를 추구하는 모델이다. 또한, 이 모델은 결코 선형적으로 어느 시점에 종료되는 과정이 아니며 작전술 연구에 대한 우리 군의 의식변화를 위해 순환적으로 지속되는 과정이다. 그림 29는 이 같은 3단계 모델을 시각화하여 표현한 것이다. 1단계에서는 군의 주요 리더들과 작전술 연구의 안내자 집단(guiding coalition)을 중심으로 작전술에 관한 교리, 이론, 역사의 포괄적 연구를 통해 작전술에 대한 의식화가 일어나게 해야 한다. 이때는 그림과 같이 소규모의 선구자들이 작전술의 심도 깊은 연구에 참여한다. 그들은 작전술 연구를 제도화시키기 위한 중개자(broker) 역할을 하게 되며, 이는 작전술의 개념이 지속 발전되고 또 교리에 반영되어 장교 교육이 이루어지는 제2단계 제도화로 이어진다. 그림 29와 같이 1단계에서 소수였던 안내자 집단은 2단계에서 더 많은 작전술 연구가들의 증가를 불러일으킨다. 이러한 작전술 연구는 3단계에 이르러 야전부대까지 확산되어 지휘관 및 참모들의 행동화로 발전된다. 제도화 과정을 통해 교육기관에서 작전술을 연구한 장교들은 야전부대로 진출하여 동료 지휘관 및 참모들과 함께 작전술 적용 능력을 발전시키고, 피드백을 통해 교리적 발전에도 기여하게 된다. 그림29에 표현된 것처럼, 이 세 단계가 시행되는 동안 우리 군은 작전술 연구에 대한 보다 더 개방적인 문화를 이끌어 내야 하며, 장교들이 사명감을 가지고 작전술을 연구할 수 있는 분위기를 형성하여야 한다.

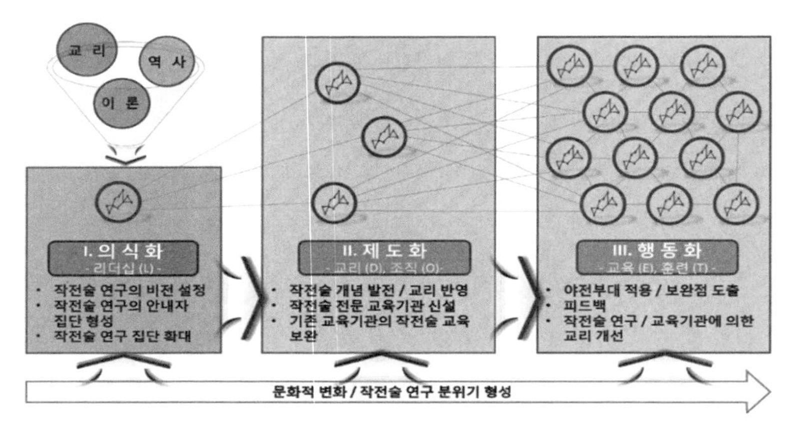

그림 29. 한국군 작전술 발전을 위한 3단계 실천 모델. 저자 작성

▶ 의식화

우리 군이 작전술에 대한 인식의 변화를 이끌어 내고, 작전술 연구를 보다 활성화하기 위한 첫걸음은 왜 우리에게 그러한 인식의 변화가 필요한지, 또 왜 작전술 연구를 활성화해야 하는지 우리 스스로에게 질문을 던지는 것으로 시작된다. 지금까지 이 책을 읽은 독자들은 작전술이 국가 및 군사전략 목표 달성을 위해 얼마나 중요한지 충분히 공감하고 있을 것이다. 또한, 그 적용범위가 단순히 작전적 수준에 그치지 않는다는 것과, 이 세상에 존재하는 모든 학문들이 작전술 연구에 도움이 된다

는 사실도 인식하고 있을 것이다. 하지만, 군과 사회에 이러한 인식을 하고 있는 군인 및 학자들은 아직 극소수이다. 따라서, 먼저 작전술의 본질과 그 중요성을 많은 이들이 인식할 수 있도록 해야 한다. 이러한 의식화 과정에는 리더십의 변화가 필요하다. 즉, 군대의 주요 리더들이 작전술의 중요성을 인식하고 이를 심층적으로 연구해야 한다는 의지를 가져야 한다. 존 카터(John P. Kotter)는 조직이 효과적으로 변화하기 위한 8단계의 '변화 모델(change model)'을 제시하였다. 세부단계는 1. 위기감 고조(Establishing a sense of urgency), 2. 안내자 집단 구성(Creating the guiding coalition), 3. 비전 설정(Developing a vision and strategy), 4. 비전에 대한 의사소통(Communicating the changed vision), 5. 부하들의 권한 강화(Empowering a broad base of people to take action), 6. 단기 성과 달성(Generating short-term wins), 7. 성과 확대(Consolidating gains and producing even more change), 8. 조직 문화로 정착(Institutionalizing new approaches in the culture)이다[544]. 그중, 변화에 대한 비전 설정과 그 비전의 달성을 위해 변화를 이끌어 갈 안내자 집단(guiding coalition)의 구성은 변화를 시작하는 데 있어 매우 중요한 요소이다. 군의 리더들에 의해 작전술 연구에 대한 비전이 설정되어야 하며, 이를 통해 국가 및 군사전략 목표를 달성하기 위해 우리 군이 해야 할 역할들이 작전술의 발휘를 통해 실현될 수 있음을 공표하여야 한다. 또한, 이 비전은 작전술 연구가 단순히 군사 교리만을 연구하는 것에 그치지 않고, 다양한 분야의 이론과 역사가 포괄적으로 연구되어야 함을 강조할 수 있어야 한다.

군의 주요 리더들은 작전술 연구에 대한 비전을 바탕으로 변화를 선도할 안내자 집단을 구성해야 한다. 안내자 집단에는 국내외에서 작전술을 꾸준히 연구하고 있는 전문가들을 포함해야 한다. 그들은 저마다 다른 전공분야에서 학사, 석사, 박사학위를 보유하고 있을 것이다. 안내자 집단의 구성원들이 지닌 다양한 학문적 배경은 작전술 연구에 있어 승수(synergy) 효과를 발휘할 수 있는데, 서로 건설적인 비판 과정을 통하여 보다 창의적이고 논리적인 생각을 도출할 수 있기 때문이다. 이 책의 제2장 '이론과 작전술'에서 다양한 분야의 이론들을 작전술에 접목시켰듯이, 각자가 전공한 다양한 학문분야는 작전술의 폭을 넓히고 유연성을 기르는 데 많은 도움이 될 것이다. 다양한 분야의 전문가들로 구성된 안내자 집단 내에서 열린 토론을 통해 세계 각국의 작전술을 서로 공유하고 각종 이론들을 작전술에 대한 분석의 틀로 활용하면서 이에 대한 공감대를 형성해 나아가야 한다.

우리는 안내자 집단을 필두로 하여 작전술 연구 집단을 점차 확대해 나아가야 한다. 제5장 '디자인과 작전술'에서 메리 울빈(Mary Uhl-Bien)의 이론을 소개한 바 있다. 그녀는 조직 내 변화를 추구하는 사업조직과 현상유지를 선호하는 시행조직 사이에는 항상 갈등이 존재한다고 말하였다[545]. 이러한 갈등을 해결하기 위해 누군가에 의한 화합과 중개(brokerage)가 반드시 필요하며, 이러한 화합과 중개가 발생하는 가상의 공간을 '적응공간(adaptive space)'이라 칭하였다(p. 269 그림 23 참조). 안내자 집단은 작전술 연구의 붐을 일으키는 중개인(broker)의 역할을 수행해야 할 것이다.

▶ 제도화

작전술 연구의 중요성에 대한 의식화 과정을 통해 작전술 연구가 활발해지면, 이를 우리 군의 실정에 맞게 제도화하는 과정이 필요하다. 피터 버거와 토마스 루크만(Peter Berger and Thomas Luckmann)은 우리가 인식하는 어떠한 실재가 객관적 실재가 되기 위해서는 기관화(institutionalization)와 법제화(legitimation)가 이루어져야 한다고 주장하였다[546]. 이러한 이론을 군에 접목해 보면, 작전술 개념을 보다 체계적으로 연구하고 토의할 수 있는 기관을 설립하고, 지속적으로 발전되는 작전술 개념을 적시적으로 교리에 반영하여야 한다. 즉, 군의 작전술 연구와 관련한 기관화와 법제화를 통하여 지속적으로 발전 가능한 체계를 갖추는 것이 중요하다.

기관화의 측면에서, 한국군에 작전술을 전문적으로 교육할 수 있는 교육기관이 신설되어야 한다. 미 지참대의 샘스 과정은 소령급 장교들이 전 세계에 배치된 미군 부대에서 국가전략 및 군사전략 목표를 달성하는 데 기여하도록 1년여 동안 작전술을 집중적으로 교육하는 과정이다. 작전술의 연구방식이 반드시 미군의 고급 군사연구과정과 동일할 필요는 없지만, 이와 같은 외국군들의 작전술 연구 및 교육기관들의 시스템을 확인하고 우리 군 실정과 가용 예산에 부합되게 조정하여 작전술 전문 연구 및 교육기관을 신설하는 것은 반드시 필요한 일이다. 장기적으로는 소령급 장교에 국한하는 것이 아니라, 중령에서 대령으로 진급하는 장교들이 작전술을 보다 심도 있게 공부한 이후 소령급 장교들에게 작전술을 가르치는 교관이 될 수 있도록 해야 한다. 추가적으로, 박사과정도 신설하여, 작전술에 대한 깊이 있는 연구를 기반으로 작전술 학교가 더욱 공신력 있는 기관으로 거듭날 수 있도록 체계를 만들어야 할 것이다.

이와 더불어, 합동군사대학교와 그 산하의 각군 대학은 발전된 작전술 개념을 교육과정에 반영하여야 한다. 이때, 교리상 제시된 작전술의 정의와 작전구상 요소 등에 집중하기보다는 교리적 근거를 바탕으로 작전술에 관한 다양한 이론과 역사 연구가 병행될 수 있도록 제도를 정비하여야 한다. 이를 위해서는 작전술에 대한 교육시간 또한 충분히 확보되어야 한다. 왜냐하면, 더욱 복잡해지는 미래의 작전환경을 고려시 전략 목표 달성을 위해서는 상이한 성격의 전투력을 시간, 공간, 목적 면에서 적절히 통합하고 배열할 수 있는 능력이 필수적이며, 바로 작전술이 군의 리더들에게 이러한 능력을 보장해 줄 수 있기 때문이다.

▶ 행동화

제3단계는 작전술을 현실에 적용해 봄으로써 문제점과 보완요소를 도출하고 피드백을 통해 작전술의 개념을 더욱 발전시키는 단계이다. 도널드 쇤에 따르면, 교육의 능률을 극대화하기 위해서는 학습자가 '행동하는 중에 학습(reflection in action)'하고 '행동에 대하여 학습(reflection on action)'해야 한다[547]. 또한, 지도자들은 학습자들이 이러한 두 가지 학습을 잘 해낼 수 있도록 '반성적 실천의 환경(reflective practicum)'을 조성해 주어야 한다. 각급 부대의 지휘관들은 쇤의 이론에서 지도자의 역할을 해주어야 한다. 즉, 지휘관들은 참모들이 각종 부대훈련 간 작전술을 적용해 보고, 실시간으로 문제점을 도출 및 해결해 나가면서 작전술 발휘 능력을 향상시킬 수 있도록 독려해야 한다. 또한, 훈련이 종료되면 사후 강평을 통해 훈련 실시간 발견하지 못한 작전술 적용상의 문제점 및 발전방향들을 도출하여 향후 훈련 간 반영할 수 있도록 해야 할 것이다.

실질적인 행동화 단계는 앞서 언급한 작전술 연구학교를 졸업한 인원을 계획수립분야에 보직시키는 것이다. 교육기관의 진수는 학교기관에서의 성적이 아니라, 학교를 졸업한 이후에 야전에서 얼마나 실질적인 전투력을 발휘하는가를 평가되어야 한다고 생각한다. 그렇기 때문에 작전술 교육기관에서 배운 각종 역사, 이론, 교리를 종합적으로 통합하여 야전에서 전쟁 및 전투계획을 수립하는 것이다. 참모 보직과 관련하여 미군은 참모기능분야를 인사 (1), 정보 (2), 작전 (3), 군수 (4), 계획 (5), 통신 (6), 교육훈련 (7), 재무관리 (8), 민사기능 (9)으로 구분한다. 그중에서 계획 분야는 작전계획을 중기 및 장기적인 관점에서 작성하는데, 사단 및 그 이상 제대에서 근무한다. 계획 분야는 작전 분야와 함께 전투편성, 작전, 평가 부록 부분을 작성하여 작전명령 혹은 작전계획을 생산한다.[548] 작전술 연구학교 졸업자는 바로 계획 분야의 전문가가 되는 것이다. 이러한 시스템 속에서 작전 분야는 현행작전(current operations)과 장차작전(future operations)에 관심을 기울이되, 계획 분야는 장차계획(future plans)를 담당하게 되며, 작전술 연구학교 졸업자들이 주로 이 계획 분야에 보직되어야 한다. 교육기관의 인력 소요는 사단급 이상 제대의 계획 참모부에서 임무 수행할 인원들의 수를 기준으로 판단해야 할 것이다. 특히, 전시작전통제권(operational control) 환수를 고려 시 전시계획을 독자적으로 작성하는 것은 무엇보다 시급하면서도 가장 중요한 기능이 될 것이다. 한국이 전쟁을 주도한다면 개념계획부터 세부계획까지 모두 작성하는 능력을 지닌 인재의 육성이 무엇보다 절실하기 때문이다.

추가적으로, 합동군사대학 및 새로 신설한 작전술 전문 교육기관에서 작전술을 연구하고 야전으로 배치된 소령급 장교들은 해당부대에 작전술 연구의 붐을 조성할 수 있는 중개인(broker)의 역할을 해야 한다. 또한, 지휘관들이 작전술 적용의 중요성을 인식할 수 있도록 끊임없는 대화(dialogue)와 토의(discourse)를 통해 자신이 교육기관에서 연구한 내용들을 지휘관과 공유해야 한다. 이러한 노력들이 계속될 때 야전에서의 작전술 연구도 더욱 활발해질 수 있을 것이다.

야전에서 작전술을 실제 적용하다 보면, 작전술 교리의 개선 소요가 많이 도출될 수 있다. 지휘관들은 참모들이 이러한 교리개선 소요를 작전술 관련 연구기관에 적극 제기할 수 있어야 한다. 즉, 전술제대에 근무하는 장교들도 군사평론, 군사연구 등의 각종 군사관련 간행물을 통해 작전술에 관한 생각을 정리 및 전파할 수 있도록 분위기를 조성하고 문화를 바꾸어 나가야 할 것이다. 이러한 현장으로부터의 피드백을 통해 작전술 연구기관들은 작전술의 개념을 더욱 발전시키고, 이는 다시 장교들에 대한 교육 및 야전에서의 적용으로 '제도화'와 '행동화'의 선순환이 이루어지도록 해야 할 것이다.

▶ 문화적 변화 / 작전술 연구 분위기 형성

이러한 3단계 실천모델이 성과를 창출해 내기 위해서는 우리 군의 문화 측면에서의 변화가 병행되어야 한다. 전쟁은 인간의 자유의지와 감정이 개입되며, 불확실성과 우연 속에서 끊임없이 변화하는 특성을 가지고 있다. 그런데 실시간 대로 변화하는 상황에 효과적으로 대응하기 위해 지시적인 교리는 한계점을 내포할 수밖에 없다. 왜냐하면 모든 상황이 교리를 맹종하는 방식으로 해결될 수 없기 때문이다. 이것은 군뿐만 아니라 사업을 포함한 일반 사회의 전반도 동일하다. 교리라는 매뉴얼(manual)을 아는 것은 중요하지만, 이를 단순히 암기한다고 응용력이 생기는 것은 아니기 때문이다. 우군 간 피해를 방지하기 위한 내용 등 일부 반드시 규정적으로 따라야 하는 내용이 있지만, 이외의 상황에 따라 판단하고 행동해야 하는 부분도 존재하기 때문이다. 하지만, 작전술의 영역에서 단순 암기는 작전술을 실제 적용하는 데 오히려 창의성을 저해하는 요소가 될 수 있다. 작전술은 불확실하고 복잡한 환경에서 근본적 문제가 무엇인지를 이해하고 이를 해결함으로써 국가전략 및 군사전략 목표를 달성하는 데 기여하기 위해 적용하는 것이다. 또한, 과연 오늘의 해결책이 내일의 또 다른 문제를 창조하지는 않는지 혹은 의도치 않은 결과(unintended results)를 발생시킬 가능성은 없는지 사전 판단을 하고 그에 대한 대비책을 강구해야 한다. 즉, 작전술을 연구할 때는 불확실성과 복잡성을 염두에 두어야 한다.

또한, 소령급 이상 장교들이 작전술에 대해 더욱 폭넓고 깊게 연구할 수 있는 분위기를 조성해 주어야 한다. 단순 암기 시험은 폐지하고 성인을 위한 교육방식으로 문화를 변화해야 한다. 수업 전에 교범과 함께 여러 학문 분야의 도서들을 읽을 수 있도록 다양한 독서과제를 부여해야 한다. 이를 토대로 자신이 연구한 내용을 서로 토의함으로써 작전술에 대한 생각의 폭을 넓히고 지식의 깊이를 더해야 한다. 소크라테스 방식의 상호 질문과 토의를 통하여 교관들 또한 학생장교들의 다양한 의견들을 기반으로 작전술을 더 발전시켜 나갈 수 있어야 한다. 야전부대는 작전술 연구 분위기 형성이 더욱 어려운 실정이다. 대부분이 바쁜 현행 업무로 인해 작전술 연구는 제한된다. 하지만, 장교들에게 작전술이나 전술에 대한 연구만큼 더 중요한 일이 어디 있겠는가? 이러한 분위기의 형성에는 무엇보다 각 부대 지휘관의 역할이 매우 중요할 것이다.

지금까지 한국군의 작전술 연구 활성화와 작전술에 대한 인식 변화를 위한 3단계 실천 모델을 제시하였다. 또한 이 모델을 실행하는 데 있어 군의 문화적 변화가 병행되어야 함을 강조하였다. 이 과정에서 미군의 전력 발전요소인 교리, 조직, 훈련, 장비, 리더십, 교육, 인력, 시설(DOTML-PF) 개념 중 리더십, 교리, 조직, 교육훈련에 대한 변화가 중요하다는 점을 설명하였다.

먼저, 1단계 '의식화' 과정에서는 리더십의 역할과 그들의 변화가 중요하다. 군의 주요 리더들이 작전술의 중요성과 이에 대한 더욱 심도 깊은 연구가 필요함을 인식하여야 한다. 이를 바탕으로 리더들은 작전술 연구에 관한 비전을 설정하고 이를 달성하는 데 초석이 될 안내자 집단을 형성하여야 한다. 이러한 안내자 집단이 교리, 역사, 이론의 포괄적인 관점에서 작전술을 연구하고, 더 많은 사람들에게 작전술 연구의 중요성을 전파할 것이다.

2단계 '제도화' 과정에서는 작전술에 관한 교리와 조직의 정비가 이루어진다. 먼저, 안내자 집단에 더하여 각종 교육기관에서 작전술의 연구가 더욱 활성화되고 그 개념이 지속 발전되어야 한다. 또한 변화 및 발전된 개념을 교리에 지속적으로 반영한다. 이와 더불어, 미군의 샘스(SAMS)와 같은 작전술 전문 교육기관이 한국군에서 신설되어 소수의 인원만이라도 작전술을 더욱 심층적으로 연구하여 본인들 스스로 작전술의 전문가로 성장함과 동시에, 많은 사람들에게 영향을 주어 작전술 연구가 더욱 활발해지도록 해야 한다. 또한, 기존의 교육기관들도 교과 과정에 작전술 교육 시간의 확대와 방법의 변화 등을 통해 작전술 연구의 활성화에 기여해야 한다.

3단계 '행동화' 과정은 야전부대에서의 연습과 교육훈련에 중점을 둔다. 이때, 훈련 준비부터 시행 및 사후 강평에 이르기는 과정에서 지속적인 보완 및 발전소요 도출을 통해 지휘관 및 참모들의 작전술 적용 능력을 향상시켜야 한다. 또한, 도출된 보완 및 발전소요들이 적극적으로 작전술 관련 연구기관들에 환류되어 교리적 차원에서의 발전이 이루어질 수 있도록 해야 한다.

이와 동시에, 불확실성과 우연, 마찰 등 전쟁의 본질 속에서 임무를 수행하는 우리 군은 문화 자체도 이러한 복잡성과 불확실성을 받아들이고 제시된 의견에 대하여 계급과 직책을 떠나 상호비판을 장려하는 문화로 변화시켜야 한다. 전쟁에서의 승리하는 방법은 반복되지 않으며, 그렇기 때문에 병력을 운용하는 방법은 무궁무진하다[549]. 작전술 또한 결코 정형화될 수 없다. 따라서, 규정적으로 작전술의 본질을 한정시키려는 문화를 융통성 있는 문화로 변화시켜야 한다. 또한, 교육기관과 야전부대가 장교들의 작전술 연구 분위기 확산을 위해 노력해야 한다.

이 모델은 우리 군의 작전술 연구 활성화를 바라는 저자들이 제시하는 하나의 모델일 뿐이다. 즉, 이 모델은 일반적인 방향을 제시한 것으로, 반드시 이 절차를 따라야 우리 군의 작전술이 발전하는 것은 아니다. 다만, 우리 군이 작전술 이론을 발전시키고 작전술가(operational artists)들을 양성하기 위해 고려할 수 있는 하나의 모델이라 생각된다. 앞으로 더욱더 창의적·건설적 아이디어들이 쏟아져 나와 우리 한국군의 작전술이 발전하길 바라며 필자들 또한 끊임없이 연구하면서 한국군 작전술 발전에 선구자적 역할을 하도록 노력하리라 다짐한다.

참고문헌

김원중, 손자병법: 시공을 초월한 전쟁론의 고전. 서울, 휴머니스트, 2016.

두산백과, 네이버, http://terms.naver.com/entry.nhn?docId=1086152&cid=40942&categoryId=33074, accessed January 22, 2018.

모택동 게릴라전 웹사이트. https://www.marxists.org/reference/archive/mao/works/1937/guerrilla-warfare/.

모택동 장기전 웹사이트. https://www.marxists.org/reference/archive/mao/selected-works/volume-2/mswv2_09.htm.

미 공군대학 홈페이지. http://www.au.af.mil/au/awc/awcgate/warden/warden-all.htm.

미 웨스트 포인트 역사지도 웹사이트. https://www.westpoint.edu/history/SiteAssets/SitePages/American%20Revolution/01ARPrincipalCampaigns.gif.

법령조문 "제35조(도난 · 분실의 신고)" Accessed Jan 1, 2018. http://glaw.scourt.go.kr/wsjo/lawod/sjo192.do?contId=2153811&jomunNo=35&jomunGajiNo=0

표준국어대사전, 국립국어원, http://stdweb2.korean.go.kr/search/List_dic.jsp, accessed January 22, 2018.

Abbot, Porter. The Cambridge Introduction to Narrative. New York: Cambridge University Press, 2002.

Al-Ahrm Weekly, "Baki Zaki Youssef : When things just happen," http://weekly.ahram.org.eg/News/4259.aspx, accessed January 22, 2018.

Ammerman, David. In the Common Cause: American Response to the Coercive Acts of 1774. New York: Norton, 1974.

Anderson, Mary B. "'You Save My Life Today but for What Tomorrow?' Some Moral Dilemmas of Humanitarian Aid." In Hard Choices: Moral Dilemmas in Humanitarian Intervention, edited by Jonathan Moore, 137-156. Lanham: Rowman & Littlefield Publishers, Inc., 1998.

Andreas, Blue Helmets and Black Markets: The Business of Survival in Sarajevo. Ithaca: Cornell University Press, 2008.

Arena, Michael J., and Mary Uhl-Bien. "Complexity Leadership Theory: Shifting from Human Capital to Social Capital." People + Strategy 39 (Spring 2016): 22.

Argo. Warner Brothers Studio, 2012.

Bailey, Richard, J., James W. Forsyth Jr., and Mark O. Yeisley. Strategy Context and Adaptation from Archidamus to Airpower. Naval Institute Press, 2016.

Bar-Yam, Yaneer. Making Things Work. Solving Complex Problems in a Complex World. NECSI, Knowledge Press, 2004.

Bassford, Christopher. Jomini and Clausewitz: Their Interaction. Paper presented to the 23rd Meeting of the Consortium on Revolutionary Europe at Georgia State University, 26 February1993, 1. (Copyright Christopher Bassford. Unlimited release.) (#16-0297 E). Accessed January 13, 2018. http://www.clausewitz.com/readings/Bassford/Jomini/JOMINIX.htm.

Berger, Peter L., and Thomas Luckmann. The Social Construction of Reality: A Treatise in the Sociology of Knowledge. New York: Anchor Books, 1966.

Betts, Richard K. "Is strategy an illusion?" International Security 25, no. 2 (2000): 5, http://www.jstor.org/stable/2626752.

Billinger, Robert D. Metternich and the German Question: States' Rights and Federal Duties, 1820-1834. Newark: University of Delaware Press, 1991.

Bonura, Michael A. Under the Shadow of Napoleon: French Influence on the American Way of Warfare from the War of 1812 to the Outbreak of WWII. New York: New York University Press, 2012.

Boyd, John. "The Essence of Winning and Losing," May 25-26, 1978. Springfield, VA: Battelle, Columbus Laboratories, 1979. http://dnipogo.org/john-r-boyd/.

Brewer, John. The Sinews of Power: War, Money, and the English State, 1688-1783. Cambridge, MA: Harvard University Press, 1990.

Brown, Chris and Kirsten Ainley. Understanding International Relations. 4th ed. Basingstoke: Palgrave Macmillan, 2009.

Chandler, David G. The Campaign of Napoleon. New York: Scribner, 1966.

Citino, Robert M. The German Way of War: From the Thirty Years' War to the Third Reich. Lawrence: University Press of Kansas, 2005.

Clausewitz, Carl von. On War, translated and edited by Michael Howard and Peter Paret. Princeton, NJ: Princeton University Press, 1984.

Clausewitz, Carl von. Two letters on strategy. Edited and translated by Peter Paret and Daniel Moran. Fort Leavenworth, Kansas: Combat Studies Institute, 1984. http://cgsc.contentdm.oclc.org/utils/getfile/collection/p16040coll3/id/41/filename/42.pdf.

Cohen, Elliot A. The Big Stick. NY: Basic Books. 2016.

Cohen, Eliot. A. and John Gooch. Military Misfortunes: The Anatomy of Failure in War. New York: The Free Press, 1991.

Cooper, Matthew. The German Army, 1939-1945. Lanham, MD: Scarborough House, 1978.

Cronon, William. "A Place for Stories: Nature, History, and Narrative." Journal of American History 78 (March 1992): 1347-1376.

Davidson, Janine. "The Contemporary Presidency: Civil-Military Friction and Presidential Decision Making: Explaining the Broken Dialogue." Presidential Studies Quarterly. 43, no. 1: 129-145. Accessed November 5, 2017, http://search.proquest.com/docview/1368907236/E4C1972D48B3455DPQ/7?accountid=28992.

Deichmann, Paul D. German Air Force Operations in Support of the Army. USAF Historical Study No. 16. USAF Historical Division, Maxwell AFB, Alabama, 1962.

DePalo, William A. The Mexican National Army, 1822-1852. College Station: Texas A&M University Press, 1997.

Díaz, María del Rosario Rodríguez. "Mexico's Vision of Manifest Destiny during the 1847 War," Journal of Popular Culture 35, no. 2 (Fall 2001): 41-48.

Dolman, Everett C. Pure Strategy: Power and Principle in the Space and Information Age. London: Frank Cass, 2005.

Dörner, Dietrich. The Logic of Failure: Why Things Go Wrong and What We Can Do to Make Them Right. New York: Metropolitan Books, 1996.

Eubank, Keith. The Origins of World War II. New York: Crowell, 2004.

Feaver, Peter. Armed Servants: Agency, Oversight, and Civil-Military Relations. Cambridge, Mass: Harvard University Press, 2005.

Fieser, James. "Just War Theory." Internet Encyclopedia of Philosophy. University of Tennessee at Martin. Accessed January 9, 2018. http://www.iep.utm.edu/justwar.

Fischer, David Hackett. Washington's Crossing. New York: Oxford University Press, 2004.

Forster, Michael. "Hegel's Dialectical Method" in The Cambridge Companion to Hegel, edited by Frederick C. Beiser. Cambridge: Cambridge University Press, 1993.

Frank, Richard B. Guadalcanal: The Definitive Account of the Landmark Battle. New York: Random House, 1990.

Gabel, Christopher R. The Vicksburg Campaign: November 1862 - July 1863. Washington D.C.: Center of Military Histroy, United States Army, 2013.

Gaddis, John Lewis. The Landscape of History: How Historians Map the Past. New York: Oxford University Press, 2002.

Gharajedaghi, Jamshid. Systems Thinking: Managing Chaos and Complexity: A Platform for Designing Business Architecture, 3rd ed. Amsterdam: Morgan Kaufmann, 2011.

Gat, Azar. A History of Military Thought. New York: Oxford University Press, 2001.

Goldman, Stuart D. Nomonhan, 1939: The Red Army's Victory That Shaped World War II. Naval Institute Press, MD. 2012.

Graves, Thomas, and Bruce E. Stanley. "Design and Operational Art." Military Review (July-August 2013): 53-59.

Hamilton, Richard F. and Holger H. Herwig, War Planning, 1914. Cambridge: Cambridge University Press, 2010.

______. Decisions for War, 1914-1917. Cambridge: Cambridge University Press, 2004.

Hatch, Mary Jo. Organization Theory: Modern, Symbolic, and Postmodern Perspectives, 2nd ed. Oxford: Oxford University Press, 2006.

Hart, B. H. Liddell. Strategy. Faber and Faber, Ltd, London, England, 1967.

Herring, George C. From Colony to Superpower: U.S. Foreign Relations since 1776. New York: Oxford University Press, 2008.

Herwig, Holger H. The Marne, 1914: The Opening of World War I and the Battle That Changed the World. New York: Random House, 2009.

Hitler, Adolf. Mein Kampf. Translated by James Murphy. London, United Kingdom: Hurst and Blackett LTD., 1939. https://mk.christogenea.org/_files/Adolf%20Hitler%20-%20Mein%20Kampf%20english%20translation%20unexpurgated%201939.pdf.

Hughes, Daniel J. Moltke on the Art of War: Selected Writings. Novato, CA: Presidio Press, 1995.

Hurd, Ian. "Legitimacy and Authority in International Politics." International Organization 53, no.2 (1999): 379-408.

Ikenberry, G. John. After Victory: Institutions, Strategic Restraint, and the Rebuilding of Order after Major Wars. Princeton, NJ: Princeton University Press, 2001.

Jervis, Robert. System Effects: Complexity in Political and Social Life. Princeton: Princeton University Press, 1997.

Jomini, Henri Antoine. The Art of War. Translated by G.H. Mendell and W.P. Craighill. Philadelphia: J. B. Lippencott & Co., 1862. Accessed January 13, 2018, https://books.google.com/books?id=nZ4fAAAAMAAJ&dq=art%20of%20war%20jomini&pg=PP1#v=onepage&q&f=false.

Johnson, Timothy D. A Gallant Little Army: The Mexico City Campaign. Lawrence: University Press of Kansas, 2007.

Kahneman, Daniel. Thinking, Fast and Slow. New York, NY: Farrar, Straus and Giroux, 2013.

Kalinovsky, Artemy. A Long Goodbye: The Soviet Withdrawal from Afghanistan. Cambridge, MA: Harvard University Press, 2011. Accessed 8 November 2017. http://site.ebrary.com/lib/carl/detail.action?docID=10678685.

Kalyvas, Stathis N. The Logic of Violence in Civil War. New York: Cambridge University Press, 2006.

Kotter, John P. Power and Influence beyond Formal Authority. New York: Free Press, 1985.

Kuhn, Thomas S. The Structure of Scientific Revolutions. Chicago: University of Chicago Press, 1970.

Lamborn, Alan. "Theory and the Politics in World Politics" International Studies Quarterly 41, no. 2 (Jun., 1997): 191-197. http://www.jstor.org/stable/3013931.

Lawson, Bryan. How Designers Think: The Design Process Demystified. 4th ed. Amsterdam: Architectural Press, 2006.

Leggiere, Michlael V. Napoleon and the Operational Art of War: Essays in Honor of Donald D. Horward. Leiden: Brill, 2016.

MacIsaac, David. "Voices from the Central Blue: The Air Power Theorists." In Makers of Modern Strategy from Machiavelli to the Nuclear Age, edited by Peter Paret, Gordon A. Craig, and Felix Gilbert. Princeton: Princeton University Press, 1986.

Mackinder, Halford John. "The Geographical Pivot of History." Geographical

Journal 27, no. 4 (April 1904): 421-444. Accessed January 10, 2018, https://www.iwp.edu/docLib/20131016_MackinderTheGeographicalJournal.pdf.
Mackesy, Piers. The War for America, 1775-1783. Lincoln: University of Nebraska Press, 1993.
Maclean, Norman, Young Men and Fire. Chicago: The University of Chicago Press, 1992.
Megargee, Geoffrey. Inside Hitler's High Command. Lawrence: University Press of Kansas, 2000.
Miller, John C. Origins of the American Revolution. Boston: Little, Brown and company, 1943.
Mintzberg, Henry. Rise and Fall of Strategic Planning. Simon and Schuster, 1994.
NIV 성경. 창세기, 출애굽기, 사도행전.
Nye, Joseph. The Future of Power. New York: Public Affairs, 2011.
Ota, Fumio. "Sun Tzu in Contemporary Chinese Strategy." Joint Force Quarterly 73, (April 1, 2014): 138-169. Accessed 23 February 2018, http://ndupress.ndu.edu/Media/News/Article/577507/sun-tzu-in-contemporary-chinese-strategy/.
Paine, S.C.M. The Sino-Japanese War of 1894-1895: Perceptions, Power, and Primacy. New York: Cambridge University Press, 2003.
Parsa, Misagh. States, Ideologies, and Social Revolutions. New York: Cambridge University Press, 2000.
Paret, Peter. The Cognitive Challenge of War: Prussia 1806. Princeton: Princeton University Press, 2009.
Plantation, Plimoth, Inc, Peter Arenstam, John Kemp, Catherine O'Neill Grace,

Sisse Brimberg, and Cotton Coulson. Mayflower 1620: A New Look at a Pilgrim Voyage. Washington, DC: National Geographic, 2013.

Putnam, Robert D. "Diplomacy and Domestic Politics: The Logic of Two-Level Games." International Organization 42, no. 3 (Summer 1988): 427-460. Accessed January 7, 2018, http://www.jstor.org/stable/2706785.

Rapp, William. "Civil-Military Relations: The Role of Military Leaders in Strategy Making." Strategic leadership 45, no. 3 (2015): 13-26.

Reichberg, Gregory M., Begby Endre and Syse Henrik. The Ethics of War: Classic and Contemporary Readings. Malden Mass: Blackwell, 2009.

Roland, Charles Pierce. An American Iliad: The Story of the Civil War. Lexington: The University Press of Kentucky, 2002.

Rosenau, James N., and Mary Durfee. Thinking Theory Thoroughly: Coherent Approaches to an Incoherent World. Boulder: Westview Press, 1995.

Schama, Simon. Dead Certainties: Unwarranted Speculations. New York: Vintage, 1992.

Schoen, Donald A. Educating the Reflective Practitioner: Toward a New Design for Teaching and Learning in the Professions. San Francisco: Jossey-Bass, 1987.

Senge, Peter M. The Fifth Discipline: The Art and Practice of the learning Organization. Rev. ed. New York: Currency Books, 2006.

Seward, Desmond. Napoleon and Hitler. London: Thistle Publishing, 2013.

Simms, Brendan. Three Victories and a Defeat: The Rise and Fall of the First British Empire. New York: Basic Books, 2008.

Simpson, Emile. War from the Ground Up: Twenty-first-century Combat as Politics. New York: Cambridge University Press, 2012.

Slim, Viscount William. Defeat into Victory: Battling Japan in Burma and India, 1942-1945. New York: Cooper Square Press, 2000.

Stephanson, Anders. Manifest Destiny: American Expansion and the Empire of Right. New York: Hill & Wang, 1995.

Strange, Joseph L. Centers of Gravity and Critical Vulnerabilities: Building on the Clausewitzian Foundation So We Can All Speak the Same Language, 2nd ed. Quantico, VA: USMC Association, 1996.

Strange, Joseph L. and Richard Iron. "Center of Gravity: What Clausewitz Really Meant." Joint Force Quarterly, n o. 35: 20-27.

Strassler, Robert B. and Richard Crawley. The Landmark Thucydides: A Comprehensive Guide to the Peloponnesian War. New York: Simon & Schuster, 1998.

Stoessinger, John G. Why Nations Go to War. Boston, MA: Wadsworth, 2011.

Summers Jr., Harry G. On Strategy: A Critical Analysis of the Vietnam War. Novato CA: Presidion Press, 1982.

Sun Tzu, The Art of War. Translated and edited by Ralph D. Sawyer. Oxford: Oxford University Press, 1963.

Sun Tzu, The Art of War. Translated and edited by Samuel B. Griffith. Oxford: Oxford University Press, 1963.

Sun Tzu, The Art of Warfare. Translated and edited by Roger Ames, NY: New York, Holly Johnson, 1993.

Svechin, Aleksandr A. Strategy. Edited by Kent D. Lee. Minneapolis, MN: East View Publications, 1992.

The Patriot. Directed by Roland Emmerich. Columbia Pictures, 2000.

Thomas, Evan. "Sea of Thunder," The New York Times, January 7, 2007. Accessed January 10, 2018, http://www.nytimes.com/2007/01/07/books/chapters/0107-1st-thoma.html.

Tilly, Charles. Coercion, Capital, and European States AD 990-1992. Cambridge, MA: Blackwell, 1992.

US Department of Army Headquarter, Army Doctrine Publication (ADP) 3-0, Unified Land Operations. Washington D.C.: Government Printing Office, 2016.

______. Army Doctrine Reference Publication (ADRP) 6-22, Army Leadership. Washington, DC: Government Printing Office, 2008.

______. Army Techniques Publication (ATP) 5-0.1, Army Design Methodology. Washington, DC: Department of the Army Headquarters, 2015.

______. Field Manual (FM) 1-10, US Army Air Corps Manual: Tactics and Techniques of Air Attack. Washington, DC: Government Printing Office, November 1940.

______. Field Manual (FM) 3-0 Operations. Washington, DC: Government Printing Office, 2011.

______. Field Manual (FM) 6-0, Commander and Staff Organization and Operations. Washington, DC: Government Printing Office, 2014.

______. Field Manual (FM) 6-22, Leader Development. Washington, DC: Government Printing Office, 2017.

______. Field Manual (FM) 100-5, Operations, 1986.

______. Multi-Domain Battle: Evolution of Combined Arms for the 21st Century 2025-2040. 2017, 1. Accessed 19 Febrary, 2018. http://www.tradoc.army.mil/multidomainbattle/docs/MDB_Evolutionfor21st.pdf

———. US Army TRADOC Pamphlet 525-5-500, Commander's Appreciation and Campaign Design. Washington, DC: Department of the Army Headquarters, 2008.

US Department of Defense, Joint Doctrine Note 1-16, Command Red Team. 16 May 2016. Accessed January 21, 2018, https://fas.org/irp/doddir/dod/jdn1_16.pdf.

———. Joint Publication (JP) 1-0, Doctrine for the Armed Forces of the United States. Washington, DC: Government Printing Office, 2017.

———. Joint Publication (JP) 3-0, Joint Operations. Washington, DC: Government Printing Office, 2017.

———. Joint Publication (JP) 3-13.4, Military Deception. Washington, DC: Government Printing Office, 2012.

———. Joint Publication (JP), Joint Planning. Washington, DC: Government Printing Office, 2017.

US School of Advanced Military Studies. Vicsburg Staff Ride, Volume 1. Fort Leavenworth: US Army Command and General Staff College, 2017.

Walzer, Michael. Just and Unjust Wars: A Moral Argument with Historical Illustrations. New York: Basic Books, 2006.

Walton, Gary M. "The New Economic History and the Burdens of the Navigation Acts," Economic History Review. no. 24 (1971): 533-542.

Wass de Czege, Huba. "Thinking and Acting Like an Early Explorer: Operational Art is not a Level of War." Small Wars Journal (March 14, 2011): 1-6.

Wawro, Geoffrey. The Austro-Prussian War: Austria's War with Prussia and Italy in 1866. New York: Cambridge University Press, 1996.

Weick, Karl E., Kathleen M. Sutcliffe, and David Obstfeld. "Organizing and the Process of Sensemaking." Organization Science 16 (July-August 2005): 409-21.

Widder, Werner. "Auftragstaktik and Innere Führung: Trademarks of German Leadership." Military Review (Sep-Oct 2002): 3-9.

Witt, John Fabian. Lincoln's Code: The Laws of War in American History. NY: New York, Free Press, 2014.

Yale Law School. "First Inaugural Address of Abraham Lincoln," Lillian Goldman Law Library, https://www.loc.gov/teachers/newsevents/events/lincoln/pdf/avalonFirst.pdf, accessed January 9, 2018.

Yapp, Malcolm Edward. The Making of the Modern Near East 1792-1923. Harlow, England: Longman, 1987.

Ziemke, Earl F. Stalingrad to Berlin: The German Defeat in the East. Washington, DC: US Army Center of Military History, 2002.

미주

1 Aleksandr A. Svechin, *Strategy*, edited by Kent D. Lee (Minneapolis, MN: East View Publications, 1992), 67-68.

2 Ibid., 69.

3 Ibid.

4 Carl von Clausewitz, *On War*, translated and edited by Michael Howard and Peter Paret, (Princeton, NJ: Princeton University Press, 1984), 177.

5 US Department of the Army, Army Doctrine Publication (ADP) 3-0, *Unified Land Operations* (Washington, DC: Government Printing Office, 2016), 9.

6 US Department of the Army, Field Manual (FM) 100-5, *Operations* (Washington, DC: Government Printing Office, 1986), 10. "Operational art is the employment of military forces to attain strategic goals in a theater of war or theater of operations through the design, organization, and conduct of campaigns and major operations.".

7 Huba Wass de Czege "Thinking and Acting Like an Early Explorer: Operational Art is not a Level of War." *Small Wars Journal* (March 14, 2011): 4-6.

8 Ibid.

9 Clausewitz, *On War*, 141.

10 Ibid., 87.

11 B. H. Liddell Hart, *Strategy* (London, England: Faber and Faber, Ltd, 1967), 338.

12 John Lewis Gaddis, *The Landscape of History: How Historians Map the Past* (New York: Oxford University Press, 2002), 22-29.

13 Daniel Kahneman, *Thinking, Fast and Slow* (New York, NY: Farrar, Straus and Giroux, 2013). 3.

14 Ibid., 19.

15 Ibid., 39-59.

16 Ibid., 109.

17 Norman Maclean, *Young Men and Fire* (Chicago: The University of Chicago Press, 1992), 27.

18 Ibid., 94 -106.

19 Ibid., 127.

20 Ibid., 132-134.

21 Ibid., 135.

22 Ibid., 136.

23 Ibid., 174-173.

24 Ibid., 175.

25 Ibid., 207.

26 James N. Rosenau, and Mary Durfee, *Thinking Theory Thoroughly: Coherent Approaches to an Incoherent World* (Boulder: Westview Press, 1995), 37.

27 Peter L. Berger and Thomas Luckmann. *The Social Construction of Reality: A Treatise in the Sociology of Knowledge* (New York: Anchor Books, 1966), 189.

28 Ibid., 23.

29 Ibid., 37.

30 Ibid., 48.

31 Ibid., 49.

32 Ibid., 50.

33 Ibid., 55.

34 Ibid., 55.

35 법령조문 "제35조(도난 · 분실의 신고)" Accessed Jan 1, 2018. http://glaw.scourt.go.kr/wsjo/lawod/sjo192.do?contId=2153811&jomunNo=35&jomunGajiNo=0.

36 Ibid., 96.

37 Ibid., 130.

38 Thomas S. Kuhn, *The Structure of Scientific Revolutions* (Chicago: University of Chicago Press, 1970), 23-111.

39 Sun Tzu, trans. by Samuel B. Griffith, *The Art of War* (Oxford: Oxford University Press, 1963), 91.

40 Gaddis, *The Landscape of History*, 17.

41 Ibid., 22-25.

42 Ibid., 27, 34.

43 Ibid., 45-46.

44 Ibid., 73.

45 Ibid., 74.

46 Ibid.

47 Ibid., 171.

48 Ibid., 172.

49 Ibid., 173.

50 Charles Tilly, *Coercion, Capital, and European States AD 990-1992* (Cam-

bridge, MA: Blackwell, 1992), 1-37.

51 Jeffrey Ira Herbst, *States and Power in Africa: Comparative Lessons in Authority and Control* (Princeton: Princeton University Press, 2000), 1-11.

52 Ibid., 12-15.

53 Ibid., 17-19.

54 Ibid., 36.

55 Ibid., 40.

56 Ibid., 50.

57 Ibid., 58.

58 G. John Ikenberry, *After Victory: Institutions, Strategic Restraint, and the Rebuilding of Order after Major Wars* (Princeton, NJ: Princeton University Press, 2001), 37-49.

59 Clausewitz, *On War*, 87.

60 독일어로 정치(Politik)는 영어로 정책(Policy) 혹은 정치(politics)로 번역될 수 있다. 여기서는 정치의 의미로 통일하여 사용할 것이나, 독자의 입장에서 생각의 폭을 넓히기 위한 목적으로 정책으로 바꾸어 생각해 보는 것도 권장한다.

61 Clausewitz, *On War*, 89. 클라우제비츠의 삼위일체는 다음과 같으며, 강조내용을 밑줄 그었다. "composed of primordial violence, hatred, and enmity, which are to be regarded as a blind natural force; of the play of chance and probability within which the creative spirit is free to roam; and of its element of subordination, as an instrument of policy, which makes it subject to reason."

62 Ibid., 78.

63 Ibid., 79.

64 Ibid., 89.

65 Ibid.

66 Ibid.

67 Ibid., 579-581.

68 Ibid., 117.

69 Ibid., 119.

70 Ibid.

71 Ibid., 596. 독일어로 중심(Schwerpunkt)이라는 것을 주요 노력(main effort)로 번역될 수 있다고 일부 독일군 고급장교는 설명하기도 했다. (미 지참대 독일군 장교 3명과 중심개념에 대한 개별 인터뷰를 통하여 습득)

72 Sun Tzu, trans. by Samuel B. Griffith, *The Art of War*, 72; 부전이굴인지병, 선지선자야(不戰而屈人之兵, 善之善者也).

73 Sun Tzu, trans and ed by Roger Ames, *The Art of Warfare*(NY: New York, Holly Johnson, 1993), 111.

74 Harry G. Summers Jr, *On Strategy: A Critical Analysis of the Vietnam War* (Novato CA: Presidion Press, 1982). 129.

75 Joseph Strange, *Centers of Gravity and Critical Vulnerabilities: Building on the Clausewitzian Foundation So We Can All Speak the Same Language*, 2nd edition Quantico, (VA: USMC Association, 1996).

76 Strange, Joseph L., and Richard Iron. "Center of Gravity: What Clausewitz Really Meant." *Joint Force Quarterly*, No. 35: 26-27.

77 Ibid., 140-141.

78 Ibid., 143-144.

79 Ibid., 149.

80 Michael A. Bonura, *Under the Shadow of Napoleon: French Influence on*

the American Way of Warfare from the War of 1812 to the Outbreak of WWII (New York: New York University Press, 2012), 11-13.

81 Ibid., 41-60.

82 Christopher Bassford, *Jomini and Clausewitz: Their Interaction*. Paper presented to the 23rd Meeting of the Consortium on Revolutionary Europe at Georgia State University, 26 February1993, 1. (Copyright Christopher Bassford. Unlimited release.) (#16-0297 E) accessed January 13, 2018. http://www.clausewitz.com/readings/Bassford/Jomini/JOMINIX.htm.

83 Henri Antoine Jomini, *The Art of War*. Translated by G.H. Mendell and W.P. Craighill (Philadelphia: J. B. Lippencott & Co., 1862), 66-72, accessed January 13, 2018, https://books.google.com/books?id=nZ4fAAAAMAAJ&dq=art%20of%20war%20jomini&pg=PP1#v=onepage&q&f=false.

84 조미니의 이론에 대하여 비판적인 시각도 많다. 특히 요리책과 같이 일정한 재료를 순서대로 넣고 일정한 시간을 가열하면 원하는 요리가 만들어 지는 것과 같이, 복잡한 전쟁을 지나치게 단순화 시켰다는 점이다.

85 Sun Tzu, *The Art of Warfare*, 108. 한문의 특성상 한 개의 글자가 많은 의미를 내포하는 반면에, 영어 및 프랑스어의 특성상 자세하게 풀어 쓰지 않으면 의견이 정확히 전달되지 않는 점이 있다. 따라서 기술하는 방식과 기록한 양의 차이는 언어적 특성에 기반한다고 생각된다.

86 Ibid., 254-256.

87 Ibid., 263-264.

88 Bassford, Jomini *and Clausewitz, 1-9.*

89 Daniel J. Hughes, *Moltke on the Art of War: Selected Writings* Novato, (CA: Presidio Press, 1995), 28.

90 Elliot A. Cohen, *The Big Stick* (Basic Books, NY. 2016), 1-16.

91 Joseph Nye, *The Future of Power* (New York: Public Affairs, 2011), 112-125.

92 Ibid., 45.

93 Sun Tzu, *The Art of Warfare*, 150.

94 Hughes, *Moltke on the Art of War*, 22.

95 Ibid., 68.

96 Ibid., 49.

97 Ibid., 59.

98 Ibid., 75.

99 Ibid.

100 Ibid., 113.

101 Ibid., 132-133.

102 Svechin, *Strategy*, 68-69.

103 Ibid., 73-74.

104 Ibid., 69.

105 Azar Gat, *A History of Military Thought* (New York: Oxford University Press, 2001), 634.

106 Ibid., 635.

107 Ibid., 637-638.

108 Ibid., 254.

109 Ibid., 255.

110 Ibid., 267.

111 Ibid., 269.

112 Matthew Cooper, *The German Army, 1939-1945* (Lanham, MD: Scarborough House, 1978), 237.

113 MacIsaac, David. "Voices from the Central Blue: The Air Power Theorists." In *Makers of Modern Strategy from Machiavelli to the Nuclear Age*, edited by Peter Paret, Gordon A. Craig, and Felix Gilbert (Princeton: Princeton University Press, 1986), 630.

114 Ibid., 631.

115 Richard B. Frank, *Guadalcanal: The Definitive Account of the Landmark Battle* (New York: Random House, 1990), 83-123, 194-217.

116 Paul D. Deichmann, Paul D. *German Air Force Operations in Support of the Army*. USAF Historical Study No. 16. USAF Historical Division, Maxwell AFB, Alabama, 1962. Pages: 8-14.

117 FM 1-10, *US Army Air Corps Manual: Tactics and Techniques of Air Attack*. (Washington, DC: GPO, November 1940), 114-119.

118 Gat, *A History of Military Thought*, 448.

119 Ibid., 450-451.

120 Ibid., 441-472.

121 Ibid., 473-493.

122 Carl. Schmitt, *Theory of the Partisan* (New York: Telos Press Publishing, 1975), 14-22.

123 Gregory M. Reichberg, Begby Endre and Syse Henrik, *The Ethics of War: Classic and Contemporary Readings* (Malden Mass: Blackwell, 2009), 400.

124 Ibid., 401-402.

125 Ibid., 403.

126 Clausewitz, *On War*, 89.

127 Schmitt, *Theory of the Partisan*, 52.

128 Ibid.

129 Ibid., 54.

130 Ibid., 56.

131 Ibid.

132 Misagh. Parsa, *States, Ideologies, and Social Revolutions* (New York: Cambridge University Press, 2000), 279-284.

133 Ibid.

134 Stathis N. Kalyvas, *The Logic of Violence in Civil War* (New York: Cambridge University Press, 2006), 173.

135 Ibid., 176-177.

136 Ibid., 203.

137 Emile. Simpson, *War from the Ground Up: Twenty-first-century Combat as Politics*. (New York: Cambridge University Press, 2012), 6.

138 Ibid., 4.

139 Ibid., 31.

140 Ibid., 35.

141 Ibid., 58.

142 Ibid., 3.

143 Ibid., 15-39.

144 원중 김, *손자병법: 시공을 초월한 전쟁론의 고전* 서울, 휴머니스트, (2016), 4.

145 Sun Tzu, *The Art of Warfare*, 1.

146 Sun Tzu, Trans by Ralph D. Sawyer, *The Art of War* (Oxford: Westview Press, 1994), 1.

147 Sun Tzu, *The Art of Warfare*, 103-104.

148 US Department of Defense, Joint Publication(JP) 3-13.4, *Military Deception* (Washington, DC: Government Printing Office, 2012), I-10.

149 Ibid., 107.

150 Fumio Ota, Sun Tzu in Contemporary Chinese Strategy, Joint Force Quarterly 73, April 1, 2014. Accessed 23 February 2018, http://ndupress.ndu.edu/Media/News/Article/577507/sun-tzu-in-contemporary-chinese-strategy/

151 Ibid., 111.

152 Joseph Nye, *The Future of Power.* (New York: Public Affairs, 2011), chaps 1-2, 4.

153 Clausewitz, *On War*, 596.

154 모택동 게릴라전 웹사이트. https://www.marxists.org/reference/archive/mao/works/1937/guerrilla-warfare/. Chapter, 1-3.

155 Ibid.

156 모택동 장기전 웹사이트. https://www.marxists.org/reference/archive/mao/selected-works/volume-2/mswv2_09.htm. Mao Zedong, 1938. 1-22.

157 John. Boyd, "The Essence of Winning and Losing," May 25-26, 1978." [See slides 3] (Springfield, VA: Battelle, Columbus Laboratories, 1979). http://dnipogo.org/john-r-boyd/.

158 Ibid.

159 미 공군대학 홈페이지. Accessed 20 February 2018, http://www.au.af.mil/au/awc/awcgate/warden/warden-all.htm.

160 Clausewitz, *On War*, 87.

161 Carl von Clausewitz: two letters on strategy. Edited and translated by Peter Paret and Daniel Moran. Fort Leavenworth, Kansas: Combat Studies Institute, 1984. Pages: 1-10, 21-43. http://cgsc.contentdm.oclc.org/utils/getfile/collection/p16040coll3/id/41/filename/42.pdf.

162 Ibid., 1.

163 Ibid., 9.

164 Ibid., 21-43.

165 Goldman, Stuart D. *Nomonhan, 1939: The Red Army's Victory That Shaped World War II* (Naval Institute Press, MD. 2012), 154-185.

166 Ibid.

167 Kahneman, *Thinking, Fast and Slow*, 119-245.

168 Ibid., Part III.

169 Ibid.

170 Alan Lamborn, "Theory and the Politics in World Politics" *International Studies Quarterly* Vol. 41, No. 2 (Jun. 1997): 191-197. http://www.jstor.org/stable/3013931.

171 US Department of Defense, Joint Staff, Joint Publication (JP) 1-0, *Doctrine for the Armed Forces of the United States* (Washington, DC: Government Printing Office, 2017), I-7; "Strategy is a prudent idea or set of ideas for employing the

instruments of national power in a synchronized and integrated fashion to achieve theater and multinational objectives."

172 Ibid.

173 Richard, J. Bailey, James W. Forsyth Jr., and Mark O. Yeisley. *Strategy* Context *and Adaptation from Archidamus to Airpower.* Naval Institute Press, 2016. Chapter 1 and Chapter 11.

174 Bar-Yam, Yaneer. *Making Things Work. Solving* Complex *Problems in a Complex World.* NECSI, Knowledge Press. 2004. Overview, and Chapters 1-7.

175 Ibid., Prelude to Chapter 9 and Chapter 9.

176 Robert Jervis, *System Effects: Complexity in Political and Social Life* (Princeton: Princeton University Press, 1997), Ch. 2.

177 Artemy Kalinovsky, *A Long Goodbye: The Soviet Withdrawal from Afghanistan* (Cambridge, MA: Harvard University Press, 2011), accessed 8 November 2017. http://site.ebrary.com/lib/carl/detail.action?docID=10678685.

178 Ibid.

179 Chris Brown and Kirsten Ainley. *Understanding International Relations.* 4th ed. Basingstoke: Palgrave Macmillan, 2009. 40-41.

180 Ibid., 41-59.

181 Ibid.

182 Ibid.

183 Nye, *The Future of Power*, chaps 1-2, 4.

184 Cohen, *The Big Stick*, Introduction, Chapter 1.

185 Ibid., Introduction, Chapter 8.

186 Nye, *The Future of Power*, 51-80.

187 John Fabian. Witt, *Lincoln's Code: The Laws of War in American History* (NY: New York, Free Press, 2014), 148.

188 Witt, John Fabian, *Lincoln's Code*. Prologue and Chapter 5.

189 John Fabian. Witt, *Lincoln's Code: The Laws of War in American History* (NY: New York, Free Press, 2014), 205.

190 Michael Walzer, *Just and Unjust Wars: A Moral Argument with Historical Illustrations* (New York: Basic Books, 2006), 1-47.

191 Robert D. Putnam, "Diplomacy and Domestic Politics: The Logic of Two-Level Games." *International Organization* 42, no. 3 (1988): 433, http://www.jstor.org/stable/2706785.

192 Ibid., 433-460.

193 Ibid. 433-434.

194 Ibid., 435-436.

195 Ibid., 437-441.

196 Clausewitz, *On War*, 75-88.

197 Ibid., 89.

198 Richard K. Betts, "Is strategy an illusion?" *International Security* 25, no. 2 (2000): 5, http://www.jstor.org/stable/2626752

199 Henry Mintzberg, *Rise and Fall of Strategic Planning* (Simon and Schuster, 1994), 24-30; '창발'은 새로운 것이 돌연적으로 출현해서 또 다른 질서를 형성해 나가는 현상을 말한다.

200 Clausewitz, *On War*, 87.

201 William E. Rapp, "Civil-Military Relations: The Role of Military Leaders in Strategy Making," *Strategic Leadership* 45, no. 3 (2015): 13-26.

202 Janine Davidson, "The Contemporary Presidency: Civil-Military Friction and Presidential Decision Making: Explaining the Broken Dialogue," *Presidential Studies Quarterly*. 43, no. 1: 129-145. Accessed November 5, 2017, http://

search.proquest.com/docview/1368907236/E4C1972D48B3455DPQ/7?accountid=28992.

203 Peter Feaver, *Armed Servants: Agency, Oversight, and Civil-Military Relations* (Cambridge, Mass: Harvard University Press, 2005), 1.

204 Ibid., 4.

205 George C. Herring, *From Colony to Superpower: U.S. Foreign Relations since 1776* (New York: Oxford University Press, 2008), 1-2.

206 Plimoth Plantation, Inc, Peter Arenstam, et al., *Mayflower 1620: A New Look at a Pilgrim Voyage* (Washington, DC: National Geographic, 2013), 1-4.

207 John C. Miller, *Origins of the American Revolution* (Boston: Little, Brown and company, 1943), 95-99.

208 Gary M. Walton, "The New Economic History and the Burdens of the Navigation Acts," *Economic History Review*. No. 24 (1971): 533-542.

209 David Ammerman, *In the Common Cause: American Response to the Coercive Acts of 1774 (New York: Norton,* 1974), 9.

210 Ibid., 15.

211 Bar-Yam, *Making Things Work*, 1-34.

212 David Hackett Fischer, *Washington's Crossing* (New York: Oxford University Press, 2004), 1-12.

213 *The Patriot*, directed by Roland Emmerich (Columbia Pictures, 2000).

214 Putnam, "Diplomacy and Domestic Politics," 427-435.

215 Piers Mackesy, *The War for America, 1775-1783* (1964; repr., Lincoln: University of Nebraska Press, 1993), 38-53.

216 John Brewer, *The Sinews of Power: War, Money, and the English State, 1688-1783* (Cambridge, MA: Harvard University Press, 1990), 31; Brendan Simms, *Three Victories and a Defeat: The Rise and Fall of the First British Empire* (New York: Basic Books, 2008), especially 501-614.

217 Mackesy, *The War for America*, 54-65.

218 Fischer, *Washington's Crossing*, 1-15.

219 출처: 미 웨스트 포인트 역사지도 웹사이트. https://www.westpoint.edu/history/SiteAssets/SitePages/American%20Revolution/01ARPrincipalCampaigns.gif.

220 Mackesy, *The War for America*, 66-87.

221 Ibid., 70-87.

222 Fischer, *Washington's Crossing*, 74-78.

223 Rapp, "Civil-Military Relations: The Role of Military Leaders in Strategy Making," 13-26.

224 Nye, *The Future of Power*, 1-90.

225 Putnam, "*Diplomacy and Domestic Politics*," 427-435.

226 Rapp, "Civil-Military Relations: The Role of Military Leaders in Strategy Making," 13-26.

227 Fischer, *Washington's Crossing*, 79-80.

228 Mintzberg, *Rise and Fall of Strategic Planning*, 5-32.

229 Berger and Luckmann. *The Social Construction of Reality*, 1-67.

230 Sun Tzu, trans. by Samuel B. Griffith, *The Art of War*, 96.

231 Fischer, *Washington's Crossing*, 254-375.

232 Michlael V. Leggiere, ed., Napoleon and the Operational Art of War:

Essays in Honor of Donald D. Horward (Leiden: Brill, 2016), 388-389.

233 Ibid., 8-35.

234 Ibid., 135-143.

235 David G. Chandler, *The Campaign of Napoleon* (New York: Scribner, 1966), 136.

236 Leggiere, ed., *Napoleon and the Operational Art of War*, 8-36.

237 Michael Forster, "Hegel's Dialectical Method", in *The Cambridge Companion to Hegel*, Frederick C. Beiser (ed.) (Cambridge: Cambridge University Press, 1993), 130-170.

238 Kuhn, *The Structure of Scientific Revolutions*, 23-111.

239 Leggiere, ed., *Napoleon and the Operational Art of War*, 402-411.

240 Ibid., 470-493.

241 Ibid., 50-88.

242 Ibid., 145-152.

243 Ibid., 153-155.

244 Ibid., 156-159.

245 Ibid., 160-162.

246 Ibid., 164-169.

247 Clausewitz, *On War*, 75-89.

248 Herring, *From Colony to Superpower*, 15-67.

249 Ibid., 176-182.

250 창세기 12장 1-10절 (NIV성경)

251 출애굽기1-50장 (NIV성경)

252 사도행전 1장 1-8절 (NIV성경)

253 Charles Tilly, *Coercion, Capital, and European States, AD 990-1992* (Cambridge, MA: Blackwell Publishing, 1992), 1-62.

254 Anders Stephanson, *Manifest Destiny: American Expansion and the Empire of Right* (New York: Hill & Wang, 1995), 1-55.

255 Herring, *From Colony to Superpower*, 189-194.

256 María del Rosario Rodríguez Díaz, "Mexico's Vision of Manifest Destiny during the 1847 War," *Journal of Popular Culture* 35, no. 2 (Fall 2001): 41-48.

257 William A. DePalo, *The Mexican National Army, 1822-1852* (College Station: Texas A&M University Press, 1997), 66-116.

258 Timothy D. Johnson, *A Gallant Little Army: The Mexico City Campaign* (Lawrence: University Press of Kansas, 2007), 3-14.

259 Davidson, "The Contemporary Presidency," 129-145.

260 Feaver, *Armed Servants*, 54-69.

261 Clausewitz, *On War*, 89.

262 Timothy D. Johnson, *A Gallant Little Army*, 48-51.

263 Ibid., 25-28.

264 Ibid., 52-64.

265 Ibid., 79-94.

266 Ibid., 21-22.

267 Ibid., 167-169.

268 DePalo, *The Mexican National Army, 1822-1852*, 66-78.

269 Timothy D. Johnson, *A Gallant Little Army*, 237-240.

270 미국에서는 '내전 또는 시민전쟁(Civil War)'라고 부르는 1961년에서 1966년까지의 전쟁을 우리 나라에서는 '미국 남북전쟁'이라고 부르는 이유가 여기에

있다.

271 Charles Pierce Roland, *An American Iliad: The Story of the Civil War* (Lexington: The University Press of Kentucky, 2002), 1-27.

272 Ibid., 28-44.

273 Ibid., 35-44.

274 Yale Law School, "First Inaugural Address of Abraham Lincoln," *Lillian Goldman Law Library*, accessed January 9, 2018. https://www.loc.gov/teachers/newsevents/events/lincoln/pdf/avalonFirst.pdf.

275 Roland, *An American Iliad*, 58-72.

276 John Fabian Witt, *Lincoln's Code: The Law of War in American History* (New York: Free Press), 3, 139.

277 Ibid., 140-158.

278 Nye, *The Future of Power*, 56-62.

279 Roland, *An American Iliad*, 89-102.

280 Witt, *Lincoln's Code*, 208-211.

281 Christopher R. Gabel, *The Vicksburg Campaign: November 1862 - July 1863* (Washington DC: Center of Military History, United States Army, 2013), 1-4.

282 US School of Advanced Military Studies, *Vicksburg Staff Ride, Volume 1* (Fort Leavenworth: US Army Command and General Staff College, 2017), 5-53.

283 Gabel, *The Vicksburg Campaign*, 5-6.

284 Sun Tzu, trans. by Samuel B. Griffith, *The Art of War*, 83; 장능이군불어자승(將能而君不御者勝).

285 Gabel, *The Vicksburg Campaign*, 26-30.

286 Ibid., 30.

287 Ibid., 52-59.

288 Ibid., 30-52.

289 US Department of Defense, Joint Publication (JP) 3-0, *Joint Operations* (Washington, DC: Government Printing Office, 2017), II-5.

290 Sun Tzu, trans. by Samuel B. Griffith, *The Art of War*, 96; 지피지기 승내불태 지천지지 승내가전(知彼知己 勝乃不殆 知天知地 勝乃可全).

291 US Department of Defense, Field Manual (FM) 6-22, *Leader Development* (Washington, DC: Government Printing Office, 2017), 3-6 - 3-8.

292 Mintzberg, *Rise and Fall of Strategic Planning*, 5-32

293 Robert M. Citino, *The German Way of War: From the Thirty Years' War to the Third Reich* (Lawrence: University Press of Kansas, 2005), 142-143.

294 Ibid., 142.

295 Robert D. Billinger, *Metternich and the German Question: States' Rights and Federal Duties*, 1820-1834 (Newark: University of Delaware Press, 1991), 1-34.

296 Billinger, *Metternich and the German Question*, 35-72.

297 Werner Widder, "Auftragstaktik and Innere Führung: Trademarks of German Leadership." *Military Review* (Sep-Oct 2002): 3-4.

298 Geoffrey Wawro, *The Austro-Prussian War: Austria's War with Prussia and Italy in 1866* (New York: Cambridge University Press, 1996), 13.

299 Ibid., 14-16.

300 Ibid., 187-188.

301 Citino, *The German Way of War*, 164-173.

302 Citino, *The German Way of War,* 174-188.

303 Davidson, "The Contemporary Presidency," 129-145.

304 US Department of Defense, JP 3-0, *Joint Operations*, II-5.

305 Nye, *The Future of Power,* 68-84.

306 Ian Hurd, "Legitimacy and Authority in International Politics," *International Organization* 53, no.2 (1999): 379-408.

307 Sun Tzu, trans. by Samuel B. Griffith, *The Art of War*, 73; 병귀승 불귀구(兵貴勝 不貴久).

308 Hughes, Daniel J. *Moltke on the Art of War: Selected Writings* (Novato, CA: Presidio Press, 1995), 95.

309 Citino, *The German Way of War,* 142-159.

310 Ibid., 160-173.

311 Wawro, *The Franco-Prussian War*, 46-97.

312 Ibid., 105-106.

313 Ibid., 107-116.

314 Sun Tzu, trans. by Samuel B. Griffith, *The Art of War*, 76; 승적이익강(勝敵而益强).

315 Wawro, *The Franco-Prussian War*, 278-280, 290-292.

316 Ibid., 290-296.

317 Davidson, "The Contemporary Presidency," 129-145.

318 Richard F. Hamilton and Holger H. Herwig, *War Planning, 1914* (Cambridge: Cambridge University Press, 2010), 21-24.

319 Ibid., 21-22.

320 Ibid., 37-59.

321 Tilly, *Coercion, Capital, and European States,* 1-62.

322 John G. Stoessinger, *Why Nations Go to War* (Boston, MA: Wadsworth, 2011), 3-25.

323 Richard F. Hamilton and Holger H. Herwig, *Decisions for War, 1914-1917* (Cambridge: Cambridge University Press, 2004), 1-46.

324 Bar-Yam, *Making Things Work*, 1-34.

325 Gaddis, *The Landscape of History,* 73-77.

326 Clausewitz, *On War*, 87.

327 Thucydides, Robert B. Strassler, and Richard Crawley, *The Landmark Thucydides: A Comprehensive Guide to the Peloponnesian War* (New York: Simon & Schuster, 1998), 1-96.

328 Hamilton and Herwig, *Decisions for War,* 73-78.

329 Holger H. Herwig, *The Marne, 1914: The Opening of World War I and the Battle That Changed the World* (New York: Random House, 2009), 1-45.

330 Hamilton and Herwig, *Decisions for War,* 122-136.

331 Hamilton and Herwig, *War Planning, 1914,* 154-158.

332 Herwig, *The Marne, 1914,* 50-61.

333 Sun Tzu, trans. by Samuel B. Griffith, *The Art of War,* 96.

334 Kahneman, *Thinking, Fast and Slow*, 3-53.

335 Keith Eubank, *The Origins of World War II* (New York: Crowell, 2004), 3-5.

336 Eubank, *The Origins of World War I*, 5-12.

337 Malcolm Edward Yapp, *The Making of the Modern Near East 1792-1923* (Harlow, England: Longman, 1987), 278-294.

338 Adolf Hitler, *Mein Kampf*, trans. James Murphy (London, United Kingdom: Hurst and Blackett LTD., 1939), 17-60. Accessed March 30, 2018. https://mk.christogenea.org/_files/Adolf%20Hitler%20-%20Mein%20Kampf%20english%20translation%20unexpurgated%201939.pdf.

339 Eubank, *The Origins of World War I*, 25-28.

340 Halford John Mackinder, "The Geographical Pivot of History." *Geographical Journal* Vol 27, no. 4 (April 1904): 421-444. Accessed January 10, 2018, https://www.iwp.edu/docLib/20131016_MackinderTheGeographicalJournal.pdf.

341 Eubank, *The Origins of World War I*, 31-39.

342 Ibid., 43-78.

343 S.C.M. Paine, *The Sino-Japanese War of 1894-1895: Perceptions, Power, and Primacy* (New York: Cambridge University Press, 2003), 185-195

344 Stuart D. Goldman, *Nomonhan, 1939 The Red Army's Victory That Shaped World War II* (MD: Naval Institute Press, 2012), 1-39.

345 Goldman, *Nomonhan*, 39-52.

346 Ibid., 52-153.

347 Richard B. Frank, *Guadalcanal: The Definitive Account of the Landmark Battle* (New York: Random House, 1990), 18-20.

348 Ibid., 20-25.

349 Ibid., 20-21.

350 Ibid., 598-599.

351 Ibid., 32-58.

352 Ibid., 100-112.

353 Ibid., 55-56.

354 Ibid., 214-218.

355 Ibid., 227-228.

356 Ibid., 135-136.

357 Ibid., 133-134.

358 Ibid., 333-334.

359 Ibid., 216-226.

360 Ibid., 292.

361 Ibid., 333-336.

362 Evan Thomas, "Sea of Thunder," *The New York Times*, January 7, 2007, accessed January 10, 2018. http://www.nytimes.com/2007/01/07/books/chapters/0107-1st-thoma.html.

363 Frank, *Guadalcanal*, 614-616.

364 Earl F. Ziemke, *Stalingrad to Berlin: The German Defeat in the East* (Washington, DC: US Army Center of Military History, 2002), 7-13.

365 Geoffrey Megargee, *Inside Hitler's High Command* (Lawrence: University Press of Kansas, 2000), 76-86.

366 Ziemke, Stalingrad to Berlin, 24-25.

367 Megargee, *Inside Hitler's High Command*, 33-36.

368 Desmond Seward, *Napoleon and Hitler* (London, United Kingdom: Thistle Publishing, 2013), 193-217.

369 Megargee, *Inside Hitler's High Command*, 123-135.

370 Ibid., 103-104.

371 Ziemke, *Stalingrad to Berlin*, 93-94.

372 Megargee, *Inside Hitler's High Command,* 111.

373 Ziemke, *Stalingrad to Berlin,* 7-13.

374 Ibid., 502-503.

375 Megargee, *Inside Hitler's High Command,* 216-225.

376 Goldman, *Nomonhan,* 154-185.

377 Ziemke, *Stalingrad to Berlin,* 66-448.

378 James Fieser, "Just War Theory," *Internet Encyclopedia of Philosophy*, (University of Tennessee at Martin), accessed January 9, 2018, http://www.iep.utm.edu/justwar.

379 Rapp, "Civil-Military Relations: The Role of Military Leaders in Strategy Making," 13-26.

380 Davidson, "The Contemporary Presidency," 129-145.

381 Gaddis, *The Landscape of History*, 17.

382 Kahneman, *Thinking, Fast and Slow*, 19.

383 두산백과, 네이버, http://terms.naver.com/entry.nhn?docId=1086152&cid=40942&categoryId=33074, accessed January 22, 2018.

384 표준국어대사전, 국립국어원, http://stdweb2.korean.go.kr/search/List_dic.jsp, accessed January 22, 2018.

385 US Department of the Army, Field Manual (FM) 100-5, *Operations* (Washington, DC: Government Printing Office, 1986), 179-182; 1986년의 작전구상의 주요 개념(Key concepts of Operational Design)은 총 세 가지로, 중심(Center of Gravity), 작전선(Lines of Operation), 작전한계점(Culminating Point)이었으며, 이는 작전술(Operational Art)을 실천적으로 적용하기 위한 개념이었다.

386 US Department of the Army, Field Manual (FM) 3-0, *Operations* (Washington, DC: Government Printing Office, 2001), 2-4; "Operational art is translated into operation plans through operational design."

387 Thomas Graves and Bruce E. Stanley. "Design and Operational Art," *Military Review* (July-August 2013): 53-55.

388 Clausewitz, *On War*, 75-88.

389 US Army, ADP 3-0, (2016), 10-11.

390 US Department of the Army, Army Techniques Publication (ATP) 5-0.1, *Army Design Methodology* Washington, DC: Department of the Army Headquarters, (2015), 1-3; "Army design methodology is a methodology for applying critical and creative thinking to understand, visualize, and describe unfamiliar problems and approaches to solving them."

391 US Army ATP 5-0.1 (2015), 1-3; "There is no one-way or prescribed set of steps to employ ADM."

392 Sun Tzu, trans. by Samuel B. Griffith, *The Art of War*, 96; 지피지기(知彼知己)와 지천지지知天知地).

393 이 요소들을 통칭하여 RAFT(Relationships, Actors, Functions, and Tensions)라고 부른다.

394 US Army ATP 5-0.1 (2015), 1-3 - 1-5.

395 US Army TRADOC Pamphlet 525-5-500, *Commander's Appreciation and Campaign Design* (Washington, DC: Department of the Army Headquarters, 2008), I; "It requires the commander's direct participation in a heavily *inductive* reasoning process upfront."

396 Ibid., 5; "Orders flow from higher to lower, but understanding often

flows from lower to higher, especially when operational problems are complex."

397 *Al-Ahrm Weekly*, "Baki Zaki Youssef : When things just happen,", accessed January 22, 2018, http://weekly.ahram.org.eg/News/4259.aspx.

398 *Argo*. 2012. Warner Brothers Studio.

399 Karl E. Weick, Kathleen M. Sutcliffe, and David Obstfeld. "Organizing and the Process of Sensemaking." *Organization Science* 16 (July-August 2005): 409-21.

400 Donald A. Schoen, *Educating the Reflective Practitioner: Toward a New Design for Teaching and Learning in the Professions* (San Francisco: Jossey-Bass, 1987), 26-31.

401 Bryan Lawson, *How Designers Think: The Design Process Demystified*. 4th ed. (Amsterdam: Architectural Press, 2006), 3.

402 Ibid., 6.

403 Ibid.,10.

404 Ibid., 14.

405 Ibid., 15.

406 Ibid., 26-27.

407 Ibid.

408 Ibid., 116-117.

409 Ibid., 122-123.

410 Ibid., 124-125.

411 Peter M. Senge, *The Fifth Discipline: The Art and Practice of the learning Organization*. Rev. ed. (New York: Currency Books, 2006), 6-7.

412 Ibid., 11.

413 Ibid., 14.

414 Ibid., 58-67.

415 Kahneman, *Thinking, Fast and Slow*, 199-362.

416 Ibid., 119-245.

417 US Department of Defense, Joint Doctrine Note 1-16, *Command Red Team* (16 May 2016), v-xi, accessed January 21, 2018, https://fas.org/irp/dod-dir/dod/jdn1_16.pdf.

418 US Department of the Army, Army Doctrine Reference Publication (ADRP) 6-22, *Army Leadership* (Washington, DC: Government Printing Office, 2008), 1-5; "Leadership is the *process* of *influencing* people by providing purpose, direction, and motivation to accomplish the mission and improve the organization."

419 Ibid., 10-1-10.

420 John P. Kotter, *Power and Influence beyond Formal Authority* (New York: Free Press, 1985), 3.

421 Ibid., 17.

422 Ibid., 17-19.

423 Ibid., 19-22.

424 Ibid., 43-44.

425 Dietrich Dörner, *The Logic of Failure: Why Things Go Wrong and What We Can Do to Make Them Right* (New York: Metropolitan Books, 1996), 13.

426 Ibid., 16.

427 Ibid., 17.

428 Ibid., 18.

429 Ibid., 21-24.

430 Ibid., 30.

431 Ibid., 31-32.

432 Ibid., 34-35.

433 Ibid., 37.

434 Ibid., 38-39.

435 Ibid., 40.

436 Ibid., 40.

437 Ibid., 41-42.

438 Ibid., 43-46.

439 Jamshid Gharajedaghi, *Systems Thinking: Managing Chaos and Complexity: A Platform for Designing Business Architecture* 3rd ed. (Amsterdam: Morgan Kaufmann, 2011), 1-14.

440 Ibid., 15.

441 Ibid., 16.

442 Ibid., 29.

443 Ibid., 32-33.

444 Ibid., 34-36.

445 Ibid., 37-38.

446 Ibid., 45-47.

447 Ibid., 51-53.

448 Michael J. Arena and Mary Uhl-Bien, "Complexity Leadership Theory: Shifting from Human Capital to Social Capital," *People + Strategy* 39, no 2 (Spring

2016): 22.

449 Ibid., 23.

450 Ibid., 23-24.

451 US Department of Defense, Joint Staff, Joint Publication JP) 5-0, *Joint Planning* (Washington, DC: Government Printing Office, 2017), IV-14 to IV-16.

452 US Army ATP 5-0.1 (2015), 4-1.

453 Eliot. A. Cohen, and John Gooch, *Military Misfortunes: The Anatomy of Failure in War* (New York: The Free Press, 1991), 6-10.

454 Ibid.

455 Ibid., 23.

456 Ibid., 30-36.

457 Ibid., 37-43.

458 Ibid., 44-45.

459 Ibid., 49-51.

460 Ibid., 246.

461 Ibid., 104-112.

462 Everett C. Dolman, *Pure Strategy: Power and Principle in the Space and Information Age* (London: Frank Cass, 2005), 94.

463 Ibid., 96.

464 Ibid., 95.

465 Ibid., 99.

466 Ibid., 100.

467 Ibid., 102-103.

468 Ibid. 104.

469 Ibid., 106-107.

470 Ibid., 108-113.

471 Ibid., 137-138.

472 US Army ATP 5-0.1 (2015), 1-9 - 2-6.

473 한 가지 주의할 점은 앞서 말한 담론(discourse)과 서사담론(narrative discourse)을 구별해야 한다는 것이다. 먼저, 담론은 비판적, 창의적 사고를 통해 서로 간의 의견을 상호 보완하고 더 나아가 하나로 발전시키는 과정인 반면, 서사담론은 서술자가 자신의 서사를 효과적으로 전달하기 위한 방법론이다.

474 Porter Abbot, *The Cambridge Introduction to Narrative* (New York: Cambridge University Press, 2002), 15-24.

475 Ibid., 40.

476 Ibid., 47-49.

477 Ibid., 57-59.

478 Ibid., 4.

479 Gaddis, *The Landscape of History,* 22-29.

480 William Cronon, "A Place for Stories: Nature, History, and Narrative." *Journal of American History* 78, no 4 (March 1992): 1347-1376.

481 Simon Schama, *Dead Certainties: Unwarranted Speculations* (New York: Vintage, 1992), 8-9.

482 Ibid., 10-20.

483 Ibid., 66-69.

484 Mary Jo. Hatch, *Organization Theory: Modern, Symbolic, and Postmodern Perspectives.* 2nd ed. Oxford: (Oxford University Press. 2006), 175-176.

485 Ibid., 175-176.

486 US Joint Staff, JP 5-0, *Joint Planning* 2017, Ⅳ - 16.

487 US Army ATP 5-0.1 (2015), 5-1.

488 US Army ATP 5-0.1 (2015), 5-1.

489 Rapp, "Civil-Military Relations: The Role of Military Leaders in Strategy Making," 13-26.

490 US Army ATP 5-0.1 (2015), 5-2 - 5-3.

491 US Army ATP 5-0.1(2015), 5-3; US Joint Staff, JP 5-0, Joint Planning 2017, Ⅳ 19 - Ⅳ-40; 미 합동교범 JP 5-0, Joint Planning은 작전구상 요소를 'elements of operational design'으로, 미 디자인방법론 ATP 5-0.1, Army Design Methodology 를 비롯한 모든 계획수립 관련 교범들은 작전구상 요소를 'elements of operational art'라고 표현하고 있다. 이 두 가지 용어는 표현이 다소 상이하고, 그 세부 요소도 일부 차이가 있지만, 작전술을 실천적으로 적용하기 위한 유용한 도구라는 점에서는 그 맥락을 같이하고 있다.

492 US Army ATP 5-0.1 (2015), 5-3 - 5-10.

493 US Army ATP 5-0.1 (2015), 5-4.

494 Joe Strange and Irons Richard, "Center of Gravity: What Clausewitz Really Meant." *Joint Forces Quarterly* 35 (October 2004): 20-27.

495 US Army ATP 5-0.1 (2015), 5-4.

496 Ibid., 5-5.

497 Ibid., 5-6.

498 Ibid., 5-6-7.

499 Ibid., 5-7-8.

500 US Army, ADP 3-0, (2016), 3-1.

501 Ibid., 3-4

502 Ibid., 3-6.

503 US Joint Staff, JP 5-0, *Joint Planning* 2017, IV-6 -IV-7.

504 US Army, FM 3-0 (2017), 1-4 -1-5.

505 Mary B. Anderson, "'You Save My Life Today but for What Tomorrow?' Some Moral Dilemmas of Humanitarian Aid." In *Hard Choices: Moral Dilemmas in Humanitarian Intervention*, ed Jonathan Moore (Lanham: Rowman & Little-field Publishers, Inc, 1998), 137-156.

506 Peter Andreas, *Blue Helmets and Black Markets: The Business of Survival in Sarajevo* (Ithaca: Cornell University Press, 2008), 1-9.

507 Ibid., 10.

508 Ibid., 13.

509 Ibid., 64-66.

510 Ibid., 91-95.

511 Ibid., 95-104.

512 Peter Paret, *The Cognitive Challenge of War: Prussia 1806* (Princeton: Princeton University Press, 2009), 1-30.

513 Ibid., 29.

514 Ibid., 30.

515 Ibid., 31.

516 Ibid., 32.

517 Ibid., 87.

518 Berger and Luckmann. *The Social Construction of Reality A Treatise in the Sociology of Knowledge*, 189.

519 Paret, *The Cognitive Challenge of War*, 87-90.

520 Ibid., 92-93.

521 Ibid., 95.

522 Ibid., 103.

523 현 미얀마의 옛 국호

524 Viscount William Slim, *Defeat into Victory: Battling Japan in Burma and India, 1942-1945* (New York: Cooper Square Press, 2000), x.

525 Ibid., xiii.

526 Ibid., 5.

527 Ibid., 9-10.

528 Ibid., 13.

529 Ibid., 17-18.

530 Ibid., 27.

531 Ibid., 28.

532 Ibid., 28-31.

533 Ibid., 126.

534 Ibid., 130-131.

535 Ibid., 130-132.

536 Ibid., 140.

537 Ibid., 141.

538 Ibid., 134-139, 178-179.

539 Ibid., 164-175.

540 Ibid., 139.

541 Ibid., 195.

542 Ibid., 134.

543 Ibid., 285-479.

544 John P. Kotter, *Leading Change* (Boston: Harvard Business School Press, 2012), 53-59.

545 Arena and Uhl-Bien, "Complexity Leadership Theory: Shifting from Human Capital to Social Capital," 23-24.

546 Berger and Luckmann, *The Social Construction of Reality,* 189.

547 Schoen, *Educating the Reflective Practitioner,* 26-31.

548 US War Department, Field Manual (FM) 6-0, Commander and Staff Organization and Operations (Washington, DC: Government Printing Office, 2014), 2-12.

549 Sun Tzu, trans. by Samuel B. Griffith, *The Art of War,* 100. 전승불복 응형어무궁(戰勝不復 應形於無窮).